LEHRBÜCHER UND MONOGRAPHIEN AUS DEM GEBIETE DER EXAKTEN WISSENSCHAFTEN

12

ASTRONOMISCH-GEOPHYSIKALISCHE REIHE

BAND II

DIE GENAUEN METHODEN DER ASTRONOMISCH-GEOGRAPHISCHEN ORTSBESTIMMUNG

VON

TH. NIETHAMMER

O. PROFESSOR DER ASTRONOMIE
AN DER UNIVERSITÄT BASEL

Springer Basel AG

1947

ISBN 978-3-0348-6798-6   ISBN 978-3-0348-6811-2 (eBook)
DOI 10.1007/978-3-0348-6811-2

5

VORWORT

Die verschiedenen Lehrbücher der astronomisch-geographischen Ortsbestimmung, die in den letzten Jahrzehnten veröffentlicht worden sind, behandeln hauptsächlich diejenigen Methoden, die bei der ersten Erkundung eines geodätisch noch nicht vermessenen Landes verwendet werden. Dagegen haben die genaueren Methoden, welche die Polhöhe auf Bruchteile einer Bogensekunde und die Zeit auf ein bis zwei hundertstel Zeitsekunden liefern, seit dem Jahre 1887, in welchem HERR-TINTER's umfassendes «Lehrbuch der sphärischen Astronomie in ihrer Anwendung auf geographische Ortsbestimmung», (Wien), erschienen ist, keine zusammenhängende Darstellung mehr gefunden. Als solche können die 1908 in vierter Auflage herausgegebenen «Formeln und Hilfstafeln für geographische Ortsbestimmungen», (Leipzig), von TH. ALBRECHT nicht gelten, da sie nur Beobachtungsvorschriften und Reduktionsformeln enthalten, ohne auf deren mathematische Grundlagen einzugehen.

Das vorliegende Werk, durch dessen Herausgabe der Verlag Birkhäuser eine fühlbare Lücke auf dem Gebiet der astronomischen Literatur auszufüllen sucht, enthält neben den bekannten alten Verfahren auch die in neuerer Zeit entwickelten Methoden. Erwähnt seien die PEWZOWSCHE Methode der Polhöhenbestimmung, die direkte Bestimmung des Azimutes und die simultane Bestimmung der Zeit, der Polhöhe und des Azimutes mit Hilfe von Sterndurchgängen in zwei verschiedenen Vertikalen. Hingewiesen sei auch auf die Beschreibung neuerer instrumenteller Hilfsmittel, wie einer Vorrichtung zur automatischen Nachführung des Fernrohrs in Zenitdistanz bei Durchgangsbeobachtungen außerhalb des Meridianes und einer mechanischen Nachführung des beweglichen Fadens im unpersönlichen Mikrometer.

In der Begründung der einzelnen Methoden weicht der hier beschrittene Weg grundsätzlich vom Weg ab, der früher begangen wurde. Die günstigsten Umstände, unter welchen die Messungen durchzuführen sind, hat man bisher ausschließlich beurteilt mit Hilfe der Differentialbeziehungen, welche die *wahren* Fehler der beobachteten oder sonst gegebenen Größen mit dem wahren Fehler der gesuchten Größe verbindet. Auf diesem Wege ergeben sich aber keine allgemeinen Regeln; solche erhält man nur, wenn man von den Beziehungen ausgeht, welche zwischen den *mittleren* Fehlern bestehen. So hat sich zum Beispiel gezeigt, daß, wenn man aus Meridianbeobachtungen die Uhrkorrektion neben dem Instrumentenazimut so genau als möglich ableiten will, nicht eine Zenit-sterngruppe, wie man bisher geglaubt hat, mit einer Polsterngruppe zu kombi-nieren ist, sondern eine in bestimmtem Abstand südlich des Zenites gelegene Gruppe.

Der zur Verfügung stehende Raum bedingte eine Einschränkung des Stoffes; sie ist im Titel angedeutet — unter den *genauen* Methoden sind diejenigen zu verstehen, welche ohne die Messung eines Vertikal- oder Horizontalwinkels aus-kommen, so daß das Resultat nicht durch den Einfluß von Kreisteilungsfehlern verfälscht werden kann. Eine Ausnahme ist nur im Kapitel der Azimutbestim-mung gemacht worden; hier ist neben der genauen direkten Methode auch die indirekte Methode, welche auf der Messung des Winkels zwischen dem Vertikal des Polarsternes und dem Vertikal des Objektes beruht, aufgenommen worden, weil die direkte Bestimmung unter Umständen besondere Hilfsmittel erfordert.

Daß zu den genauen Methoden auch die einfachen Instrumente, welche For-schungsreisende mitzunehmen pflegen, angewendet werden können, liegt auf der Hand. Diejenigen unter den Methoden, welche von Durchgängen durch einen Vertikal ausgehen, sind allerdings nur einfach in der Durchführung, wenn ein «umlegbares» Instrument zur Verfügung steht, weil dann der Einfluß der Kollimation in einfacher Weise eliminiert werden kann. Bisher wurden kleinere Instrumente nicht umlegbar gemacht, doch stößt die Ausrüstung mit dieser Eigenschaft konstruktiv auf keine Schwierigkeiten.

Dem Verlag ist der Verfasser dankbar für den sorgfältigen Druck und die gute Ausstattung des Buches.

Basel, im Februar 1947. Th. Niethammer

INHALTSVERZEICHNIS

VII. KAPITEL

Die Bestimmung einer Längendifferenz

I. KAPITEL

Definitionen und Problemstellung

a) Definitionen

Der Ort eines Punktes an der Erdoberfläche kann durch die folgenden drei Koordinaten bestimmt werden:

1. durch die wahre Meereshöhe des Punktes, das ist der in der Lotlinie gemessene Abstand des Punktes vom Geoid;

2. durch den Winkel Φ, den die Lotrichtung im Punkt mit der Parallelen zur Umdrehungsachse der Erde bildet;

3. durch den Winkel Λ, den die durch Lotrichtung und Parallele zur Umdrehungsachse bestimmte Ebene, das ist die Meridianebene, mit einer als Ausgang gewählten Meridianebene bildet.

Es ist eine Aufgabe der Geodäsie, die Meereshöhen zu bestimmen; wir werden uns mit ihr nicht beschäftigen, sondern nur zeigen, wie man die an zweiter und dritter Stelle genannten Richtungskoordinaten ermittelt. Φ ist die Zenitdistanz des Pols oder die Poldistanz des Zenites und somit das Komplement der Höhe des Pols über dem Horizont oder der geographischen Breite. Die Werte von Φ können wir auf das Intervall von 0^0 bis 180^0 beschränken, wenn wir den Winkel Λ von 0^0 bis 360^0 (in Zeitmaß von 0^h bis 24^h) gehen lassen. Ist φ die Polhöhe, die wir auf der Nordhemisphäre positiv nehmen, so besteht zwischen Φ und φ die Beziehung

$$\Phi + \varphi = 90^0.$$

Λ ist die geographische Länge des Punktes; wir nehmen sie nach Osten positiv, entgegen der scheinbaren täglichen Bewegung der Gestirne.

Zur vollständigen Orientierung an einem Punkt der Erdoberfläche gehört die Kenntnis der Lage der Meridianebene; man gibt sie an durch das Azimut der Richtung nach einem irdischen Objekt, das ist der Winkel, den die durch die Lotrichtung und das Objekt gelegte Vertikalebene mit der Meridianebene bildet. Wir rechnen das Azimut a oder A einer Richtung vom Südpunkt des Horizontes über Westen von 0^0 bis 360^0.

Weder die Winkel Φ und Λ noch das Azimut a oder A lassen sich direkt durch eine Messung ermitteln; die Erscheinung, die uns auf indirektem Weg zur Kenntnis dieser Größen führt, ist die scheinbare tägliche Bewegung der Gestirne. Das Hauptinstrument, das uns zur Lösung der Aufgaben der astronomisch-geographischen Ortsbestimmung verhilft, ist deshalb eine *Uhr*. Wir setzen voraus, daß die bei den Messungen benützte Uhr nach Sternzeit reguliert sei, das heißt, daß ihr Stand gegen Sternzeit zwischen zwei aufeinanderfolgenden Durchgängen des wahren Frühlingspunktes durch den Meridian um genau 24^h zunehme. Ist das nicht der Fall, so ist an den Uhrablesungen eine Korrektion anzubringen, durch die sie auf die Annahme, daß der Gang gleich null sei, reduziert werden. Die hiezu nötige Kenntnis des Uhrganges erhält der Beobachter heute leicht durch die Vergleichung seiner Uhr mit den von verschiedenen Stationen drahtlos ausgesendeten Zeitzeichen.

Außer der Uhr muß dem Beobachter ein Instrument zur Verfügung stehen, das ihm erlaubt, den Durchgang eines Gestirnes entweder durch einen bestimmten Vertikal oder durch einen bestimmten Almukantarat zu beobachten. Benützt er dazu einen astronomischen Theodoliten, so kann er am Horizontalkreis die zum Vertikaldurchgang und am Vertikalkreis die zum Almukantaratdurchgang gehörige Stellung der Visierlinie des Fernrohres ablesen; direkt meßbar sind aber nur Differenzen von Azimutwinkeln oder Differenzen von Zenitdistanzen. Wird dagegen zur Beobachtung ein genau justiertes Passageninstrument benützt, so ist das Resultat der Beobachtung nur die Uhrzeit des Durchganges des Sternes entweder durch eine bestimmte Vertikalebene (Vertikaldurchgang) oder durch einen bestimmten Almukantarat (Almukantaratdurchgang).

Den an der Uhr abgelesenen Moment des Durchganges durch einen Almukantarat oder Vertikal bezeichnen wir mit dem Symbol U. Die äquatorialen Koordinaten des Gestirnes, das wir beobachten, setzen wir als bekannt voraus; es sei α die scheinbare Rektaszension *(AR)* und p das Komplement der scheinbaren Deklination δ, das heißt die Poldistanz. Ist u die Uhrkorrektion und Θ die Sternzeit im Moment U der Uhrzeit, so ist

$$\Theta = U + u$$

und der Stundenwinkel t gleich

$$t = U + u - \alpha.$$

Im sphärischen Dreieck, dessen Eckpunkte der Pol P des Äquators, das Zenit Z und der Ort S des Gestirnes sind, wird dann die Seite $ZS = z$ gleich der wahren Zenitdistanz des Gestirnes; sie wird mit den beiden anderen Seiten p und Φ und mit dem gegenüberliegenden Winkel t durch den Cosinussatz verbunden:

$$\cos z = \cos p \cos \Phi + \sin p \sin \Phi \cos t. \tag{1}$$

Das Supplement des Azimutes a des Gestirnes bildet mit den Seiten Φ und p und mit dem Winkel t vier aufeinanderfolgende Stücke des Dreieckes; sie werden durch den Cotangentensatz miteinander verbunden:

$$\operatorname{cotg} p \, \sin\Phi = \cos\Phi \cos t - \sin t \operatorname{cotg} a. \tag{2}$$

Diese beiden Beziehungen sind die Grundformeln, die den Aufgaben der astronomisch-geographischen Ortsbestimmung, welche wir behandeln werden, zugrunde liegen; sie sagen aus:

Es kann bei bekanntem Sternort die Polhöhe oder der Stundenwinkel entweder aus der Zenitdistanz z oder aus dem Azimut a des Gestirnes abgeleitet werden; soll die Polhöhe ermittelt werden, so muß der Stundenwinkel bekannt sein, und soll der Stundenwinkel ermittelt werden, so muß die Polhöhe bekannt sein.

Um die Länge Λ zu bestimmen, ist der Beobachter auf die Mitarbeit eines Beobachters im Ausgangsmeridian angewiesen. Hat das Gestirn an einem Punkt der Erdoberfläche, dessen Lotrichtung in der zum Ausgangsmeridian parallelen Ebene liegt, den Stundenwinkel t_0 im Moment, wo es gegenüber dem Meridian der Länge Λ den Stundenwinkel t hat, so ist

$$\Lambda = t - t_0,$$

oder, wenn man die Stundenwinkel t und t_0 auf die Sternzeiten Θ und Θ_0 und die Rektaszension des Gestirnes zurückführt:

$$\begin{aligned}
t &= \Theta \;\; - \alpha, \\
t_0 &= \Theta_0 - \alpha, \\
\Lambda &= \Theta \;\; - \Theta_0,
\end{aligned} \tag{3a}$$

oder schließlich, wenn man die Sternzeiten auf die Uhrzeiten U und U_0 der beiden Beobachter und die Korrektionen u und u_0 ihrer Uhren zurückführt:

$$\begin{aligned}
\Theta &= U + u, \\
\Theta_0 &= U_0 + u_0, \\
\Lambda &= (U - U_0) + (u - u_0).
\end{aligned} \tag{3b}$$

Die Bestimmung der Länge ist damit auf die Bestimmung der Uhrkorrektion an den beiden Meridianen und auf die Vergleichung der demselben Moment entsprechenden Uhrzeiten zurückgeführt. Die Vergleichung der Uhrzeiten bietet dank den Zeitsignalen, die – unter normalen Friedensverhältnissen – von einer größeren Zahl über die Erde verteilter Stationen drahtlos ausgesendet werden, keine Schwierigkeiten.

b) Geometrische Betrachtungen

Im Dreieck PZS (Figur 1 und 2) ist die Seite $PS = p$ immer bekannt. Da ein sphärisches Dreieck durch drei beliebige seiner sechs Stücke bestimmt ist, sind folgende Arten der Bestimmung des Stundenwinkels t und damit der Uhrkorrektion u und der Zenitdistanz Φ des Pols möglich:

1. Gesucht u, wenn gegeben sind z, p und Φ.
2. Gesucht Φ, wenn gegeben sind z, p und t.
3. Gesucht u, wenn gegeben sind a, p und Φ.
4. Gesucht Φ, wenn gegeben sind a, p und t.

In allen vier Fällen ist ferner gegeben die Uhrzeit U, zu welcher das Gestirn entweder in der Zenitdistanz z oder im Azimut a beobachtet worden ist, und die Rektaszension α des Gestirnes.

Die wahren Zenitdistanzen z gehen aus den scheinbaren, das heißt den beobachteten Zenitdistanzen dadurch hervor, daß diese um den Betrag der astronomischen Refraktion vermehrt werden.

Wir nehmen an, daß ausschließlich Fixsterne beobachtet werden; es dürfen dann die am Beobachtungsort gültigen Richtungskoordinaten z oder a in die Beziehungen (1) oder (2) eingeführt werden, da es wegen der großen Ent-

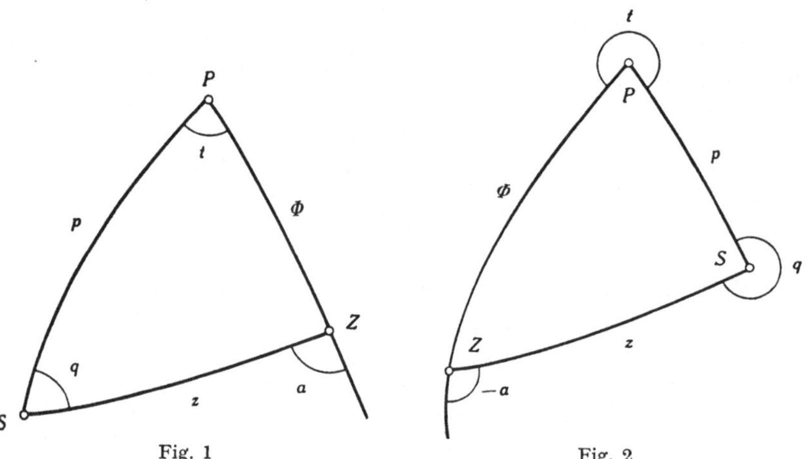

Fig. 1   Fig. 2

fernungen der Fixsterne nicht nötig ist, auf die geozentrischen Werte von z oder a überzugehen.

Wir betrachten zunächst die geometrische Lösung dieser Aufgaben und nehmen zu diesem Zweck an, daß uns eine Kugelfläche und die zur Zeichnung von Groß- oder Kleinkreisen erforderlichen Hilfsmittel zur Verfügung stehen. Von praktischer Bedeutung ist die geometrische Lösung nicht, da sie die gesuchten Größen auch dann nur mit sehr beschränkter Genauigkeit liefert, wenn ein großer Globus benützt wird. Die geometrische Lösung erlaubt aber, sich in anschaulicher Weise Rechenschaft zu geben von den Umständen, unter welchen die Beobachtungen angestellt werden müssen, wenn die gesuchten Größen so genau als möglich werden sollen; sie läßt uns auch leicht übersehen,

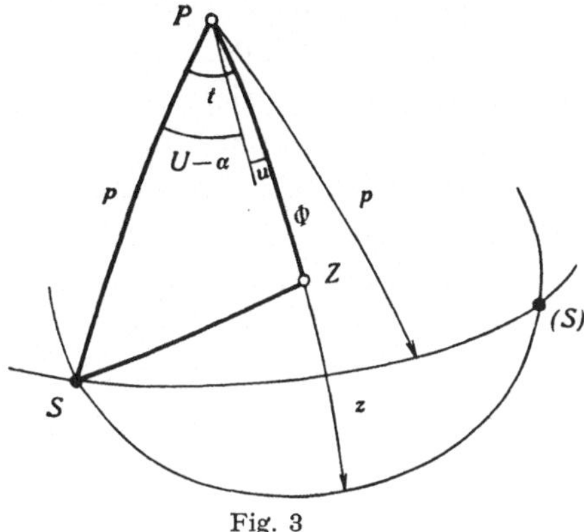

Fig. 3

unter welchen Umständen die Zeit ohne die Kenntnis der Polhöhe und die Polhöhe ohne die Kenntnis der Zeit bestimmt werden kann.

1. *Bestimmung der Uhrkorrektion u mit Hilfe der Zenitdistanz z*, die ein Gestirn der AR α und der Poldistanz p zur Uhrzeit U an einem Ort der Polhöhe $\varphi = 90^0 - \Phi$ erreicht hat (Figur 3).

Wir tragen auf einem Großkreis der Kugel die Punkte P und Z im Abstand Φ auf. Der Ort S des Gestirnes ist dann gegeben als Schnittpunkt zweier Kleinkreise, nämlich des Kleinkreises, der mit dem Radius p um P, und des Kleinkreises, der mit dem Radius z um Z gelegt wird. Da sich diese beiden Kreise in zwei Punkten schneiden, ist noch zu entscheiden, welcher von den beiden Schnittpunkten als Ort S des Gestirnes zu nehmen ist. Diese Entscheidung ist möglich, wenn der Beobachter sich bei der Messung gemerkt hat, ob die Zenitdistanz mit der Zeit zu- oder abnimmt; im ersten Fall liegt der Sternort auf der Westseite, im zweiten Fall auf der Ostseite des Meridianes PZ.

Der Winkel bei P im Dreieck PZS ist der Stundenwinkel t, und da

$$t - (U - \alpha) = u$$

ist, erhält man die Uhrkorrektion u, indem man von PS aus entgegen der täglichen Bewegung den Winkel $(U - \alpha)$ abträgt.

Die Antwort auf die Frage, wo das Gestirn beobachtet werden muß, damit der Stundenwinkel t und damit auch die Uhrkorrektion so genau als möglich bestimmt wird, ergibt sich durch folgende Überlegung. Der Beobachter begeht sowohl bei der Messung der Zenitdistanz z als bei der Feststellung der zugehörigen Uhrzeit U einen Fehler. Wir können aber nur *einen* Fehler annehmen, wenn wir entweder den Fehler der Zenitdistanz-Messung auf die Uhrzeit oder den Fehler der Uhrzeit auf die Zenitdistanz werfen. Wenn wir das letztere tun und voraussetzen, daß p, α und Φ fehlerfrei bekannt seien, so ist in unserer Konstruktion nur der um Z mit dem Radius z geschlagene Kreis fehlerhaft. Ein Fehler im Radius z überträgt sich um so stärker auf den Stundenwinkel, je schiefer dieser Kleinkreis den um P mit dem Radius p geschlagenen Kleinkreis schneidet. Die beiden Kreise berühren sich, wenn der Stern im Meridian beobachtet wird. Der Winkel, unter dem sich die beiden Kreise außerhalb des Meridians schneiden, ist gleich dem parallaktischen Winkel q des sphärischen Dreieckes (vergleiche Figur 1 oder 2), das ist der Winkel bei S, weil die Seiten PS und ZS senkrecht stehen auf den Richtungen der beiden Kleinkreise. Vom Wert 90^0 oder 270^0 weicht der parallaktische Winkel eines Sternes, der südlich vom Zenit kulminiert, am wenigsten ab, wenn der Stern durch den ersten, das heißt den Ost–West-Vertikal geht. Es ist also am günstigsten, Sterne, deren Poldistanz p größer als Φ ist, im I. Vertikal oder wenigstens in seiner Nähe zu beobachten.

Nun stellt sich aber die Frage, ob die Beobachtung im I. Vertikal auch günstig sei, wenn man den Einfluß eines Fehlers der Polhöhe auf die Uhrkorrektion vermeiden oder klein halten will. Verschiebt man den Punkt Z auf dem Meridian um $d\Phi$, so ändert sich die Seite ZS nur um eine kleine Größe höherer Ordnung, wenn sich S im I. Vertikal befindet, weil dieser senkrecht zum Meridian steht, das heißt aber, es führen die Stücke $\Phi + d\Phi$, p und z zur gleichen Lage des Punktes S gegenüber dem Meridian wie Φ, p und z, und es hat ein Fehler $d\Phi$ keinen Einfluß auf den Stundenwinkel.

Der parallaktische Winkel kann den Wert 90^0 oder 270^0 annehmen bei Sternen, die in die größte Digression kommen, das heißt bei Sternen, deren Poldistanz p kleiner als Φ ist. Diese Sterne kommen aber aus zwei Gründen nicht als Beobachtungsobjekte der Zeitbestimmung in Betracht; erstens ändern sie die Zenitdistanz langsamer als die den I. Vertikal passierenden Sterne, so daß sich der Moment des Durchganges durch einen Almukantarat weniger genau feststellen läßt, und zweitens hat eine Änderung von PZ um $d\Phi$ eine Änderung in der Lage des Punktes S und damit in der Größe des Stundenwinkels zur Folge, die von gleicher Größenordnung wie $d\Phi$ werden kann.

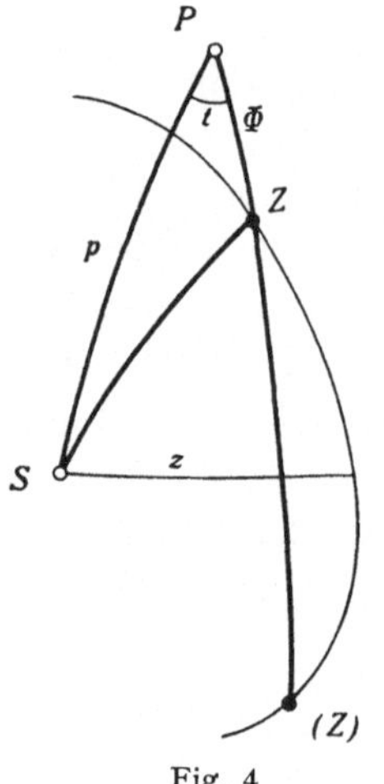

Fig. 4

2. *Bestimmung der Poldistanz Φ des Zenites mit Hilfe der Zenitdistanz z,* die ein Gestirn der AR α und der Poldistanz p zur Uhrzeit U im Stundenwinkel t erreicht hat (Figur 4).

Wir tragen vom Punkte P aus zwei Großkreise ab, die sich unter dem Winkel t schneiden. Auf dem im Sinn der täglichen Bewegung vorausgehenden Schenkel liegt der Sternort S im Abstand p vom Punkt P. Der um S mit dem Radius z geschlagene Kleinkreis schneidet den andern Schenkel des Winkels t in zwei Punkten. Welcher von diesen beiden Punkten als das Zenit des Beobachtungsortes zu nehmen ist, kann der Beobachter entscheiden auf Grund der Notierung, ob der Stern bei zu- oder abnehmendem Azimut beobachtet worden ist.

Der Ort Z wird am sichersten festgelegt, wenn der zweite Schenkel des Winkels t, das ist der Meridian, von dem um S gelegten Kleinkreis rechtwinklig geschnitten wird; das ist dann der Fall, wenn die Beobachtung im Meridian

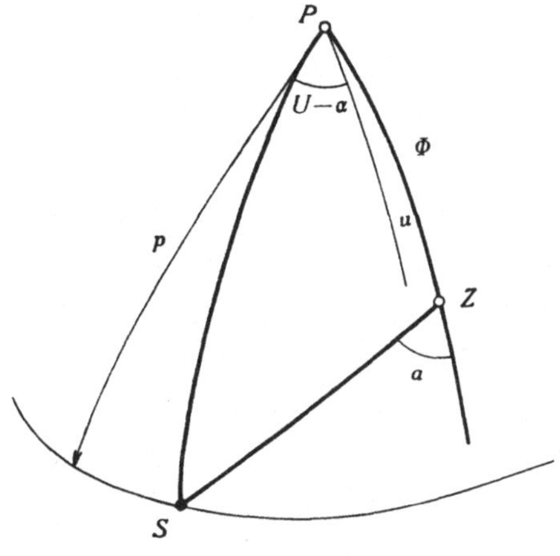

Fig. 5

(oder in dessen unmittelbarer Nähe) gemacht wird. Ein Fehler dt hat dann zur Folge, daß der Schnittpunkt des Kleinkreises z mit dem Meridian in der zum Meridian senkrechten Richtung verschoben wird, das heißt die Entfernung $PZ = \Phi$ wird durch einen kleinen Fehler dt nur um eine kleine Größe höherer Ordnung geändert. Es ist also möglich, im Meridian oder in seiner unmittelbaren Nähe die Polhöhe ohne Kenntnis der Zeit zu bestimmen. Im Meridian selbst wird, wenn man die Zenitdistanz und die Poldistanz des Sternes nach Süden positiv, nach Norden negativ nimmt:

$$\Phi = p - z.$$

3. *Bestimmung der Uhrkorrektion u mit Hilfe des Azimutes a*, das ein Gestirn der AR α und der Poldistanz p zur Uhrzeit U an einem Ort der Polhöhe $\varphi = 90^0 - \Phi$ erreicht hat (Figur 5).

Wir tragen auf einem als Meridian gewählten Großkreis, auf dem die Punkte P und Z sich im Abstand Φ befinden, von Z aus den Winkel a im Sinn der täglichen Bewegung ab. Der nicht im Meridian liegende Schenkel dieses Winkels wird vom Kleinkreis, der mit dem Radius p um P gelegt wird, im Sternort S geschnitten. Der Großkreis PS bildet mit dem Meridian PZ den gesuchten Stundenwinkel t; die Uhrkorrektion u erscheint als Differenz des Winkels t und des Winkels $(U - \alpha)$, indem man $(U - \alpha)$ entgegen der täglichen Bewegung von PS aus abträgt.

Wie ersichtlich, erhält man den Sternort als Schnittpunkt zweier senkrecht stehender Kreise, wenn die Beobachtung im Meridian (oder in seiner unmittel-

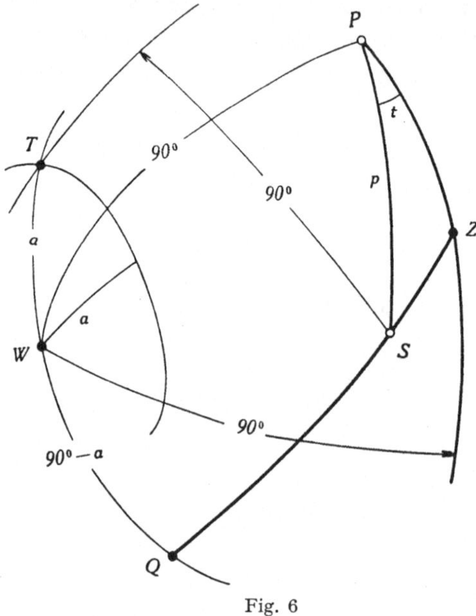

Fig. 6

baren Nähe) gemacht wird. Es hat dann auch ein Fehler $d\,\Phi$ keinen Einfluß auf die Uhrkorrektion. Im Meridian selbst wird

$$u = \alpha - U.$$

4. *Bestimmung der Poldistanz Φ des Zenites mit Hilfe des Azimutes a,* das ein Gestirn der AR α und der Poldistanz p zur Uhrzeit U im Stundenwinkel t erreicht hat (Figur 6).

Es ist jetzt gegeben die Seite $PS = p$ des sphärischen Dreieckes und der Winkel t, den PS mit dem Meridian bildet. Auf diesem ist der Punkt Z so zu bestimmen, daß ZS mit dem Meridian den gegebenen Azimutwinkel a bildet.

Der Ort des Punktes Z ist bekannt, wenn wir die Lage der Polare zu Z, das ist der Horizont, angeben können. Der Horizont ist als Großkreis aber bestimmt, sobald zwei seiner Punkte, die weder zusammenfallen noch einander diametral gegenüberliegen, bekannt sind. Ein erster Punkt kann sofort angegeben werden, es ist der Westpunkt W des Horizontes, welcher Pol zum Meridian als Polare ist. Einen zweiten Punkt liefert die folgende Überlegung. Die beiden Pole zum Vertikal, der Z mit S verbindet, als Polaren liegen im Horizont und haben von S 90^0 Abstand. Das Azimut des einen Poles ist um 90^0 größer, das des andern um 90^0 kleiner als das Azimut a des Punktes S. Von dem im Azimut $90^0 + a$ liegenden Pol hat der Westpunkt die Entfernung a. Man erhält also diesen Pol, indem man um S den Großkreis im Abstand 90^0 und um den Westpunkt W einen Kleinkreis mit dem Radius a zieht. Der Schnittpunkt T dieser beiden Kreise liegt im Horizont, der nun als Großkreis, der die Punkte T und W verbindet, gegeben ist. Geht man von T aus im Horizont um 90^0 gegen den Südpunkt des Horizontes, so erhält man den im Horizont liegenden Punkt Q des Vertikales von S. Das Zenit Z ist jetzt als Schnittpunkt des Q mit S verbindenden Großkreises und des Meridianes gegeben.

Damit sich die Lage des Zenites Z als Schnittpunkt zweier sich senkrecht schneidender Kreise ergibt, muß der Punkt Q mit dem Westpunkt W des Horizontes zusammenfallen, das heißt, die Beobachtung muß im I. Vertikal stattfinden. Damit durch die Projektion des Punktes S von Q aus auf den Meridian infolge der Unsicherheit von S nur ein kleiner Fehler in der Lage des Zenites entsteht, muß außerdem der Stern in kleiner Zenitdistanz beobachtet werden.

c) Die Elimination der Zenitdistanz oder des Azimutes

Die Messung einer Zenitdistanz beruht auf zwei Kreislesungen. Ist R die Ablesung am Vertikalkreis bei der Einstellung der Visierlinie auf ein festes Objekt und Z_R die Ablesung, wenn die Visierlinie nach dem Zenit gerichtet ist, so ist unter der Voraussetzung, daß die Ablesungen mit der Zenitdistanz zunehmen, die Zenitdistanz z gleich

$$z = R - Z_R.$$

Dreht man das Instrument um 180^0 und wiederholt die Messung, so wird, wenn die Ablesungen mit L und Z_L bezeichnet werden:

$$z = Z_L - L.$$

Die Ablesungen Z_R und Z_L der Zenitrichtung in den beiden Lagen werden nur gleich, wenn die vertikale Umdrehungsachse des Instrumentes mit der Lotrichtung zusammenfällt. Im allgemeinen wird das nicht der Fall sein; der Unterschied zwischen Z_R und Z_L kann aus den Ablesungen eines Niveaus, dessen Achse in die horizontale Richtung nach dem Objekt fällt und das fest mit der vertikalen Umdrehungsachse des Instrumentes verbunden ist, ermittelt werden. Setzt man

$$\Delta i = \frac{1}{2}\,(Z_R - Z_L)$$

und

$$Z_R = Z_0 + \Delta i, \quad R_0 = R - \Delta i,$$
$$Z_L = Z_0 - \Delta i, \quad L_0 = L + \Delta i,$$

so wird

$$z = R_0 - Z_0$$

und

$$z = Z_0 - L_0,$$

also

$$z = \frac{1}{2}\,(R_0 - L_0)$$

und

$$Z_0 = \frac{1}{2}\,(R_0 + L_0).$$

Mit Hilfe von zwei im Azimut um 180⁰ verschiedenen Messungen kann also die Zenitdistanz z des Objektes und der Zenitpunkt Z_0 des Kreises ermittelt werden.

Bei den Beobachtungen zum Zweck der astronomisch-geographischen Ortsbestimmung hat man es mit einem sich bewegenden Objekt zu tun. Um den unbekannten Zenitpunkt zu eliminieren, macht man rasch hintereinander zwei Messungen in zwei nahe um 180⁰ im Azimut verschiedenen Lagen. Man führt dann einen Näherungswert des Zenitpunktes ein, so daß der zur Berechnung der Unbekannten t oder Φ benützte Wert der Zenitdistanz sich vom wahren Wert nur um eine kleine Größe erster Ordnung unterscheidet. Da die am benützten Wert anzubringende Verbesserung in den beiden Lagen mit entgegengesetztem Vorzeichen eingeht, hebt sich im arithmetischen Mittel der Uhrkorrektionen oder der Polhöhenwerte der Einfluß der unbekannten Verbesserung des Zenitpunktes.

Messungen des Azimutes in analoger Weise zur Bestimmung der Uhrkorrektion oder der Polhöhe zu verwerten wie Messungen der Zenitdistanz, ist nicht möglich, weil die Ausgangsrichtung der Azimutmessungen, die Meridianrichtung, unbekannt ist.

Wenn man die Uhrkorrektion und die Polhöhe so genau als möglich bestimmen will mit Hilfe von Almukantarat- oder Vertikaldurchgängen, so macht man die Messung von Zenitdistanzen oder die Messung von Azimutwinkeln überhaupt unnötig. Wir haben eben festgestellt, daß man wegen der Elimination des Zenitpunktes zwei Vertikaldurchgänge beobachten muß. Statt denselben Stern in zwei verschiedenen Lagen zu beobachten, kann man zwei verschiedene Sterne in *demselben* Almukantarat beobachten. Nach der Beobachtung des ersten Sternes dreht man das Instrument, ohne die Klemmung in Zenitdistanz zu lösen, in das Azimut des zweiten Sternes; die Änderung, die die Zenitdistanz dabei erleidet, weil die vertikale Umdrehungsachse nicht genau in die Lotrichtung fällt, wird wieder mit Hilfe des Niveaus bestimmt, so daß ihr Einfluß auf das Resultat der Beobachtung in Rechnung gestellt werden kann. Dieses Verfahren hat den Vorteil, daß alle Fehler, die mit einer Winkelmessung verbunden sind, vermieden werden. Es sind insbesondere die periodischen Teilungsfehler, welche Zenitdistanzmessungen stark verfälschen können. Außerdem macht das Verfahren es unnötig, die Refraktion zu berücksichtigen; man muß nur der Änderung der Refraktion während des Überganges vom ersten Stern zum zweiten Rechnung tragen.

In gleicher Weise läßt sich aber auch die Kenntnis des Azimutes umgehen; man braucht nur die Durchgänge zweier verschiedener Sterne durch *denselben* Vertikal zu beobachten.

Die analytische Behandlung solcher Beobachtungen besteht darin, daß man die Gleichungen (1) oder (2) für die beiden Sterne aufstellt und aus dem

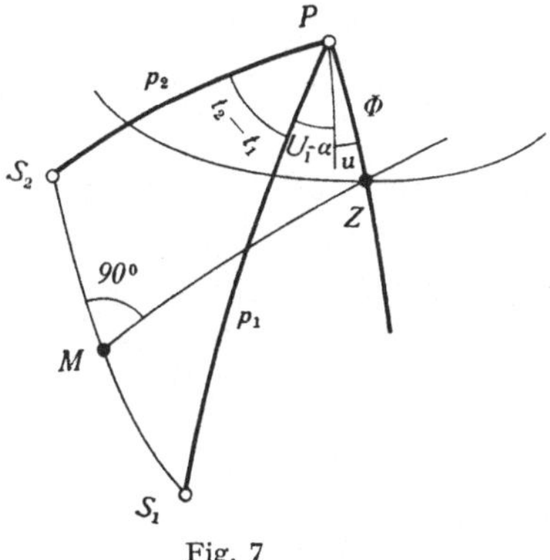

Fig. 7

Gleichungspaar (1) die unbekannte Zenitdistanz z und aus dem Gleichungspaar (2) das unbekannte Azimut a eliminiert. Die resultierende Gleichung enthält dann die Uhrkorrektion u und die Poldistanz Φ des Zenites neben den beiden Uhrzeiten U_1 und U_2 und den Koordinaten (α_1, p_1) und (α_2, p_2) der beiden Sterne. Wir betrachten wieder die geometrische Lösung der Aufgabe, mit Hilfe der gegebenen Größen entweder die Uhrkorrektion u oder die Poldistanz Φ des Zenites zu ermitteln. Die geometrische Lösung gestaltet sich sehr einfach, weil jetzt die Differenz der Stundenwinkel, in welchen die Sterne beobachtet worden sind, bekannt ist; denn aus

$$t_1 = U_1 + u - \alpha_1$$

und

$$t_2 = U_2 + u - \alpha_2$$

folgt

$$t_2 - t_1 = (U_2 - U_1) - (\alpha_2 - \alpha_1).$$

1. *Bestimmung der Uhrkorrektion u mit Hilfe der Uhrzeiten U_1 und U_2*, zu welchen sich die Sterne (α_1, p_1) und (α_2, p_2) im gleichen Almukantarat an einem Ort der Polhöhe $\varphi = 90^0 - \Phi$ befunden haben (Figur 7).

Von der Spitze P des bekannten Winkels $(t_2 - t_1)$ aus tragen wir die Bögen $PS_1 = p_1$ und $PS_2 = p_2$ ab. Im Mittelpunkt M des S_1 und S_2 verbindenden Großkreisbogens errichten wir die Senkrechte; sie wird vom Kleinkreis, den wir um P mit dem Radius Φ ziehen, im gesuchten Zenit Z geschnitten. Der Großkreis PZ ist dann der Meridian, der mit den Schenkeln des Winkels $(t_2 - t_1)$ die Stundenwinkel t_1 und t_2 bildet. Da

$$u = t_1 - (U_1 - \alpha_1) \equiv t_2 - (U_2 - \alpha_2)$$

ist, ist jetzt noch der Winkel $(U_1 - \alpha_1)$ oder der Winkel $(U_2 - \alpha_2)$ von dem nicht im Meridian liegenden Schenkel des Stundenwinkels entgegen der täglichen Bewegung abzutragen, damit die Uhrkorrektion u in der Figur erscheint.

Damit sich die Mittelsenkrechte und der Kleinkreis rechtwinklig schneiden, müssen die beiden Sterne in Azimuten, die *symmetrisch zum Meridian* liegen, beobachtet werden. Soll ein Fehler in Φ sich nicht auf die Lage des Schnittpunktes der beiden Kreise auswirken, so muß der Mittelpunkt M in das Zenit Z oder in dessen unmittelbare Nähe fallen; das ist dann der Fall, wenn von den beiden Sternen der eine ungefähr im Azimut $+90^0$, der andere im Azimut -90^0 beobachtet wird.

Diese Methode der Zeitbestimmung ist von N. ZINGER vorgeschlagen worden[1]).

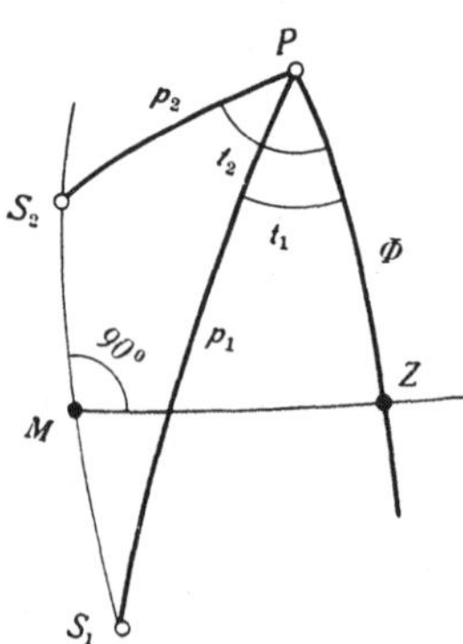

Fig. 8

2. Bestimmung der Poldistanz Φ des Zenites mit Hilfe der Uhrzeiten U_1 und U_2, zu welchen die Sterne (α_1, p_1) und (α_2, p_2) bei den Stundenwinkeln t_1 und t_2 sich in der gleichen Zenitdistanz befunden haben (Figur 8).

Wir tragen von dem als Meridian gewählten Großkreis aus die Winkel t_1 und t_2 ab und machen auf den nicht im Meridian liegenden Schenkeln $PS_1 = p_1$ und $PS_2 = p_2$. Die im Mittelpunkt M des Großkreisbogens $S_1 S_2$ gezogene Senkrechte schneidet den Meridian im gesuchten Zenit Z. Die Z bestimmenden Kreise schneiden sich senkrecht, wenn die Mittelsenkrechte mit dem I. Vertikal zusammenfällt, wozu erforderlich ist, daß die beiden Sterne in Azimuten, die *symmetrisch zum I. Vertikal* liegen, beobachtet werden.

Die Unsicherheit, die der beobachteten Uhrzeit U_1 oder U_2 anhaftet, hat eine Unsicherheit in der Richtung der von M ausgehenden Mittelsenkrechten zur Folge; diese Unsicherheit wird um so weniger die Lage des Schnittpunktes Z beeinflussen, je näher der Mittelpunkt M dem Meridian liegt. Die beiden Sterne sind deshalb in der Nähe des Meridians zu beobachten; es kann sich dann auch ein Fehler in der Lage des Meridianes, als Folge eines Fehlers der

---

[1]) Die Zahlen verweisen auf das Literaturverzeichnis am Schlusse des Bandes.

verwendeten Uhrkorrektion, nicht nachteilig auswirken. Im Meridian selber dürfen die Sterne nicht gewählt werden, weil im Meridian keine Almukantaratdurchgänge beobachtet werden können.

Diese Methode der Polhöhenbestimmung ist von M. PEWZOW vorgeschlagen worden[2]).

Wenn das Instrument ein Okularmikrometer mit beweglichem Horizontalfaden besitzt, so kann man die Pewzowsche Methode auch zur Beobachtung der Sterne im Meridian selber verwenden. Man sucht dann zwei Sterne aus, von denen der eine nördlich, der andere südlich des Zenites sehr nahe in die gleiche Meridianzenitdistanz kommt. Stellt man das Fernrohr auf die mittlere

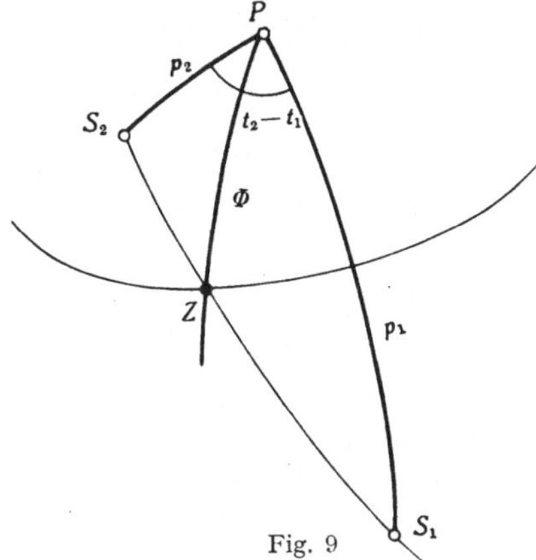

Fig. 9

Zenitdistanz der beiden Sterne ein, so kann man zuerst den einen und dann nach Drehung des Instrumentes um 180⁰ den andern Stern durch das Gesichtsfeld gehen lassen. An Stelle der Durchgangsbeobachtung tritt jetzt die Einstellung des beweglichen Horizontalfadens auf jeden der beiden Sterne. Die den Einstellungen entsprechenden Trommelablesungen führen unmittelbar zur Kenntnis der Differenz der Zenitdistanzen der beiden Sterne, wenn die Umdrehungsachse mit der Lotrichtung zusammenfällt. Sind z_s und p_s Zenitdistanz und Poldistanz des südlichen Sternes, z_n und p_n Zenitdistanz und Poldistanz des nördlichen, so ist

$$\Phi = \frac{1}{2}\,(p_n + p_s) + \frac{1}{2}\,(z_n - z_s),$$

worin $(z_n - z_s)$ die mikrometrisch gemessene Differenz der Zenitdistanzen ist.

Diese Methode der Polhöhenbestimmung ist als HORREBOW-TALCOTT-Methode bekannt.

3. *Bestimmung der Uhrkorrektion u mit Hilfe der Uhrzeiten U_1 und U_2*, zu denen sich die Sterne (α_1, p_1) und (α_2, p_2) im gleichen Azimut befunden haben an einem Ort der Polhöhe $\varphi = 90^0 - \Phi$ (Figur 9).

Wir konstruieren das Dreieck PS_1S_2, indem wir den Winkel bei P gleich $(t_2 - t_1)$, $PS_1 = p_1$ und $PS_2 = p_2$ machen. Der Bogen S_1S_2 wird dann vom Kleinkreis um P mit dem Radius Φ im Zenit Z geschnitten. Die Stundenwinkel t_1 und t_2 sind jetzt bekannt, und es kann der die Uhrkorrektion darstellende Winkel angegeben werden.

Wie ersichtlich, ist jetzt zu verlangen, daß der Bogen S_1S_2 sehr nahe in den Meridian fällt. Das kann auf zwei Arten erreicht werden; zunächst dadurch,

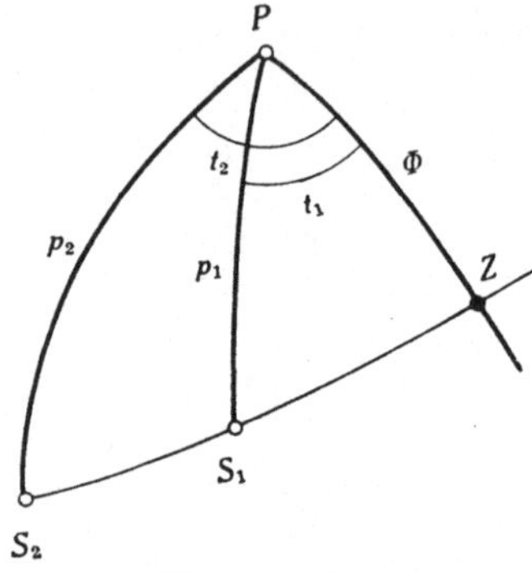

Fig. 10

daß das Azimut des Vertikales so klein gewählt wird, daß beide Sterne in – absolut genommen – kleinen Stundenwinkeln beobachtet werden. Die Beobachtung findet aber auch dann in einem meridiannahen Vertikal statt, wenn der eine der beiden Sterne ein sehr polnaher Stern ist, der in beliebigem Stundenwinkel beobachtet wird.

Werden beide Sterne in kleinen Stundenwinkeln beobachtet, so redet man von einer *Meridianzeitbestimmung*. Die Methode, einen Polstern und einen zweiten (im Zenit oder südlich davon kulminierenden) Stern zu beobachten, ist von W. Döllen vorgeschlagen worden[3]).

4. *Bestimmung der Poldistanz Φ des Zenites mit Hilfe der Uhrzeiten U_1 und U_2, zu welchen die Sterne (α_1, p_1) und (α_2, p_2) bei den Stundenwinkeln t_1 und t_2 in das gleiche Azimut gekommen sind (Figur 10).*

Wir tragen von einem als Meridian gewählten Großkreis die Stundenwinkel t_1 und t_2 ab und machen auf den nicht im Meridian liegenden Schenkeln $PS_1 = p_1$ und $PS_2 = p_2$. Der durch S_1 und S_2 gelegte Großkreisbogen schneidet den Meridian im Zenit Z. Damit $PZ = \Phi$ sicher bestimmt ist, muß der Bogen S_1S_2 mit dem I. Vertikal zusammenfallen oder wenigstens in dessen Nähe liegen. Eine Unsicherheit in der Lage der Punkte S_1 und S_2 wirkt sich am wenigsten aus, wenn sie sich in unmittelbarer Nähe des Zenites befinden, der eine auf der Ost- und der andere auf der Westseite des I. Vertikals.

Ein Fehler in der Uhrkorrektion beeinflußt die Lage des Meridians gegenüber dem Dreieck PS_1S_2. Da ein Fehler du das Zenit in der Richtung des I. Vertikales verschiebt, wird der Fehler $d\Phi$ eine kleine Größe höherer Ordnung, wenn du klein von der ersten Ordnung ist.

Die beiden Sterne sind somit im I. Vertikal bei kleinen Zenitdistanzen zu beobachten, der eine im Osten, der andere im Westen.

d) Simultane Bestimmungen

Da die Uhrkorrektion oder die Polhöhe entweder aus den Durchgängen zweier Sterne durch denselben Almukantarat oder aus den Durchgängen durch denselben Vertikal ermittelt werden kann, liegt es nahe, zu fragen, ob mit Hilfe der Durchgänge von drei Sternen gleichzeitig Uhrkorrektion und Polhöhe bestimmt werden können. Die Antwort auf diese Frage läßt sich sowohl auf geometrischem als analytischem Weg geben; die geometrische Beantwortung besteht darin, daß man zeigt, wie man die drei Unbekannten – in dem einen Falle die gemeinsame Zenitdistanz z, die Uhrkorrektion u und die Poldistanz Φ des Zenites, im andern Falle das gemeinsame Azimut neben u und Φ

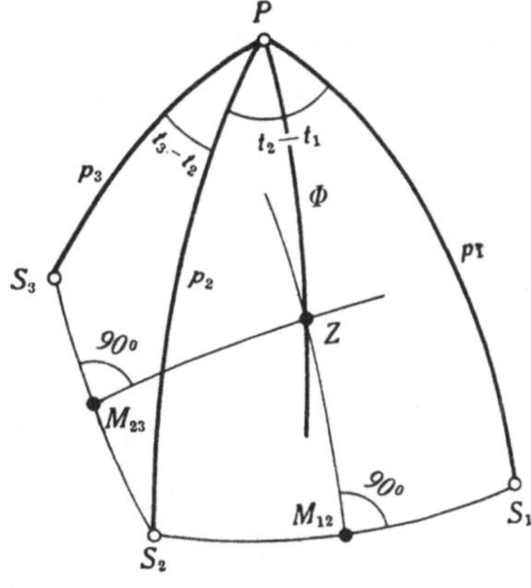

Fig. 11

– durch Konstruktion finden kann. Die analytische Beantwortung hat von der Funktionaldeterminante der drei Funktionen, durch welche die drei Unbekannten miteinander verbunden werden, auszugehen. Verschwindet die Funktionaldeterminante, so sind die drei Unbekannten nicht voneinander unabhängig. Wir gehen an dieser Stelle nur auf die geometrische Behandlung dieser Frage ein.

1. *Simultane Bestimmung der Uhrkorrektion u und der Poldistanz Φ des Zenites mit Hilfe der Uhrzeiten U_1, U_2 und U_3*, zu welchen drei verschiedene Sterne in denselben Almukantarat gekommen sind (Figur 11).

Bekannt sind die Differenzen $t_2 - t_1$ und $t_3 - t_2$ der Stundenwinkel. Auf den Schenkeln dieser Winkel tragen wir die Poldistanzen p_1, p_2 und p_3 ab und erhalten die Sternörter S_1, S_2 und S_3, die nach Voraussetzung auf dem gleichen Almukantarat liegen. Die Mittelsenkrechten der Seiten $S_1 S_2$, $S_2 S_3$ und $S_3 S_1$ des Dreieckes $S_1 S_2 S_3$ schneiden sich im Zenit Z. Da das Zenit schon durch den Schnittpunkt von 2 der 3 Mittelsenkrechten bestimmt ist und es gleichgültig sein muß, welche beiden Mittelsenkrechten zur Konstruktion gewählt werden,

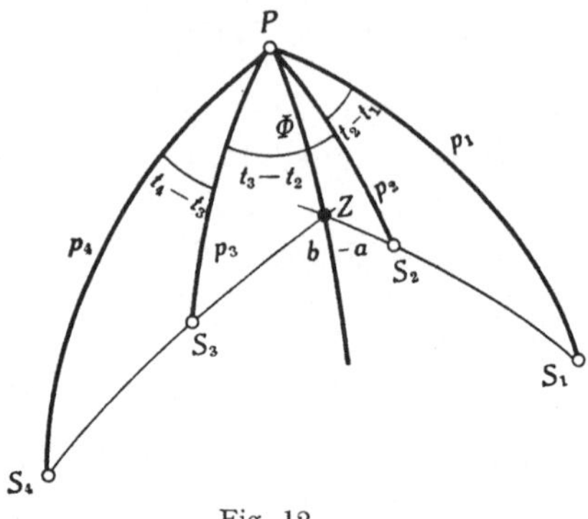

Fig. 12

wird man, um Z nicht durch einen schiefen Schnittpunkt zu erhalten, die 3 Sterne so wählen, daß sie in drei um je 120° verschiedenen Azimuten durch den Almukantarat gehen.

2. *Simultane Bestimmung der Uhrkorrektion u und der Poldistanz* mit Hilfe von Vertikaldurchgängen.

Es seien U_1, U_2 und U_3 die Uhrzeiten, zu welchen drei Sterne mit verschiedenen Poldistanzen durch denselben Vertikal gegangen sind. Trägt man wieder die Differenzen der Stundenwinkel von P aus auf und geht mit Hilfe der Poldistanzen der Sterne zu den Punkten S_1, S_2 und S_3 über, so liegen diese nach Voraussetzung auf demselben Vertikal. Der Vertikal ist aber als Großkreis schon durch zwei Punkte bestimmt, wenn sie weder zusammenfallen noch sich diametral gegenüberliegen. Bei fehlerfreien Beobachtungen liegt also der Punkt S_3 auf dem schon durch S_1 und S_2 gelegten Vertikal. Durch zwei oder mehr Durchgänge wird also nur die Lage des Vertikales gegenüber dem Pol P festgelegt. *Die Lage des Zenites auf dem Vertikal bleibt unbestimmt.* Uhrfehler und Polhöhe können also durch drei oder mehr im selben Vertikal beobachtete Durchgangszeiten nicht simultan bestimmt werden.

Die Aufgabe, simultan Zeit und Polhöhe aus Vertikaldurchgängen zu ermitteln, ist lösbar, wenn in *zwei verschiedenen Vertikalen* die Durchgänge von je zwei verschiedenen Sternen beobachtet werden (Figur 12). Sind die Sterne 1 und 2 im Vertikal des Azimutes a und die Sterne 3 und 4 im Vertikal des

Azimutes b beobachtet, so lassen sich auf den Schenkeln der Winkel $t_2 - t_1$ und $t_4 - t_3$ mit Hilfe der Poldistanzen der Sterne die vier Örter S_1, S_2, S_3 und S_4 angeben; S_1 und S_2 liegen auf dem Vertikal des Azimutes a und S_3 und S_4 auf dem Vertikal des Azimutes b. Da aber auch der Winkel $t_3 - t_2$ bekannt ist, ist die gegenseitige Lage der beiden Vertikale auf der Kugel gegeben; sie schneiden sich im gesuchten Zenit Z; es kann jetzt der Meridian eingezeichnet, die Poldistanz PZ abgemessen und es können die Stundenwinkel der vier Sterne angegeben werden.

Die günstigsten Umstände sind dann vorhanden, wenn sich die beiden Vertikale rechtwinklig schneiden; kommt es nur auf die Bestimmung der Uhrkorrektion und der Polhöhe an, so wird man die beiden Sternpaare in kleinen Zenitdistanzen, je zu beiden Seiten des Zenites, beobachten, um zu erreichen, daß eine Unsicherheit in den Richtungen der beiden Vertikale sich so wenig als möglich auf die Lage des Schnittpunktes übertragen kann [4]).

Das Instrument, das zu den Methoden der Ortsbestimmung verwendet wird, die auf der Elimination der Zenitdistanz oder des Azimutes beruhen, braucht nicht mit einem genau geteilten Vertikal- oder Horizontalkreis versehen zu sein; es genügen Einstellkreise, die auf eine bis zwei Bogenminuten genau abgelesen werden können.

Wir behandeln im Folgenden nur diese Methoden*); sie verdienen die Bezeichnung «genau» insofern, als nur die unvermeidlichen Fehler der Durchgangsbeobachtungen und die Unsicherheiten der Sternörter das Resultat beeinflussen; da keine Winkel gemessen werden, spielen Kreisteilungsfehler keine Rolle.

---

*) Eine analytische Diskussion der günstigsten Beobachtungsumstände aller möglichen Methoden gibt die Dissertation von E. HERZOG, «Die Aufgaben der astronomisch-geographischen Ortsbestimmung in systematischer Behandlung» (Verhandlungen der Naturforschenden Gesellschaft in Basel, Band LVIII, 1947).

II. KAPITEL

Die Reduktion der beobachteten Durchgangszeiten
und deren mittlere Fehler. — Differentialausdrücke.

a) Allgemeine Bemerkungen

Um den Einfluß der unvermeidlichen Beobachtungsfehler zufälliger Natur auf die Durchgangszeit des einzelnen Sternes herabzumindern, bringt man in der Brennebene des Fernrohrobjektives ein Fadennetz oder einen beweglichen Faden an, so daß man entweder die Durchgänge durch die einzelnen Fäden beobachten oder mit Hilfe des unpersönlichen Mikrometers auf einem Chronographen die Momente festhalten kann, zu welchen sich der Stern an bestimmten Stellen des Gesichtsfeldes befunden hat.

Sowohl wenn Almukantaratdurchgänge als wenn Vertikaldurchgänge beobachtet werden, können die einzelnen Uhrzeiten auf den Moment des Durchganges durch den Mittelfaden des Netzes reduziert werden, wozu die Abstände der Seitenfäden vom Mittelfaden bekannt sein müssen. Einem Netz paralleler Fäden entspricht an der Bezugskugel eine Schar von Großkreisen, die sich in zwei diametralen Punkten der Kugel schneiden. Damit die Durchgänge in einem bestimmten Abstand vom Mittelfaden beobachtet werden, bringt man einen senkrecht zur Richtung der Seitenfäden verlaufenden Doppelfaden an und hält sich bei der Beobachtung der Durchgänge an die Vorschrift, den Stern innerhalb des Doppelfadens zu halten oder wenigstens in dessen unmittelbarer Nähe. Benützt man zur Beobachtung die Aug- und Ohrmethode oder die Registriermethode, so hat der Beobachter eine Hand frei, so daß er die nötige Verstellung des Fernrohrs in Zenitdistanz oder in Azimut vornehmen kann. Zur Beobachtung mit dem unpersönlichen Mikrometer braucht der Beobachter aber beide Hände; in diesem Fall muß er den Stern bei schiefer Bewegung außerhalb des Doppelfadens beobachten und durch besondere Maßnahmen dafür sorgen, daß keine systematischen Fehler entstehen. Dazu gehört eine sorgfältige Justierung des Fadennetzes nach der Sollrichtung. Einen kleinen Justierungsfehler kann man bei Vertikalbeobachtungen, wenn das Instrument zum Zweck der Elimination der Fadendistanzen und der Kollimation umgelegt wird, leicht unschädlich machen, solange die Bewegung nicht sehr schief erfolgt. Nimmt zum Beispiel die Zenitdistanz während des Durchganges zu, so läßt man den Stern vor dem Umlegen vom horizontalen Doppelfaden aus im umkehrenden Fernrohr sich nach oben bewegen und stellt nach dem Umlegen das Fernrohr in Zenitdistanz so ein, daß er sich nun in der unteren Hälfte des Gesichtsfeldes nach oben bewegt und sich am Ende wieder in unmittelbarer Nähe des Horizontalfadens befindet.

Wird der Vertikaldurchgang eines Sternes vor dem Umlegen am Horizontalfaden im Abstand f vom kollimationsfreien Mittelfaden beobachtet, nach dem Umlegen aber nicht mehr am Horizontalfaden, sondern im Abstand d von diesem und damit in einer um d größeren oder kleineren Zenitdistanz, so wird der Stern nicht wieder im Abstand f, sondern im Abstand f' vom Mittelfaden beobachtet, der durch

$$f' = f \cos d$$

gegeben wird, so daß

$$f - f' = f \cdot 2 \sin^2 \frac{d}{2}$$

wird. Der Unterschied $f - f'$ erreicht, wenn $d = 15'$ ist, erst bei $f = 100^\mathrm{s}$ den Betrag von $0^\mathrm{s}{.}001$.

Weicht dagegen die Richtung des Fadens von der richtigen Orientierung um den Winkel v ab, so ändert der Abstand vom Mittelfaden beim Übergang zu der um d vom Horizontalfaden entfernten Stelle um

$$d \sin v.$$

Soll dieser Betrag kleiner als $0^\mathrm{s}{001}$ bleiben, so muß, wenn v zu einer Bogenminute angenommen wird, der vor dem Umlegen in unmittelbarer Nähe des Horizontalfadens beobachtete Stern nach dem Umlegen in einer Entfernung d vom Horizontalfaden beobachtet werden, die kleiner als $3^\mathrm{s}4 = 0'85$ bleibt. Um Beträge von dieser Größenordnung handelt es sich also bei der Einstellung des Fernrohres in Zenitdistanz, wenn bei einem Fehler der Orientierung von ± 1 Bogenminute der Einfluß der Fadenschiefe bei der Beobachtung außerhalb des horizontalen Doppelfadens eliminiert werden soll.

Bewegt sich der Stern sehr schief zur Fadenrichtung, wie es zum Beispiel bei Vertikaldurchgängen im I. Vertikal der Fall ist, so kann das unpersönliche Mikrometer nur dann benützt werden, wenn das Fernrohr dem Stern automatisch nachgeführt wird. Zur automatischen Nachführung in Zenitdistanz bei Durchgangsbeobachtungen im I. Vertikal ist das Passageninstrument der astronomischen Anstalt der Universität Basel mit folgender Vorrichtung versehen worden (vergleiche Figur 13). Als Energiequelle dient ein kleiner Synchronmotor M; er wird an das Lichtnetz (220 V und 50 Perioden/sec) angeschlossen. Zwischen das Zahnrad Z_1, das auf der Endachse des Motors sitzt, und das Zahnrad Z_4, das seine Bewegung über die Kegelräder Z_5 und Z_6 auf die Achse der

Schnecke *Sch* überträgt, können die Zahnräder Z_2 und Z_3 eingeschaltet werden, entweder so, daß die Bewegung von Z_1 durch Z_2 *und* Z_3 auf Z_4 übertragen wird, oder so, daß nur Z_3 die Übertragung übernimmt. Hiezu sitzen die beiden Zahnräder Z_2 und Z_3 auf einer Platte, die sich mittels des Hebels *He* um die Achse des Zahnrades Z_4 drehen läßt. Wird der Hebel nach unten gestellt, so wird Z_1 über Z_3 mit Z_4 verbunden; Z_2 wird in dieser Stellung zwar von Z_3 mitgeführt,

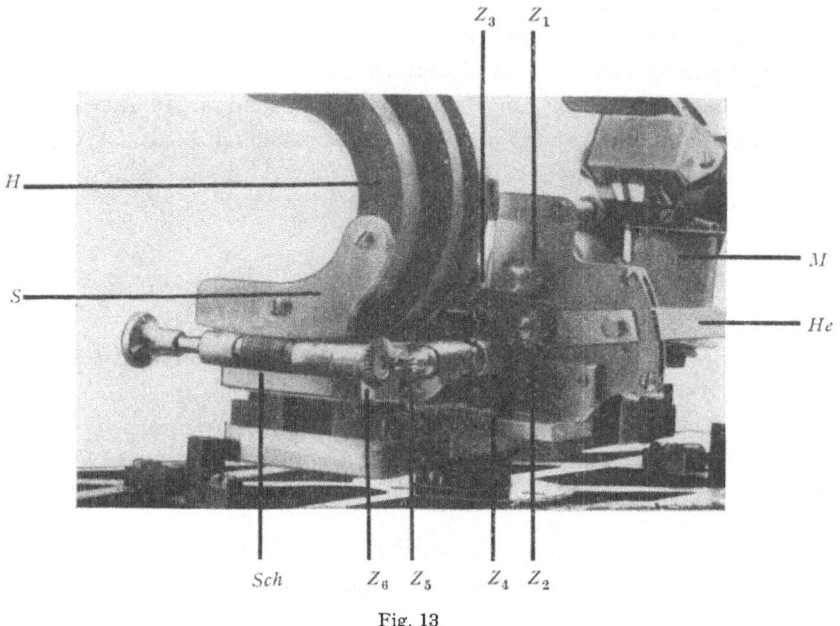

Fig. 13

greift aber nicht in Z_1 ein. Z_4 dreht sich dann im gleichen Sinn wie Z_1. Wird der Hebel *He* nach oben gestellt, so greift Z_2 in Z_1 ein und überträgt seine Bewegung durch Z_3, das nicht mehr mit Z_1 verbunden ist, auf Z_4. Es bewegt sich jetzt Z_4 im umgekehrten Sinn wie Z_1. In einer Mittelstellung des Hebels greift weder Z_2 noch Z_3 in Z_1 ein, so daß die Nachführung ausgeschaltet ist. Die Schnecke *Sch* greift in die Zähne des Schneckenradsegmentes S ein, das mit dem Hebel H verbunden ist, der sonst zur Feineinstellung in Zenitdistanz dient. – Zur Abstimmung des Mechanismus auf eine gegebene Zenitdistanzänderung können variiert werden 1. die Umdrehungsgeschwindigkeit der Endachse des Synchronmotors, 2. die Zahl der Zähne an den Kegelrädern Z_5 und Z_6, 3. die Ganghöhe der Schnecke und 4. der Radius des Schneckenradsektors.

b) Reduktion der Almukantaratdurchgänge

Man kann die Zeiten des Durchganges zweier verschiedener Sterne durch denselben Seitenfaden direkt miteinander kombinieren zur Ableitung der Uhrkorrektion nach der Zingerschen oder der Polhöhe nach der Pewzowschen Methode; man kann aber auch vom arithmetischen Mittel der einzelnen Uhrzeiten ausgehen; die hiezu erforderlichen Beziehungen erhält man auf folgendem Weg.

Es sei

z' die scheinbare Zenitdistanz des Mittelfadens,

f der Winkelabstand des Seitenfadens vom Mittelfaden,

r_0 die Refraktion in der Zenitdistanz z',

r die Refraktion in der Zenitdistanz $z' + f$,

$z = z' + r_0$ die wahre Zenitdistanz des Mittelfadens (MF.),

$z + \Delta z = z' + f + r$ die wahre Zenitdistanz des Seitenfadens (SF.).

Die Differenz Δz der wahren Zenitdistanzen ist dann gleich

$$\Delta z = f + (r - r_0).$$

Führt man hierin $(r - r_0)$ auf die Änderung $\Delta r''$ in Bogensekunden zurück, welche die Refraktion bei einer Änderung von z' um $1^0 = 3600''$ erleidet, so kann man immer ausreichend genau setzen

$$r - r_0 = f \, \frac{\Delta r''}{3600''} \, ,$$

so daß

$$\Delta z = f \left(1 + \frac{\Delta r''}{3600''} \right)$$

wird.

Ist nun t der Stundenwinkel des Sternes bei der wahren Zenitdistanz z und t' der Stundenwinkel bei der wahren Zenitdistanz $z + \Delta z$, so folgt aus der Differenz der beiden Beziehungen

$$\cos z \qquad = \cos \Phi \cos p + \sin \Phi \sin p \cos t,$$
$$\cos (z + \Delta z) = \cos \Phi \cos p + \sin \Phi \sin p \cos t'$$

leicht:

$$\sin \frac{t' - t}{2} = \frac{\sin \dfrac{\Delta z}{2}}{\sin \Phi \sin p} \cdot \frac{\sin \left(z + \dfrac{\Delta z}{2} \right)}{\sin \dfrac{t' + t}{2}} \cdot \tag{4}$$

Die Differenz $(t' - t)$ ist gleich der Differenz der Uhrzeiten, zu welchen sich der Stern am Seitenfaden und Mittelfaden befindet: die Reduktion vom Seitenfaden auf den Mittelfaden ist also gleich $- (t' - t)$.

Die Beziehung (4) ist streng; sie läßt sich aber zur Berechnung der Reduktion $(t' - t)$ nur verwenden, wenn die rechter Hand auftretenden Stundenwinkel t' und t bekannt sind; zu deren Ermittlung genügt es aber immer, von einem Näherungswert der Uhrkorrektion auszugehen.

Die strenge Beziehung (4) wird man nur verwenden müssen, wenn die Durchgänge in Meridiannähe beobachtet werden. Da Δz in der Regel kleiner als 10–15 Bogenminuten sein wird, darf der Sinus von $\dfrac{\Delta z}{2}$ durch den Bogen ersetzt werden. Da

$$\frac{t'+t}{2} = t + \frac{t'-t}{2}$$

ist, wird unter Vernachlässigung kleiner Größen höherer Ordnung

$$\frac{\sin\left(z + \dfrac{\Delta z}{2}\right)}{\sin\left(\dfrac{t'+t}{2}\right)} = \frac{\sin z + \dfrac{\Delta z}{2}\cos z + \cdots}{\sin t + \dfrac{t'-t}{2}\cos t + \cdots}$$

$$= \frac{\sin z}{\sin t}\left(1 + \frac{\Delta z}{2}\cotg z\right)\left(1 - \frac{t'-t}{2}\cotg t + \cdots\right)$$

$$= \frac{\sin z}{\sin t}\left(1 + \frac{\Delta z}{2}\cotg z \quad - \frac{t'-t}{2}\cotg t + \cdots\right)$$

Es wird dann

$$t'-t = \Delta z\,\frac{\sin z\left(1 + \dfrac{\Delta z}{2}\cotg z - \dfrac{t'-t}{2}\cotg t + \cdots\right)}{\sin\Phi\,\sin p\,\sin t}\,.$$

Führt man in der Klammer für $t'-t$ den Näherungswert

$$t'-t = \Delta z\,\frac{\sin z}{\sin\Phi\,\sin p\,\sin t}$$

$$= \Delta z\,\frac{1}{\sin\Phi\,\sin a}$$

ein, so erhält man

$$t'-t = \frac{\Delta z}{\sin\Phi\,\sin a}\left(1 + \frac{\Delta z}{2}\left(\cotg z - \frac{\cotg t}{\sin\Phi\,\sin a}\right)\right).$$

Die Reduktion $\Delta t = -\,(t'-t)$ vom Seitenfaden auf den Mittelfaden wird somit, wenn zur Abkürzung

$$\begin{aligned}
m_0 &= \operatorname{cosec}\Phi\,\operatorname{cosec} a, \\
n_0 &= \cotg z - m_0\cotg t
\end{aligned}\right\}\quad (5a)$$

gesetzt wird, gleich

$$t-t' \equiv \Delta t = -\,\Delta z \cdot m_0\left(1 + \frac{\Delta z}{2}\,n_0\right).$$

Drückt man $\varDelta z$ in Zeitsekunden aus, um $\varDelta t$ in Zeitsekunden zu erhalten, so wird

$$\varDelta t^{\text{sec}} = -\varDelta z^{\text{sec}}\, m_0 \left(1 + \frac{\varDelta z^{\text{sec}}}{2}\, 15 \sin 1'' \cdot n_0\right) \tag{5b}$$

mit

$$\varDelta z^{\text{sec}} = f^{\text{sec}} \left(1 + \frac{\varDelta r''}{3600''}\right).$$

Die Uhrzeit U_M des Durchganges durch den Mittelfaden wird dann gleich:

$$U_M = U + \varDelta t.$$

Beobachtet man die Durchgänge mit dem unpersönlichen Mikrometer, so hat man noch die Kontaktbreite und den toten Gang zu berücksichtigen; es wird

$$U_M = U + \varDelta t + k\,|m_0|\,(1 + \cdots);$$

$k =$ halbe Summe von Kontaktbreite und totem Gang.

Im I. Vertikal ist mit $a = 90^0$

$$m_0 = \operatorname{cosec} \varPhi$$

und

$$\sin \varPhi = \operatorname{cotg} t\,\operatorname{tg} z,$$

also

$$n_0 = \operatorname{cotg} z - m_0 \operatorname{cotg} t = 0,$$

das heißt die Änderung des Stundenwinkels ist im I. Vertikal bis auf kleine Größen höherer Ordnung der Änderung der Zenitdistanz proportional.

c) Reduktion der Vertikaldurchgänge (Fig. 14)

1. *Reduktion auf den Achsenäquator.* Wir nehmen an, es sei der Durchgang eines Sternes mit Hilfe des unpersönlichen Mikrometers beobachtet worden; U' sei die Uhrzeit des Momentes, in welchem der Kontaktstreifen der Mikrometertrommel vor dem Umlegen, und U'' der Moment, in welchem er nach dem Umlegen die Schließung des Stromes erzeugt hat. Am arithmetischen Mittel $\frac{1}{2}(U' + U'')$ der auf dem Chronographen registrierten Uhrzeiten sind dann zwei Korrektionen anzubringen, um den Moment des Durchganges durch den Achsenäquator zu erhalten; die erste Korrektion berücksichtigt, daß sich der Stern vor und nach dem Umlegen nicht mit derselben azimutalen Geschwindigkeit bewegt; die zweite Korrektion trägt dem Umstande Rechnung, daß wegen der Breite des Kontaktstreifens und wegen des toten Ganges der Schraube sich der Stern in den Momenten des Stromschlusses sich nicht gleich weit vom Achsenäquator entfernt befunden hat.

Macht man die Beobachtung mit Hilfe eines Fadennetzes, indem man vor und nach dem Umlegen die Momente des Durchganges durch die gleichen Fä-

3 Niethammer

den entweder nach der Aug- und Ohrmethode notiert oder auf einem Chronographen registriert, so ist nur die erste Korrektion anzubringen.

Wegen der Zapfenungleichheit ist die Neigung der horizontalen Umdrehungsachse vor dem Umlegen nicht identisch mit der Neigung nach dem Umlegen; jene sei i', diese i''. Es ist deshalb auch der Pol Q' des Achsenäquators

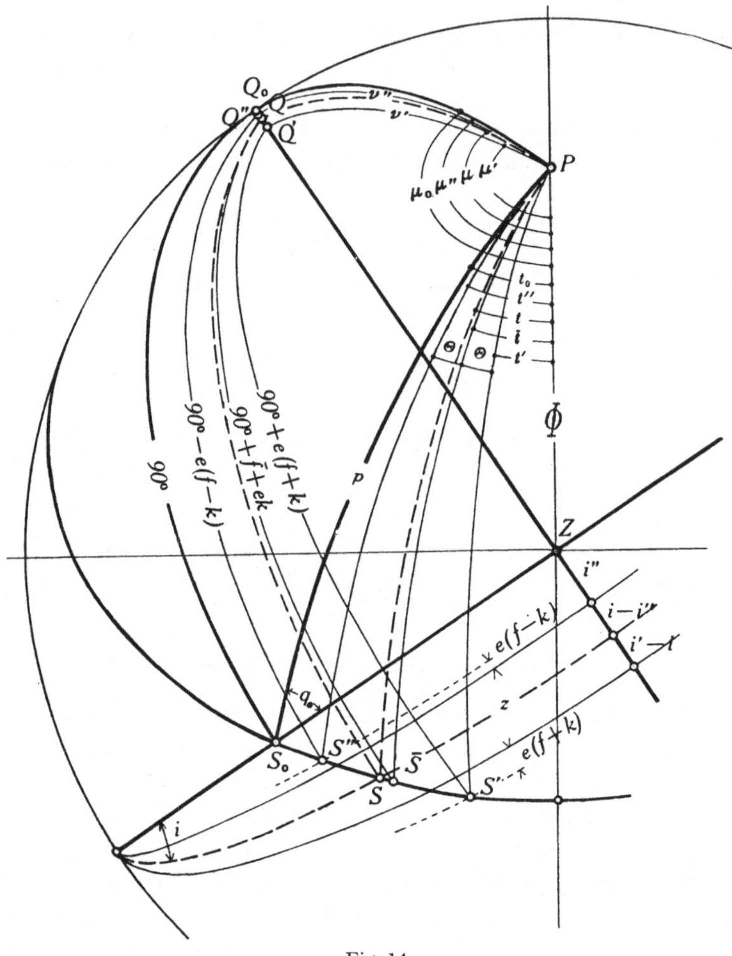

Fig. 14

vor dem Umlegen zu unterscheiden vom Pol Q'' nach dem Umlegen; wir bezeichnen die dem Stern im Azimut um 90^0 vorangehenden Pole mit Q' und Q''.

Der Winkelwert der halben Summe von Kontaktbreite und totem Gang sei k. S' sei der Ort des Sternes im Moment der Kontakt- oder Fadenbeobachtung vor dem Umlegen und S'' der Ort nach dem Umlegen. Die Abstände $S'Q'$ und $S''Q''$ setzen wir gleich

$$S'Q' = 90^0 + e\,(f + k),$$
$$S''Q'' = 90^0 - e\,(f - k);$$

hierin ist e der Wert $+1$ oder -1 beizulegen, je nachdem sich der Stern dem zugeordneten Pol des Achsenäquators nähert oder sich von ihm entfernt.

Setzt man zur Abkürzung

$$\bar{U} = \frac{1}{2}\,(U' + U''),$$
$$\vartheta = \frac{1}{2}\,(U'' - U')\,{}^{*}),$$
$$\bar{t} = \bar{U} + u - \alpha,$$

so werden die Stundenwinkel des Sternes in den Momenten U' und U'' gleich:

$$t' = \bar{t} - \vartheta,$$
$$t'' = \bar{t} + \vartheta.$$

Es sei t der Stundenwinkel des Sternes im Moment, wo er sich im Punkt S des mittleren Achsenäquators, dessen Pol die Neigung $\frac{1}{2}\,(i' + i'')$ hat, befindet; dann ist $(t - \bar{t})$ die am arithmetischen Mittel $\frac{1}{2}\,(U' + U'')$ anzubringende Korrektion. Um sie zu berechnen, führen wir die Stundenwinkel μ' und μ'' der Punkte Q' und Q'' ein und deren Poldistanzen v' und v''. Wir setzen

$$\mu = \frac{1}{2}\,(\mu' + \mu'')$$

und

$$v = \frac{1}{2}\,(v' + v'');$$

es wird dann

$$\mu' = \mu + d\mu, \qquad v' = v + dv,$$
$$\mu'' = \mu - d\mu, \qquad v'' = v - dv,$$

mit

$$d\mu = \frac{1}{2}\,(\mu' - \mu''),\; dv = \frac{1}{2}\,(v' - v'').$$

In den Dreiecken $PS'Q'$ und $PS''Q''$ werden dann die Winkel bei P gleich:

$$\mu' - t' \equiv \mu - \bar{t} + \vartheta_0,$$
$$\mu'' - t'' \equiv \mu - \bar{t} - \vartheta_0$$

mit

$$\vartheta_0 = \vartheta + d\mu.$$

Zur Zeit $\bar{U}$ habe der Ort $\bar{S}$ des Sternes vom Pol Q den Abstand $90^0 + \bar{f} + ek$. Die Dreiecke $P\bar{S}Q$ und PSQ geben dann die Beziehungen

$$\left.\begin{aligned}- \sin\,(\bar{f} + ek) &= \cos p \cos v + \sin p \sin v \cos(\mu - \bar{t}),\\ 0 &= \cos p \cos v + \sin p \sin v \cos(\mu - t).\end{aligned}\right\} \text{(a)}$$

---

*) In der Figur Winkel Θ.

Aus der Differenz dieser beiden Beziehungen folgt

$$2 \sin \frac{1}{2}(t - \bar{t}) = \sin(\bar{f} + ek) \frac{\operatorname{cosec} p \operatorname{cosec} \nu}{\sin\left(\mu - \dfrac{\bar{t} + t}{2}\right)}. \tag{b}$$

Um hierin die unbekannte Entfernung $\bar{f}$ zu eliminieren, gehen wir von den Beziehungen aus, welche die Dreiecke $PS'Q'$ und $PS''Q''$ liefern:

$$-\sin e(f + k) = \cos p \cos(\nu + d\nu) + \sin p \sin(\nu + d\nu) \cos(\mu - \bar{t} + \vartheta_0),$$
$$+\sin e(f - k) = \cos p \cos(\nu - d\nu) + \sin p \sin(\nu - d\nu) \cos(\mu - \bar{t} - \vartheta_0).$$

Vernachlässigt man im arithmetischen Mittel dieser beiden Beziehungen, das ist

$$-\cos e f \sin e k = \cos p \cos \nu \cos d\nu$$
$$+ \sin p \sin \nu \cos d\nu \cos(\mu - \bar{t}) \cos \vartheta_0$$
$$- \sin p \cos \nu \sin d\nu \sin(\mu - \bar{t}) \sin \vartheta_0$$

Glieder, die von höherer Ordnung klein sind, so erhält man

$$-\sin e k = \cos p \cos \nu + \sin p \sin \nu \cos(\mu - \bar{t}) \cos \vartheta_0 + \cdots.$$

Durch Elimination von $\cos p \cos \nu$ aus dieser Beziehung mit Hilfe der Beziehung (a) wird $(\bar{f} + ek)$ auf bekannte Größen zurückgeführt:

$$\sin(\bar{f} + ek) = \sin e k - \sin p \sin \nu \cos(\mu - \bar{t}) \cdot 2 \sin^2 \frac{\vartheta_0}{2}.$$

Damit geht (b) über in:

$$2 \sin \frac{1}{2}(t - \bar{t}) = -\operatorname{cosec}\left(\mu - \frac{\bar{t} + t}{2}\right)\left(\cos(\mu - \bar{t}) \cdot 2 \sin^2 \frac{\vartheta_0}{2} - \frac{\sin e k}{\sin p \sin \nu}\right). \tag{6a}$$

Die Berechnung der Reduktion $(t - \bar{t})$ nach dieser Beziehung setzt die Kenntnis des Stundenwinkels t, der neben $\bar{t}$ rechter Hand auftritt, voraus. Man wird sich mit Hilfe eines Näherungswertes der Uhrkorrektion zunächst einen Näherungswert von $\bar{t}$ verschaffen und kann dann mit Hilfe der Beziehung

$$t - \bar{t} = -\cotg(\mu - \bar{t}) \cdot 2 \sin^2 \frac{\vartheta_0}{2} + \frac{e k \operatorname{cosec}(\mu - \bar{t})}{\sin p \sin \nu} \tag{6b}$$

zu einem Näherungswert von t übergehen.

Die Beziehung (6b) liefert übrigens meist schon einen ausreichend genauen Wert der Reduktion $(t - \bar{t})$; die Beziehung (6a) wird man nur anwenden müssen, wenn die Beobachtungen in der Nähe der größten Digression eines Sternes oder bei sehr kleinen Zenitdistanzen in der Nähe des I. Vertikales stattfinden.

Im Dreieck PSQ ist der Winkel bei S nur um eine kleine Größe verschieden vom Komplement des parallaktischen Winkels q des Sternes im Dreieck $P\bar{S}Q$; es ist

$$\cos q = \sin \nu \sin(\mu - \bar{t}),$$
$$\sin q = \cos \nu \sin p - \sin \nu \cos p \cos(\mu - \bar{t}).$$

Benützt man die Abkürzung

$$m'' = 2 \frac{\sin^2 \frac{\vartheta_0}{2}}{\sin 1''}$$

und setzt

$$\vartheta_0 = \vartheta + \cdots$$

so wird der Ausdruck für die Reduktion $(t - \bar{t})$ in Zeitsekunden gleich:

$$(t - \bar{t})^{\text{sec}} = -\frac{m''}{15} \operatorname{cotg} (\mu - \bar{t}) + e\, k^{\text{sec}} \operatorname{cosec} p \sec q. \tag{6c}$$

Die Koordinaten μ, ν des Poles Q sind mit den Horizontalkoordinaten, der Neigung i und dem Azimut a_0 des Instrumentenvertikals, durch die folgenden Beziehungen verbunden:

$$\begin{aligned}
\sin \nu \cos \mu &= \sin i \sin \Phi - \cos i \cos \Phi \sin a_0, \\
\sin \nu \sin \mu &= \qquad\qquad\quad \cos i \, \cos a_0, \\
\cos \nu &= \sin i \cos \Phi + \cos i \sin \Phi \sin a_0.
\end{aligned}$$

Wird die Neigung i sehr klein gehalten, so können μ und ν aus den Beziehungen

$$\begin{aligned}
\sin \nu \cos \mu &= - \cos \Phi \sin a_0, \\
\sin \nu \sin \mu &= \qquad\quad \cos a_0, \\
\cos \nu &= \quad \sin \Phi \sin a_0
\end{aligned} \tag{7}$$

ermittelt werden.

Ist die horizontale Komponente der täglichen Bewegung des Sternes sehr klein – welcher Fall eintritt, wenn sich der Stern in der Nähe des Poles des Äquators oder in der Nähe der größten Digression befindet oder wenn er in der Nähe des I. Vertikales bei sehr kleinen Zenitdistanzen beobachtet wird –, so ersetzt man die Durchgangsbeobachtungen durch Einstellungen des beweglichen Fadens auf den Stern in beiden Lagen des Instrumentes und leitet daraus den Abstand des Sternes vom Achsenäquator ab.

Es seien

$$S'Q = 90^0 + f'$$

und

$$S''Q = 90^0 + f''$$

die Abstände des Sternes zur Zeit U' vor dem Umlegen und zur Zeit U'' nach dem Umlegen vom Pol Q des mittleren Achsenäquators. Sind M' und M'' die den Einstellungen entsprechenden Ablesungen an der Mikrometertrommel, so ist

$$\frac{1}{2} (f' + f'') = \pm \frac{1}{2} (M' - M'') \times \text{Schraubenwert};$$

es gilt das obere oder untere Zeichen, je nachdem die Ablesungen zu- oder abnehmen, wenn der Faden vor dem Umlegen in größere Distanz vom Pol Q gebracht wird.

Es sei

$$\bar{S}Q = 90^0 + \bar{f} = 90^0 + \frac{1}{2}\,(f' + f'') + \left\{ \bar{f} - \frac{1}{2}\,(f' + f'') \right\}$$

der Abstand des Sternes vom Pol Q zur Zeit $\bar{U} = \frac{1}{2}\,(U' + U'')$. Die an $\frac{1}{2}\,(f' + f'')$ anzubringende Korrektion erhält man auf folgendem Wege. Das arithmetische Mittel der Beziehungen

$$- \sin f' = \cos p \cos v + \sin p \sin v \cos(\mu - \bar{t} + \vartheta),$$
$$- \sin f'' = \cos p \cos v + \sin p \sin v \cos(\mu - \bar{t} - \vartheta),$$

das ist

$$- \frac{1}{2}\,(\sin f' + \sin f'') = \cos p \cos v + \sin p \sin v \cos(\mu - \bar{t}) \cos \vartheta,$$

liefert mit der Beziehung

$$- \sin \bar{f} = \cos p \cos v + \sin p \sin v \cos(\mu - \bar{t}) \tag{c}$$

die Differenz:

$$\sin \bar{f} - \frac{1}{2}\,(\sin f' + \sin f'') = - \sin p \sin v \cos(\mu - \bar{t}) \cdot 2 \sin^2 \frac{\vartheta}{2}$$

oder, immer ausreichend,

$$\bar{f} - \frac{1}{2}\,(f' + f'') = - \sin p \sin v \cos(\mu - \bar{t}) \cdot 2 \sin^2 \frac{\vartheta}{2}. \tag{8a}$$

Der Faktor von $2 \sin^2 \dfrac{\vartheta}{2}$ läßt sich in folgender Weise umformen: Bis auf kleine Größen höherer Ordnung ist nach der Beziehung (c)

$$- \sin p \sin v \cos(\mu - \bar{t}) = \cos p \cos v,$$

oder, wenn

$$\cos v = \sin \varPhi \sin a_0$$

eingeführt wird:

$$- \sin p \sin v \cos(\mu - \bar{t}) = \cos p \sin \varPhi \sin a_0.$$

Ist a^* das Azimut des Sternes im Moment $\bar{U}$ und $\bar{z}$ seine Zenitdistanz, so ist genähert

$$\sin(a_0 - a^*) = \sin \bar{f} \ \mathrm{cosec}\ \bar{z}$$

oder, immer ausreichend, wenn $\bar{z}$ nicht sehr klein ist:

$$a_0 = a^* + \bar{f}\ \mathrm{cosec}\ \bar{z} + \cdots.$$

Meist wird man

$$a_0 = a^* + \cdots$$

setzen dürfen. Somit wird

$$\bar{f} = \frac{1}{2}\,(f' + f'') + \cos p \sin a^* \sin \varPhi \cdot \frac{m''}{15}, \tag{8b}$$

worin f' und f'' in Zeitsekunden auszudrücken sind.

2. *Reduktion vom Achsenäquator auf den Instrumentenvertikal* wegen der Neigung der Horizontalachse.

Es sei i_v die Neigung, die aus zwei Ablesungen des Niveaus, die vor dem Umlegen in zwei verschiedenen Lagen gemacht worden sind, hervorgegangen ist. Die Neigung i' der Umdrehungsachse unterscheidet sich von i_v um die Zapfenungleichheit $\varkappa_v$. Ist von den beiden Zapfenenden das in die Richtung des Poles Q' fallende Ende das dickere, so ist

$$i' = i_v - \varkappa_v$$

die Erhebung des Poles Q' über dem Horizont. Nach dem Umlegen fällt dann das dünnere Ende in die Richtung des Poles Q'; es ist also, wenn i_n und $\varkappa_n$ die i_v und $\varkappa_v$ nach dem Umlegen entsprechenden Größen sind:

$$i'' = i_n + \varkappa_n.$$

Die Neigung i des mittleren Achsenäquators wird also gleich

$$i = \frac{i' + i''}{2} = \frac{(i - \varkappa)_v + (i + \varkappa)_n}{2}.$$

Haben die Zapfen kreisrunde Form, so ist $\varkappa_v = \varkappa_n \equiv \varkappa$, also

$$i = \frac{i_v + i_n}{2}.$$

Wird das von einem Quecksilberhorizont reflektierte Bild des Sternes beobachtet, so liegt die Zeit des Durchganges durch den Achsenäquator um ebenso viel vor (oder nach) der Zeit des Durchganges durch den Instrumentenvertikal, als die Zeit des direkt beobachteten Sternbildes nach (oder vor) dem Durchgang durch den Instrumentenvertikal liegt. Beobachtet man also vor dem Umlegen das direkte Bild und nach dem Umlegen das reflektierte, so ist als Neigung der Achse vor dem Umlegen der Wert $+i'$ und nach dem Umlegen der Wert $-i''$ einzuführen, so daß die Neigung i des mittleren Achsenäquators gleich

$$i = \frac{i' - i''}{2} = \frac{(i - \varkappa)_v - (i + \varkappa)_n}{2}$$

wird. Da aber bei kreisrunder Form der Zapfen

$$i_v - i_n = 4\,\varkappa$$

ist, so wird

$$i = \varkappa.$$

Beobachtet man also vor oder nach dem Umlegen das von einem Quecksilberhorizont reflektierte Bild des Sternes, so liegt der Pol des mittleren Achsenäquators nur um den Winkelbetrag der Zapfenungleichheit über oder unter dem Horizont.

Es sei die Entfernung des Sternes S im mittleren Achsenäquator vom Pol Q_0 des Instrumentenvertikales gleich

$$SQ_0 = 90^0 + \varDelta i$$

und z die Instrumentalzenitdistanz des Sternes, das heißt sein Abstand vom höchsten Punkt des mittleren Achsenäquators; dann ist

$$\sin \varDelta i = \sin i \cos z. \tag{9a}$$

Der Unterschied zwischen dem Stundenwinkel t_0 des Sternes, wenn er sich im Instrumentenvertikal befindet, und dem Stundenwinkel t des Sternes im Achsenäquator folgt dann aus den beiden Beziehungen:

$$- \sin \varDelta i = \cos p \cos \nu_0 + \sin p \sin \nu_0 \cos (\mu_0 - t),$$
$$0 = \cos p \cos \nu_0 + \sin p \sin \nu_0 \cos (\mu_0 - t_0),$$

in welchen μ_0 und ν_0 Stundenwinkel und Poldistanz des Poles Q_0 bezeichnen. Aus der Differenz dieser beiden Beziehungen folgt unter Beachtung der Beziehung (9a):

$$2 \sin \frac{t_0 - t}{2} = \frac{\sin i \cos z}{\sin p \sin \nu_0} \operatorname{cosec} \left(\mu_0 - \frac{t_0 + t}{2} \right).$$

Da die Neigung i klein gehalten werden kann, so daß sie höchstens den Betrag von einigen Bogensekunden annimmt, liefert die Beziehung

$$t_0 - t = i \, \frac{\cos z}{\sin p \sin \nu} \operatorname{cosec} (\mu - \bar t) = i \cos z \operatorname{cosec} p \sec q \tag{9b}$$

immer einen ausreichenden Näherungswert der Reduktion $(t_0 - t)$; sie kann dann mit der Reduktion $(t - \bar t)$ zusammengefaßt werden, so daß in Zeitsekunden

$$(t_0 - \bar t)^{\mathrm{sec}} = - \frac{m''}{15} \operatorname{cotg} (\mu - \bar t) + (ek + i \cos z) \operatorname{cosec} p \sec q \tag{9c}$$

wird. Hierin sind k und i in Zeitsekunden auszudrücken.

d) Die Beobachtung der Durchgangszeiten

Die Uhrzeiten des Sterndurchganges durch einen Vertikal oder einen Almukantarat werden, wenn ein Fadennetz benützt wird, entweder nach der Aug- und Ohrmethode oder nach der Registriermethode beobachtet. Eine größere Genauigkeit bietet die Verwendung eines beweglichen Fadens in Verbindung mit einer Registriertrommel, wobei der Faden dem Stern unter Bisektion des Sternbildes entweder von Hand oder unter Benützung eines Triebwerkes nachgeführt wird.

Die Aug- und Ohrmethode kommt mit den einfachsten Hilfsmitteln aus; der Beobachter zählt die von einer Uhr gegebenen Sekundenschläge mit und merkt sich den Abstand des Sternes vom Faden sowohl bei dem – dem Durchgang – vorausgehenden als ihm nachfolgenden Schlag. Das Verhältnis des einen oder andern Abstandes zu ihrer Summe setzt dann der Beobachter in den Zahlenwert des Bruchteiles um, der, zur Ordnungszahl des vorausgehenden Schlages addiert, die gesuchte Durchgangszeit liefert. Man kann diesen Bruchteil auch nur nach dem Gehör abschätzen, indem man den Moment der Bisektion des Sternes durch den Faden erfaßt und diesen Moment nach dem Gedächtnis als Bruchteil des Sekundenintervalles ausdrückt. Bei langsamem Durchgang des Sternes durch den Faden bietet diese Art der Beobachtung eine größere Genauigkeit als die Abschätzung mit Hilfe der sehr kleinen Distanzen.

Eine größere Genauigkeit gewährt die zweite Methode, bei welcher sich der Beobachter eines Tasters bedient, um mit Hilfe eines elektrischen Stromes den Moment des Durchganges durch eine Marke neben den Sekundenmarken der Uhr auf dem ablaufenden Band eines Chronographen festzuhalten. Um Änderungen der persönlichen Gleichung so wenig als möglich auswirken zu lassen, empfiehlt es sich, den Strom durch den Taster auf den Moment der voraussichtlichen Bisektion des Sternbildes zu schließen und nicht erst, nachdem der Moment der Bisektion bewußt geworden ist. Sehr polnahe Sterne werden nach der Registriermethode weniger genau beobachtet als nach der Aug- und Ohrmethode, bei welcher sich der Beobachter auch bei stärkerer Luftunruhe davon Rechenschaft geben kann, ob er den Durchgang des Sternes durch den Faden noch zu erwarten oder schon als erfolgt zu beurteilen habe.

Die größte Genauigkeit in der Beobachtung der Durchgänge bietet die Verwendung des Registriermikrometers; damit ist auch eine weitgehende Befreiung von der Beeinflussung der Beobachtungen durch die persönliche Gleichung verbunden, weshalb es auch als unpersönliches Mikrometer bezeichnet wird. Seine Verwendung zur Beobachtung von Durchgängen durch einen Vertikal hat außerdem den großen Vorteil, daß man keine Fadendistanzen zu kennen braucht und daß der Einfluß der Kollimation schon in der Uhrzeit des einzelnen Sterndurchganges eliminiert wird, wenn das Instrument während des Durchganges umgelegt und der Stern vor und nach dem Umlegen an denselben Kontakten beobachtet wird.

Es braucht relativ viel Übung, bis der Beobachter in der Lage ist, durch die Nachführung des Fadens von Hand die Bisektion des Sternbildes während einiger Umdrehungen genau aufrecht zu erhalten. Schon bald nach der Einführung des Registriermikrometers in die Beobachtungspraxis hat man gesucht, die Nachführung von Hand zu ersetzen durch die mechanische Nachführung mit Hilfe eines Triebwerkes. Die der Mikrometerspindel vom Motor erteilte Umdrehungsgeschwindigkeit muß sich in kontinuierlicher Weise ändern lassen. Das wurde beim ersten Triebwerk, das H. STRUVE*) in Königsberg 1897 konstruieren ließ, dadurch erreicht, daß der Motor einen Kreiskegel um seine Achse in Rotation versetzte; vom Kegelmantel wurde eine Kreisscheibe durch Reibung mitgenommen, deren Rotationsgeschwindigkeit durch Verschieben längs einer Mantellinie sich von einem Minimalwert in der Nähe der Spitze bis zu einem Maximalwert in der Nähe der Kegelbasis variieren ließ. In der Praxis hat sich diese Einrichtung nicht bewährt; da die Geschwindigkeit der Fadenbewegung nicht genau auf die Geschwindigkeit des Sternes eingestellt werden konnte, war der Beobachter gezwungen, von Hand nachzuhelfen und die Motorbewegung zu beschleunigen oder zu verzögern**).

Um die Nachteile zu vermeiden, die mit der erzwungenen Änderung der Motorbewegung verbunden waren, und doch die Vorteile, welche die gleichförmige Bewegung des Fadens durch ein mechanisches Getriebe mit sich brachte, nicht zu verlieren, hat L. COURVOISIER die folgende Änderung des Beobachtungsverfahrens vorgeschlagen und praktisch ausprobiert. Der Beobachter versucht nicht mehr, die ungenaue Nachführung des Fadens durch den Motor von Hand zu korrigieren, sondern läßt den Motor absichtlich ein wenig zu rasch oder zu langsam sich bewegen. Im ersten Fall läßt man den Faden den Stern und im zweiten Fall den Stern den Faden einholen. Der Moment, in welchem die Bisektion eintritt, wird mit Hilfe eines Handtasters auf einem Chronographen festgehalten neben den Momenten der Uhrsekunden und der Kontaktmomente, die beide automatisch auf dem Chronographen zur Aufzeichnung gelangen. Es ist leicht ersichtlich, daß ein Fehler in der Betätigung des Handtasters sich um so weniger in der aus solchen Beobachtungen abgeleiteten Durchgangszeit auswirkt, je kleiner der Unterschied in der Bewegung des Fadens und des Sternes ist; denn wenn ständig Bisektion stattfindet, ist es gleichgültig, wann die Tastersignale fallen, da in diesem Falle nur die automatisch aufgezeichneten Kontaktmomente zur Ableitung der Durchgangszeit gebraucht werden. Diese Bisektions- oder Koinzidenzbeobachtungen werden während des Durchganges des Sternes so oft als möglich wiederholt. COURVOISIER hat bei Beobachtungen mit einem Meridianinstrument bis zu 10 Koinzidenzbeobachtungen erhalten.

Soll das Instrument während des Durchganges zum Zweck der Elimination der Kollimation umgelegt werden, womit bekanntlich auch eine genauere Bestimmung der Achsenneigung verbunden ist, als wenn die Neigung aus Umlegungen des Niveaus allein abgeleitet werden muß, so kommt dieses Verfahren der Koinzidenzbeobachtung nicht in Frage. Der Beobachter würde

---

*) H. STRUVE. Erste Mitteilung in der Vierteljahrsschrift 33 (1898), p. 135 im Jahresbericht der Sternwarte Königsberg über das Jahr 1897. H. STRUVE. Über die Verbindung eines Uhrwerks mit dem unpersönlichen Mikrometer von Repsold. A. N. 155, 353 (1901).

**) DR. FRITZ COHN. Ergebnisse von Beobachtungen am Repsoldschen Registriermikrometer bei Anwendung eines Uhrwerkes. A. N. 157, 357 (1901).

vor und nach dem Umlegen nicht mehr als je 2–3 Koinzidenzmomente erhalten. Die Genauigkeit der aus 4–6 solchen Momenten abgeleiteten Durchgangszeit würde nicht größer ausfallen als die Genauigkeit des Durchganges, der auf je 10 vor und nach dem Umlegen registrierten Kontaktmomenten unter Handnachführung des Mikrometers beruht. Das Koinzidenzverfahren hat ferner noch den Nachteil, daß die rechnerische Ermittlung der Durchgangszeit viel mehr Zeit beansprucht als die gewöhnliche Mikrometerregistrierung.

Fig. 15

Nun läßt sich aber die mechanisierte Nachführung so gestalten, daß damit nur noch Vorteile und keine Nachteile gegenüber der Handnachführung verbunden sind. Es ist dazu nur notwendig, den Antriebsmechanismus so zu ändern, daß trotz der Nachführung des Fadens durch das Triebwerk der Faden noch beliebig von Hand verstellt werden kann. Es ist dann nicht mehr notwendig, die Bewegung des Motors zu beschleunigen oder zu verzögern, was wegen der Trägheit der Massen unerwünschte Nebenwirkungen zur Folge hat.

Die im Folgenden beschriebene Konstruktion ist im Sommer 1945 am Passageninstrument der Astronomischen Anstalt der Universität Basel angebracht worden (vergleiche Figur 15). Als Kraftquelle dienen zwei kleine Synchronmotoren M, die an den Lichtstrom von 220 Volt und 50 Perioden pro Sekunde angeschlossen werden. Die Rotationsgeschwindigkeit des Ankers wird durch ein Reduktionsgetriebe auf eine Umdrehung in 15 sec herabgesetzt. Die beiden Motoren werden gegeneinandergestellt und treiben mit ihren Endwellen zwei in entgegengesetzter Richtung laufende Scheiben S an. Eine dritte Scheibe s, die quer zu diesen antreibenden Scheiben gestellt wird, kann längs einem Durchmesser derselben verschoben werden und wird von ihnen durch Reibung mitgenommen; sie überträgt die Bewegung ihrer Achse As durch ein beson-

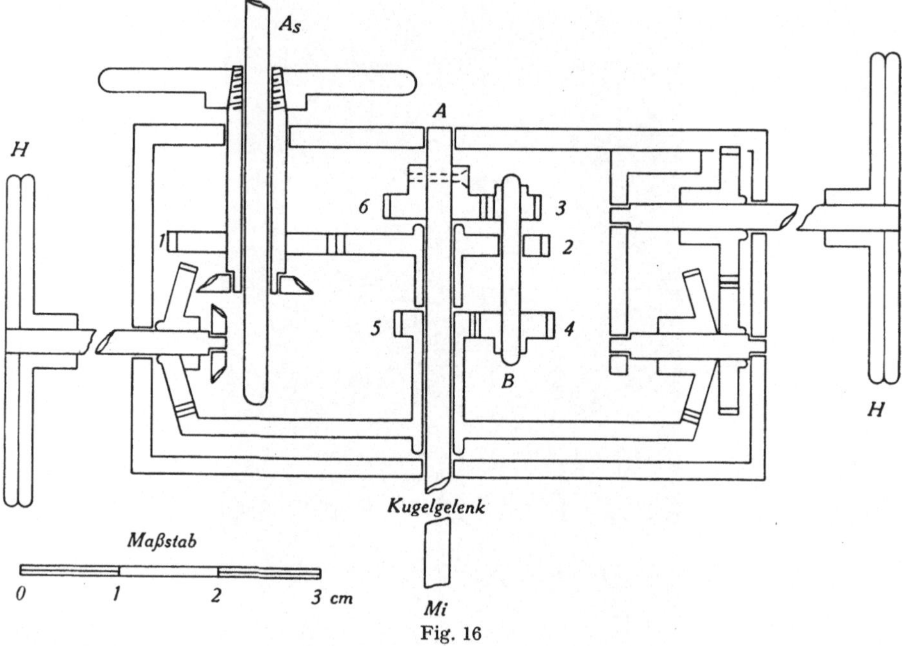

Fig. 16

deres Getriebe auf die Achse des Mikrometers (Figur 16). Die Endachsen der Synchronmotoren wirken nicht direkt auf die Achsen der Scheiben S, sondern durch eine Wechselradschaltung, die analog der Seite 29/30 beschriebenen Einrichtung ist, so daß der Drehungssinn der Scheiben S umgekehrt werden kann.

Die Achse As (Figur 16) der verstellbaren Scheibe s nimmt zunächst das Zahnrad 1 mit, das seine Bewegung auf das Zahnrad 2 überträgt; die Achse A dient dem Rad 2 nur als Lager wie auch dem Zahnrad 5, das mit dem Kegelrad verbunden ist. Die Scheibe des Zahnrades 2 ist durchbohrt; diese Bohrung dient der Achse B der miteinander verbundenen Zahnräder 3 und 4 als Lager. Das Zahnrad 4 greift in das mit dem Kegelrad verbundene Zahnrad 5 ein. Bei der Bewegung des Rades 2 wird die Achse B der Räder 3 und 4 um die Achse A herumgeführt; dabei wickelt sich das Rad 4 auf dem Rad 5 ab. Wegen des Widerstandes, den das mit dem Kegelrad verbundene Getriebe ausübt, wird aber das Rad *5* nicht mitgenommen, sondern bleibt stehen. Das Rad *3* nimmt also das Rad *6*, das fest auf der Achse *A* sitzt, mit, weil die Zahl der Zähne des Rades *3* nicht gleich der Zahl der Zähne des Rades *6* ist; hätten sie gleiche Zahnzahl, so würde sich *3* auf *6* abwickeln, wie sich *4* auf *5* abwickelt. Mit der Achse *A* wird die Achse *Mi* des Mikrometers gekoppelt; damit dabei kein Zwang ausgeübt wird, geschieht es mit Hilfe eines Kugelgelenkes.

Das Zahnrad *5*, auf das sich das Zahnrad *4* stützt, um die vom Motor gegebene Bewegung auf die Achse *A* zu übertragen, kann mit Hilfe der beiden Triebe *H* von Hand bewegt werden. Damit die beiden Triebe, die das Kegelrad antreiben, im gleichen Sinn bewegt werden müssen, ist auf der einen Seite ein weiteres Zahnrad zwischen das Rad des Handtriebes und das Kegelrad eingeschaltet.

Der Träger, von dem dieses Getriebe zusammen mit den beiden Synchronmotoren gehalten wird, ist an derjenigen Stelle des massiven Teiles der horizontalen Achse befestigt, wo bei der Verwendung des Instrumentes zur Polhöhenbestimmung nach der Horrebow-Talcott-Methode die beiden Niveaus sitzen, welche die Zenitdistanz des Fernrohres kontrollieren.

Die beiden Motoren sind auf einem Schlitten montiert und werden von einer Feder gegeneinander gezogen; zwei Anschläge auf der Bahn des Schlittens sorgen dafür, daß der von den beiden Scheiben *S* auf die Scheibe *s* ausgeübte Druck in verschiedenen Zenitdistanzen ungefähr gleich groß ist.

e) Die mittleren Fehler der Durchgangszeiten

Der mittlere Fehler der Uhrzeit des einzelnen Fadendurchganges läßt sich aus den Abweichungen der auf den Mittelfaden reduzierten Einzelwerte vom arithmetischen Mittel berechnen; wird das unpersönliche Mikrometer benützt, so läßt sich der mittlere Fehler der einzelnen Kontaktzeit in einfacher Weise aus den Abweichungen der arithmetischen Mittel der vor und nach dem Umlegen am gleichen Kontakt beobachteten Uhrzeiten von deren Gesamtmittel ableiten. Der Fehler wird um so größer, je langsamer sich der Stern in der zum Faden senkrechten Richtung bewegt. Ist v die Komponente der scheinbaren Bewegung des Sternes in dieser Richtung und V die Vergrößerungszahl des Fernrohres, so ist in erster Annäherung der mittlere Fehler m_U der einzelnen Fadendurchgangzeit oder der einzelnen Kontaktzeit dem Produkt vV umgekehrt proportional. Nimmt man als Zeiteinheit die Sternzeitsekunde, der wir die Uhrsekunde gleichsetzen, und als Einheit des Winkelweges $15'' = 1\,\mathrm{sec}$, so ist im Parallel die Geschwindigkeit des Sternes in der Poldistanz p gleich $\sin p$, und somit, wenn (q) der Winkel ist, den die Bewegungsrichtung im

Parallel mit der Normalen zur Fadenrichtung bildet:

$$v = \cos(q) \sin p.$$

Bezeichnet b_0 den Proportionalitätsfaktor, so ist

$$m_U = \pm b_0 \frac{\operatorname{cosec} p}{V \cos(q)}$$

zu setzen. Der mittlere Fehler eines im Meridian beobachteten Durchganges wird, wenn er durch Multiplikation mit $\sin p$ auf den größten Kreis bezogen wird, da $\cos(q)$ gleich 1 zu setzen ist, gleich

$$m_U \sin p = \pm \frac{b_0}{V},$$

das heißt konstant. Nun werden die Durchgänge der rasch bewegten Sterne erfahrungsgemäß weniger sicher beobachtet als die Durchgänge der langsam bewegten. Diesem Umstande kann man Rechnung tragen dadurch, daß man den mittleren Fehler $m_U \sin p \cos(q)$ auffaßt als Resultante zweier Komponenten, nämlich der von der Poldistanz p unabhängigen Komponente b_0/V und einer zweiten von der Poldistanz und vom Winkel (q) abhängigen Komponente. Da diese mit der zur Fadenrichtung senkrechten Komponente der Geschwindigkeit des Sterns, das ist $\sin p \cos(q)$, verschwinden muß, macht man für m_U unter Einführung einer zweiten Konstanten a_0 den Ansatz:

$$m_U^2 = a_0^2 + b_0^2 \frac{\operatorname{cosec}^2 p}{V^2 \cos^2(q)}. \tag{10}$$

Aus Durchgangsbeobachtungen im Meridian hat man die folgenden Werte der Konstanten a_0 und b_0 abgeleitet:

Methode	a_0	b_0
1. Aug- und Ohrmethode	$\pm 0\overset{s}{,}10$	$\pm 4\overset{s}{,}7$
2. Registriermethode	,07	4,7
3. Unpersönliches Mikrometer unter Handantrieb:		
a) Längenbestimmungen des geodätischen Institutes in Potsdam	,057	3,0
b) Längenbestimmungen der Schweizerischen geodätischen Kommission	,031	2,6
4. Unpersönliches Mikrometer unter mechanischem Antrieb bei Koinzidenzbeobachtungen	,020	2,4
5. Unpersönliches Mikrometer unter mechanischem Antrieb mit Korrekturmöglichkeit . .	,022	2,5

Die unter 1, 2 und 3a gegebenen Zahlen sind in der 4. Auflage von TH. ALBRECHTS «Formeln und Hilfstafeln für geographische Ortsbestimmungen» angegeben.

Die unter 3b angegebenen Werte sind Band 21, Seite 25, der *Astronomisch-geodätischen Arbeiten in der Schweiz* entnommen; die dort angeführten Zahlen sind mit $\sqrt{2}$ multipliziert, um sie auf die einzelne Kontaktbeobachtung zu beziehen.

Die Konstanten der Methode 4, des Koinzidenzverfahrens von Courvoisier, sind aus seinen Angaben in A. N. 167, 211 abgeleitet. Die zur Methode 5 angegebenen Werte sind vorläufiger Natur; sie beruhen auf Durchgangsbeobachtungen, die im Sommer 1945 an einigen Abenden von Dr. J. O. Fleckenstein angestellt worden sind. Ihre Konstanten liegen zwischen den Werten der Methoden 3 b und 4; diese Methode liefert die Durchgangszeit ebenso genau wie das Koinzidenzverfahren, weil viel mehr Einzelbeobachtungen während des Durchganges möglich sind; es können vor und nach dem Umlegen ebensoviele Kontakte beobachtet werden wie bei der Handnachführung.

In der folgenden Tabelle sind die auf den größten Kreis bezogenen mittleren Fehler $m_U \sin p$ einer Einzelbeobachtung im Meridian, die in verschiedenen Poldistanzen bei den einzelnen Verfahren zu erwarten sind, zusammengestellt, wenn bei 80facher Vergrößerung beobachtet wird. Unter «N» ist das Verhältnis von $a_0^2 + \left(\dfrac{b_0}{V}\right)^2$ zu $\left(\dfrac{b_0}{V}\right)^2$ angegeben; wird ein Äquatorstern an N-mal so viel Fäden oder Kontakten beobachtet als ein polnaher Stern, so wird der mittlere Fehler seiner Durchgangszeit, bezogen auf den größten Kreis senkrecht zum Meridian, gleich groß wie der mittlere Fehler der Durchgangszeit des Polsternes. Von der Möglichkeit, verschiedene Sterne gleich genau zu beobachten durch geeignete Wahl der Zahl der Einzelbeobachtungen, werden wir bei fehlertheoretischen Untersuchungen Gebrauch machen.

p / Methode	$m_U \sin p$					N
	90^0	45^0	30^0	10^0	0^0	
1	$\pm 0{,}^{\rm s}116$	$\pm 0{,}^{\rm s}092$	$\pm 0{,}^{\rm s}077$	$\pm 0{,}^{\rm s}061$	$\pm 0{,}^{\rm s}59$	3,9
2	,091	,077	,068	,060	,059	2,4
3 a	,068	,055	,047	,039	,038	3,3
3 b	,045	,039	,036	,033	,033	1,9
4	,027	,024	,022	,020	,022	1,5
5	,038	,035	,033	,031	,031	1,5

f) Differentialausdrücke

Ändert man die drei gegebenen Stücke eines Dreiecks, so kann die Änderung, die irgendeines der übrigen Stücke erleidet, mit Hilfe des funktionalen Zusammenhanges berechnet werden. Wir leiten die Beziehung, welche die Änderung der drei gegebenen Stücke mit der Änderung eines vierten Stückes verbindet, ab, unter der Voraussetzung, es seien die Änderungen kleine Größen erster Ordnung, deren Quadrate und Produkte vernachlässigt werden dürfen. Diese Beziehung verwenden wir auch zur Berechnung des Fehlers, der von den Fehlern der drei gegebenen Stücke auf das berechnete Stück übergeht.

1. *Die Differentialbeziehung des Cosinussatzes.*

Die Änderung dz, welche die Zenitdistanz erleidet, wenn Φ, p und t der Reihe nach um $d\Phi$, dp und dt geändert werden, wird gleich

$$dz = \frac{\partial z}{\partial \Phi}\, d\Phi + \frac{\partial z}{\partial p}\, dp + \frac{\partial z}{\partial t}\, dt.$$

Der Cosinussatz

$$\cos z = \cos \Phi \cos p + \sin \Phi \sin p \cos t$$

liefert durch partielle Ableitung

1) nach Φ:

$$\sin z\, \frac{\partial z}{\partial \Phi} = \cos p \sin \Phi - \sin p \cos \Phi \cos t$$
$$= - \sin z \cos a;$$

2) nach p:

$$\sin z\, \frac{\partial z}{\partial p} = \cos \Phi \sin p - \sin \Phi \cos p \cos t$$
$$= \sin z \cos q;$$

3) nach t:

$$\sin z\, \frac{\partial z}{\partial t} = \sin \Phi \sin p \, \sin t$$
$$= \sin z\, \sin p\, \sin q$$
$$= \sin z\, \sin \Phi \sin a.$$

Somit wird

$$dz = - d\Phi \cos a + \cos q\, dp + \sin q\, dt \sin p. \qquad (11\,\text{a})$$

Ist z' die scheinbare Zenitdistanz und r_z die Refraktion, so ist

$$z = z' + r_z$$

und

$$dz = dz' + dr_z.$$

Wird

$$dt = d(U + u - \alpha)$$

gesetzt, so erhält man

$$dz' - \sin a\, du \sin \Phi + d\Phi \cos a = \sin q\, d(U - \alpha) \sin p + \cos q\, dp - dr_z. \quad (11\,\text{b})$$

Ist die Refraktion bei gleicher Zenitdistanz in verschiedenen Azimuten nicht gleich groß, so bleibt bei den Methoden, die auf der Elimination der Zenitdistanz beruhen, ein Fehler wirksam, dem durch die eingeführte Verbesserung dr_z Rechnung getragen werden kann.

2. *Die Differentialbeziehung des Kotangentensatzes.*

Das Azimut a des Sternes erleidet, wenn sich Φ, p und t ändern, die Änderung

$$da = \frac{\partial a}{\partial \Phi}\, d\Phi + \frac{\partial a}{\partial p}\, dp + \frac{\partial a}{\partial t}\, dt.$$

Die Koeffizienten der Änderungen folgen aus

$$\operatorname{cotg} a = \frac{\cos \Phi \sin p \cos t - \sin \Phi \cos p}{\sin t \sin p}$$

durch partielle Differentiation

1) nach Φ:

$$\frac{1}{\sin^2 a} \frac{\partial a}{\partial \Phi} = \frac{\sin \Phi \sin p \cos t + \cos \Phi \cos p}{\sin t \sin p},$$

was unter Berücksichtigung der Beziehung

$$\sin t \sin p = \sin z \sin a$$

und des Cosinussatzes übergeht in

$$\frac{\partial a}{\partial \Phi} = \cos z \sin a \operatorname{cosec} z;$$

2) nach p:

$$\frac{1}{\sin^2 a} \frac{\partial a}{\partial p} = - \frac{\sin \Phi}{\sin t \sin^2 p},$$

was wegen der Beziehungen

$$\frac{\sin \Phi}{\sin p} = \frac{\sin q}{\sin a}$$

und

$$\frac{\sin a}{\sin t} = \frac{\sin p}{\sin z}$$

übergeht in

$$\frac{\partial a}{\partial p} = - \sin q \operatorname{cosec} z;$$

3) nach t:

$$\frac{1}{\sin^2 a} \frac{\partial a}{\partial t} = \frac{\cos \Phi \sin p - \cos p \sin \Phi \cos t}{\sin^2 t \sin p},$$

was wegen der Beziehungen

$$\frac{\sin a}{\sin t} = \frac{\sin p}{\sin z},$$

$$\sin z \cos q = \cos \Phi \sin p - \sin \Phi \cos p \cos t$$

übergeht in

$$\frac{\partial a}{\partial t} = \sin p \cos q \operatorname{cosec} z.$$

Es wird also

$$\sin z \, da = \cos z \, d\Phi \sin a - \sin q \, dp + \cos q \, dt \sin p. \tag{12a}$$

Das verbesserte Azimut $a + da$ ist aber nur dann gleich dem wahren Azimut, das ein Beobachter bei fehlerfreier Messung erhalten hätte, wenn sich der scheinbare und der wahre Ort im gleichen Vertikal befinden. Ist dr_a die Lateralrefraktion, die den Stern gegen den Pol Q_0 des Vertikals verschiebt, so ist das wahre Azimut des Instruments gleich

$$a + da + dr_a \operatorname{cosec} z.$$

Die Gesamtverbesserung

$$da_0 = da + dr_a \operatorname{cosec} z$$

wird also durch die folgende Beziehung mit du und $d\Phi$ verbunden:

$$\sin z \, da_0 - \cos q \, du \sin p - \cos z \, d\Phi \sin a$$
$$= \cos q \, d(U - \alpha) \sin p - \sin q \, dp + dr_a. \qquad (12\mathrm{b})$$

Ist die laterale Refraktion bei gleichem Azimut in verschiedenen Zenitdistanzen nicht gleich groß, so bleibt bei den Methoden, die auf der Elimination
des Azimutes beruhen, ein Fehler wirksam, dem durch die eingeführte Verbesserung dr_a Rechnung getragen werden kann.

III. KAPITEL

Bestimmung der Zeit oder der Polhöhe
mit Hilfe von Almukantaratdurchgängen

a) Bestimmung der Zeit mit Hilfe der Durchgänge zweier Sterne durch denselben Almukantarat (Zingersche Methode) [1])

1. *Ableitung der Reduktionsformeln*

Wir unterscheiden die Größen, die sich auf die beiden Sterne beziehen, durch die Indizes w und e, indem wir annehmen, es sei, um den günstigsten Umständen zu entsprechen, der eine Stern im Westen und der andere im Osten beobachtet. Es seien

U_w, U_e die Uhrzeiten des Durchganges durch denselben Horizontalfaden im Westen und Osten,

n_w, n_e die aus den Ablesungen der Blasenenden abgeleiteten Stellungen der Blasenmitte des Niveaus,

α_w, α_e die Rektaszensionen und

p_w, p_e die Poldistanzen der beiden Sterne.

Je nachdem der Nullstrich der durchgehenden Bezifferung des Niveaus außen, das heißt gegen den Stern hin, oder innen, das heißt vom Stern abgewendet, liegt, ist die Differenz der Zenitdistanzen im W und im E gleich

$$z_w - z_e = \pm \, (n_w - n_e) \cdot p_0 \begin{cases} + \text{ Nullstrich außen,} \\ - \text{ Nullstrich innen,} \end{cases}$$

worin p_0 den Parswert des Niveaus bezeichnet. Es wird also, da

$$z = \frac{z_w + z_e}{2} = z_w - \frac{z_w - z_e}{2} = z_e + \frac{z_w - z_e}{2}$$

ist:

$$z = z_w \mp \frac{n_w - n_e}{2} \, p_0 \begin{cases} - \text{ Nullstrich außen,} \\ + \text{ Nullstrich innen,} \end{cases}$$

und

$$z = z_e \pm \frac{n_w - n_e}{2} \, p_0 \begin{cases} + \text{ Nullstrich außen,} \\ - \text{ Nullstrich innen.} \end{cases}$$

Sind U_w' und U_e' die Uhrzeiten des Durchganges durch den der Instrumentalzenitdistanz z entsprechenden Almukantarat, so ist

$$U_w' = U_w \mp \frac{(n_w - n_e)\, p_0}{2 \sin \Phi \sin a_w}\,,$$

$$U_e' = U_e \pm \frac{(n_w - n_e)\, p_0}{2 \sin \Phi \sin a_e}\,.$$

Sind die Deklinationen der Sterne nicht stark voneinander verschieden, so
darf man $a_w = \tfrac{1}{2}(a_w - a_e) = -a_e$ setzen; es wird dann mit $a = \tfrac{1}{2}(a_w - a_e)$:

$$\frac{U_w' + U_e'}{2} = \frac{U_w + U_e}{2} \mp \frac{(n_w - n_e)\, p_0}{2 \sin \Phi \sin a} \begin{cases} - \text{ Nullstrich außen} \\ + \text{ Nullstrich innen} \end{cases} \tag{13}$$

und

$$\frac{U_w' - U_e'}{2} = \frac{U_w - U_e}{2}\,. \tag{14}$$

Sind t_w und t_e die Stundenwinkel der beiden Sterne, wenn sie in der *gleichen*
Zenitdistanz z beobachtet werden, so ist, wenn u die Uhrkorrektion bezeichnet:

$$U_w' + u = \alpha_w + t_w,$$
$$U_e' + u = \alpha_e + t_e,$$

also

$$u = \frac{\alpha_w + \alpha_e}{2} - \frac{U_w + U_e}{2} + \frac{t_w + t_e}{2} \pm \frac{(n_w - n_e)\, p_0}{2 \sin \Phi \sin a} \begin{cases} + \text{Nullstrich außen,} \\ - \text{Nullstrich innen.} \end{cases} \tag{15}$$

Zur Kenntnis der halben Summe der Stundenwinkel $\tfrac{1}{2}(t_w + t_e)$ gelangt
man auf folgendem Weg. Eliminiert man aus den Beziehungen

$$\cos z = \cos \Phi \cos p_w + \sin \Phi \sin p_w \cos t_w,$$
$$\cos z = \cos \Phi \cos p_e + \sin \Phi \sin p_e \cos t_e$$

die unbekannte Zenitdistanz z, so erhält man

$$\sin p_w \cos t_w - \sin p_e \cos t_e = \cotg \Phi (\cos p_e - \cos p_w). \tag{16}$$

Setzt man in

$$\frac{1}{2}(t_w + t_e) = \frac{1}{2}(U_w' + U_e') - \frac{1}{2}(\alpha_w + \alpha_e) + u,$$
$$\frac{1}{2}(t_w - t_e) = \frac{1}{2}(U_w' - U_e') - \frac{1}{2}(\alpha_w - \alpha_e)$$

zur Abkürzung

$$\varkappa = \frac{1}{2}(U_w' + U_e') - \frac{1}{2}(\alpha_w + \alpha_e),$$
$$\lambda = \frac{1}{2}(U_w' - U_e') - \frac{1}{2}(\alpha_w - \alpha_e), \tag{17a}$$
$$\bar{t} = \frac{1}{2}(t_w + t_e),$$

so wird

$$\frac{1}{2}(t_w + t_e) = \varkappa + u,$$
$$\frac{1}{2}(t_w - t_e) = \lambda,$$

und

$$t_w = \bar{t} + \lambda = \varkappa + u + \lambda,$$
$$t_e = \bar{t} - \lambda = \varkappa + u - \lambda.$$

Ferner setzen wir

$$\frac{1}{2}\left(p_w + p_e\right) = p,$$
$$\frac{1}{2}\left(p_w - p_e\right) = \Delta p, \tag{17b}$$

so daß

$$p_w = p + \Delta p,$$
$$p_e = p - \Delta p$$

wird. Führt man diese Werte von t_w, t_e, p_w und p_e in die Gleichung (16) ein, so ergibt eine leichte Umformung:

$$\left.\begin{array}{l} \sin p \cos \Delta p \sin \lambda \sin \bar{t} \\ - \cos p \sin \Delta p \cos \lambda \cos \bar{t} \end{array}\right\} = - \operatorname{cotg} \Phi \sin p \sin \Delta p. \tag{18}$$

Um hieraus den Stundenwinkel $\bar{t}$, der als Argument eines Sinus und eines Cosinus auftritt, zu berechnen, führt man einen Hilfswinkel ein; definiert man den Winkel m durch die Beziehung

$$\operatorname{tg} m \sin p \cos \Delta p \sin \lambda = + \cos p \sin \Delta p \cos \lambda, \tag{19}$$

so geht die Gleichung (18) über in

$$\frac{- \sin \bar{t} \cos m + \cos \bar{t} \sin m}{\cos m} \sin p \cos \Delta p \sin \lambda = + \operatorname{cotg} \Phi \sin p \sin \Delta p,$$

so daß

$$\sin (m - \bar{t}) = + \operatorname{cotg} \Phi \operatorname{tg} \Delta p \operatorname{cosec} \lambda \cos m \tag{20}$$

wird. Ist $(m - \bar{t})$ hieraus berechnet, so wird

$$\frac{1}{2}\left(t_w + t_e\right) \equiv \bar{t} = - (m - \bar{t}) + m.$$

Da in die Berechnung von λ die Differenz $(U_w' - U_e')$, die gleich $(U_w - U_e)$ ist, eingeht, ist es zur Berechnung von $(m - \bar{t})$ nach (19) nicht nötig, die beobachteten Uhrzeiten wegen der Zenitdistanzdifferenz zu korrigieren.

2. Die Berücksichtigung der täglichen Aberration

Es empfiehlt sich nicht, die tägliche Aberration an den scheinbaren Örtern anzubringen; ihr Einfluß kann leicht nachträglich berücksichtigt werden.

Die Korrektionen der Koordinaten α und p wegen der täglichen Aberration sind:

$$d\alpha \sin p = \quad 0\overset{''}{,}322 \sin \Phi \cos t,$$
$$dp \quad\quad\; = - 0,322 \sin \Phi \sin t \cos p.$$

Setzt man im Differentialausdruck des Cosinussatzes die Verbesserungen $d\Phi$ und dU gleich null, so ist

$$dz - \sin a \, du \sin \Phi = - \sin q \, d\alpha \sin p + \cos q \, dp.$$

Da aber

$$\sin q \cos t + \cos q \sin t \cos p = \sin a \cos z$$

ist, wird

$$dz - \sin a \, du \sin \Phi = -\,0{,}''322 \sin \Phi \sin a \cos z.$$

Eliminiert man nun dz aus den beiden Beziehungen

$$dz - \sin a_w \, du \sin \Phi = -\,0{,}''322 \sin \Phi \sin a_w \cos z,$$
$$dz - \sin a_e \, du \sin \Phi = -\,0{,}322 \sin \Phi \sin a_e \cos z,$$

so erhält man mit $0{,}''322 = 0{,}^{\mathrm{s}}0215$ als Korrektion von u wegen der täglichen Aberration:

$$du = +\,0{,}^{\mathrm{s}}0215 \cos z. \tag{21}$$

Zusammenstellung der Reduktionsformeln

An Stelle der Poldistanzen führen wir die Deklinationen $\delta = 90^0 - p$ ein, welche den astronomischen Jahrbüchern, die Ephemeriden veröffentlichen, direkt entnommen werden können.

Sind

U_w, U_e die beobachteten Uhrzeiten,

n_w, n_e die Blasenmitten des Niveaus,

α_w, α_e die Rektaszensionen,

δ_w, δ_e die Deklinationen

der beiden Sterne,

p_0 der Parswert des Niveaus in Zeitsekunden,

φ die Polhöhe,

so erhält man die Uhrkorrektion aus der Durchrechnung des folgenden Gleichungssystemes:

$$\delta = \frac{\delta_e + \delta_w}{2}, \quad \Delta\delta = \frac{\delta_e - \delta_w}{2}, \quad \lambda = \frac{U_w - U_e}{2} - \frac{\alpha_w - \alpha_e}{2},$$

$$\operatorname{tg} m = \operatorname{tg}\delta \operatorname{tg}\Delta\delta \operatorname{cotg}\lambda,$$
$$\sin(m - \bar t) = \operatorname{tg}\varphi \operatorname{tg}\Delta\delta \operatorname{cosec}\lambda \cos m,$$
$$\bar t = m - (m - \bar t),$$

$$u = \frac{\alpha_e + \alpha_w}{2} - \frac{U_e + U_w}{2} + \bar t \mp \frac{(n_e - n_w)\,p_0}{2\cos\varphi \sin a} + 0{,}^{\mathrm{s}}021 \cos z.$$

(− Nullstrich außen, + Nullstrich innen.)

3. Die günstigsten Umstände der Beobachtung und der mittlere Fehler
der Uhrkorrektion

Aus den beiden Differentialbeziehungen

$$dz - \sin a_w du \sin\Phi = \sin a_w d\,(U_w - \alpha_w)\sin\Phi + \cos q_w dp_w - \cos a_w d\Phi - dr_w,$$
$$dz - \sin a_e du \sin\Phi = \sin a_e d\,(U_e - \alpha_e)\sin\Phi + \cos q_e dp_e - \cos a_e d\Phi - dr_e$$

erhält man durch Elimination von dz:

$$(\sin a_w - \sin a_e)\, du \sin \Phi =$$
$$- \sin \Phi \left(\sin a_w d\,(U_w - \alpha_w) - \sin a_e d\,(U_e - \alpha_e) \right)$$
$$- \cos q_w dp_w + \cos q_e dp_e + (\cos a_w - \cos a_e)\, d\Phi$$
$$+ dr_w - dr_e.$$

Wird gemäß (17a)

$$d\,(U_w - \alpha_w) = d\varkappa + d\lambda,$$
$$d\,(U_e - \alpha_e) = d\varkappa - d\lambda$$

eingeführt, so ist aus der Form

$$(\sin a_w - \sin a_e)\, du \sin \Phi =$$
$$- \sin \Phi \left((\sin a_w - \sin a_e)\, d\varkappa + (\sin a_w + \sin a_e)\, d\lambda \right)$$
$$+ (\cos a_w - \cos a_e)\, d\Phi - \text{etc.}$$

ersichtlich, daß die Fehler $d\lambda$ und $d\Phi$ keinen Einfluß ausüben, wenn die beiden Sterne symmetrisch zum Meridian beobachtet werden. Wir machen diese Annahme und setzen

$$a_e = - a_w = - a;$$

es wird dann

$$\sin a_w - \sin a_e = 2 \sin a,$$
$$\sin a_w + \sin a_e = 0,$$
$$\cos a_w - \cos a_e = 0,$$

und für du erhält man die Beziehung

$$du = - d\varkappa - \frac{\cos q_w dp_w - \cos q_e dp_e - dr_w + dr_e}{2 \sin a \sin \Phi}.$$

Hieraus ist weiter ersichtlich, daß die Fehler der Poldistanzen und die Refraktionsfehler den kleinsten Einfluß ausüben, wenn die Beobachtungen im ersten Vertikal gemacht werden; es ist dann $\sin a = 1$, und

$$du = - \frac{1}{2} d\,(U_w + U_e) + \frac{1}{2} d\,(\alpha_w + \alpha_e) \tag{22}$$
$$- \frac{1}{2} d\,(p_w - p_e) \cos q_0 \operatorname{cosec} \Phi$$
$$+ \frac{1}{2} d\,(r_w - r_e) \operatorname{cosec} \Phi;$$

hierin bedeutet q_0 den parallaktischen Winkel des Sterns im West- oder Ostvertikal.

Im Ausdruck (22) betrachten wir nun die Verbesserungen du, dU usw. als wahre Fehler und gehen von ihnen zu den mittleren Fehlern über. Es bezeichne m_x den mittleren Fehler, der dem wahren Fehler dx entspricht; es wird dann, wenn der Refraktionsfehler nicht berücksichtigt wird:

$$m_u^2 = \frac{1}{2}\,(m_U^2 + m_\alpha^2 + m_p^2 \cos^2 q_0 \operatorname{cosec}^2 \Phi).$$

Da die atmosphärischen Verhältnisse sich im Verlaufe einer Nacht nur wenig ändern werden, ist zu erwarten, daß sich Refraktionsanomalien in systematischer Weise, meist sogar in konstanter Weise, zum Beispiel als Zenitverschiebung, auswirken werden. Werden dagegen die Resultate, die am gleichen Ort in verschiedenen Nächten während eines längeren Zeitraumes erhalten wurden, miteinander verglichen oder die Resultate, die an weit voneinander entfernten Orten, wie etwa bei Längenbestimmungen, zu gleicher Zeit gewonnen wurden, so dürfen die durch Refraktionsanomalien erzeugten Verfälschungen der Uhrkorrektion Fehlern zufälliger Natur gleichgestellt werden.

Die mittleren Fehler $m_\alpha \sin p$ und m_p darf man gleich groß annehmen; wir setzen

$$m_\alpha \sin p = m_p = m^*.$$

Da im ersten Vertikal

$$\sin p \sin q_0 = \sin \Phi$$

ist, wird

$$m_\alpha^2 + m_p^2 \cos^2 q_0 \, \mathrm{cosec}^2 \Phi = m^{*2} (\sin^2 q_0 + \cos^2 q_0) \, \mathrm{cosec}^2 \Phi$$
$$= m^{*2} \, \mathrm{cosec}^2 \Phi.$$

Werden die Durchgänge an n Fäden beobachtet, so ist

$$m_U^2 = \frac{1}{n} \left(a_0^2 + b_0^2 \, \frac{\mathrm{cosec}^2 p}{V^2 \sin^2 q} \right)$$
$$= \frac{1}{n} \left(a_0^2 \sin^2 \Phi + \frac{b_0^2}{V^2} \right) \mathrm{cosec}^2 \Phi.$$

Wir setzen

$$\frac{1}{n} \left(a_0^2 \sin^2 \Phi + \frac{b_0^2}{V^2} \right) = m_0^2;$$

es wird dann

$$m_u^2 = \frac{1}{2} (m_0^2 + m^{*2}) \, \mathrm{cosec}^2 \Phi. \tag{23}$$

Die – Seite 46 – angegebenen Werte der Konstanten a_0 und b_0 führen in den verschiedenen Beobachtungsmethoden zu den folgenden Werten des mittleren Fehlers m_u, wenn

$$\Phi = 45^0, \quad n = 10, \quad V = 80 \quad \text{und} \quad m^* = \pm 0\!\cdot\!{}^{s}02$$

gesetzt wird:

Methode	Mittlerer Fehler der Uhrkorrektion u
1. Aug- und Ohrmethode	$\pm 0{}^{s}035$
2. Registriermethode	$,031$
3. Unpersönliches Mikrometer:	
a) Handnachführung (Potsdamer Konstanten) . . .	$,027$
b) Handnachführung (Schweizerische Konstanten) .	$,023$

4. *Berechnung der Uhrkorrektion*
mit Hilfe des arithmetischen Mittels der einzelnen Uhrzeiten.

Benützt man zur Berechnung von u an Stelle der Einzelwerte U_i deren Mittelwert $\overline{U}$:

$$\overline{U} = \frac{1}{n}\,[U_i], \qquad\qquad (i = 1, 2, \ldots, n),$$

so ist nur dann eine Korrektion anzubringen, wenn die beiden Sterne in Azimuten beobachtet werden, die nicht symmetrisch zum Meridian sind, wie sich aus Folgendem ergibt.

Es sei $\overline{z}$ das arithmetische Mittel der einzelnen Zenitdistanzen:

$$\overline{z} = \frac{1}{n}\,[z_i], \qquad\qquad (i = 1, 2, \ldots, n).$$

Dann ist $\overline{U}$ nicht identisch mit der Uhrzeit U_0 des Durchganges durch den Almukantarat der Zenitdistanz $\overline{z}$; den Unterschied

$$d\overline{U} = U_0 - \overline{U}$$

erhält man auf folgendem Weg. Es sei z_0 die der Uhrzeit $\overline{U}$ entsprechende Zenitdistanz; dann ist

$$z_0 = z(\overline{U}) = z(U_0 - d\overline{U}) = \overline{z} - \frac{\partial \overline{z}}{\partial t}\,d\overline{U} + \cdots$$

oder

$$d\overline{U} \equiv U_0 - \overline{U} = \frac{(\overline{z} - z_0)}{\dfrac{\partial \overline{z}}{\partial t}}.$$

Nun ist

$$z_i = z(U_i) = z(\overline{U} + dU_i)$$
$$= z_0 + \frac{\partial z}{\partial t}\,dU_i + \frac{1}{2}\frac{\partial^2 z}{\partial t^2}\,dU_i^2 + \cdots,$$

also

$$\frac{1}{n}\,[z_i - z_0] \equiv \overline{z} - z_0 = \frac{1}{n}\frac{\partial z}{\partial t}\,[dU_i] + \frac{1}{2n}\frac{\partial^2 z}{\partial t^2}\,[dU_i^2] + \cdots.$$

Da die Werte dU_i die Abweichungen vom arithmetischen Mittel sind, ist

$$[dU_i] = 0.$$

Aus

$$\frac{\partial z}{\partial t} = \sin\Phi \sin p \, \frac{\sin t}{\sin z}$$

folgt

$$\frac{\partial^2 z}{\partial t^2} = \sin\Phi \sin p \, \frac{\cos t}{\sin z} - \sin\Phi \sin p \sin t \, \frac{\cos z}{\sin^2 z}\frac{\partial z}{\partial t}$$
$$= \frac{\partial z}{\partial t}\left(\operatorname{cotg} t - \frac{\partial z}{\partial t}\operatorname{cotg} z\right) = \frac{\partial z}{\partial t}\cdot C$$

mit der Abkürzung

$$C = \operatorname{cotg} t - \frac{\partial z}{\partial t}\operatorname{cotg} z.$$

Es wird also

$$d\overline{U} \equiv U_0 - \overline{U} = \frac{\overline{z} - z_0}{\dfrac{\partial z}{\partial t}} = \frac{C}{2\,n}\,[(U_i - \overline{U})^2].$$

Setzt man

$$\frac{1}{2}\,(U_i - \overline{U})^2 = 2\sin^2 \frac{U_i - \overline{U}}{2} + \cdots = m''\sin 1'',$$

so kann man bekannte Tafeln benützen zur Berechnung der Glieder der Summe $[(U_i - U)^2]$.

Als Verbesserung von du wegen der Verbesserungen $d\overline{U}_w$ und $d\overline{U}_e$ erhält man, da

$$du = -\frac{1}{2}\,(d\overline{U}_w + d\overline{U}_e)$$

ist, in Zeitsekunden:

$$du^{\mathrm{sec}} = -\frac{1}{30\,n}\,(C_w\,[m''_w] + C_e\,[m''_e]).$$

Ist $a_e = -a_w$, so ist $C_w = -C_e$ und $m''_w = m''_e$, also $du = 0$.

5. Die Aufstellung eines Beobachtungsprogrammes.

Es seien α_w, δ_w und α_e, δ_e die Koordinaten zweier Sterne, deren Deklinationen nur wenig voneinander verschieden sind. Die Sternzeit, zu welcher sie in die gleiche Zenitdistanz kommen, fällt dann nahe auf $\frac{1}{2}\,(\alpha_w + \alpha_e)$. Setzt man in der Beziehung (15) $n_w = n_e$ und $u = 0$, so daß U_w und U_e in die Sternzeiten Θ_w und Θ_e des Durchganges der beiden Sterne durch denselben Almukantarat übergehen, so wird

$$0 = \frac{1}{2}\,(\alpha_w + \alpha_e) - \frac{1}{2}\,(\Theta_w + \Theta_e) + \frac{1}{2}\,(t_w + t_e),$$

oder wenn

$$\alpha_0 = \frac{1}{2}\,(\alpha_w + \alpha_e), \quad \Theta_0 = \frac{1}{2}\,(\Theta_w + 0_w), \quad \overline{t}_0 = \frac{1}{2}\,(t_w + t_w)$$

gesetzt wird:

$$\overline{t}_0 = \Theta_0 - \alpha_0.$$

Ist λ_0 der Wert, den λ für $U'_w = U'_e$ annimmt:

$$\lambda_0 = \frac{1}{2}\,(\alpha_e - \alpha_w),$$

und m_0 der mit diesem Wert von λ_0 berechnete Wert von m, so ist

$$\mathrm{tg}\,m_0 = \mathrm{tg}\,\delta\,\mathrm{tg}\,\varDelta\delta\,\mathrm{cotg}\,\lambda_0$$

und

$$\sin\,(m_0 - \overline{t}_0) = \mathrm{tg}\,\varphi\,\mathrm{tg}\,\varDelta\delta\,\mathrm{cosec}\,\lambda_0\cos m_0.$$

Bei nicht zu großen Werten von $\varDelta\delta$ darf man, in Anbetracht der geringeren

Ansprüche, die an die Genauigkeit eines Betrachtungsprogrammes gestellt werden, hiefür schreiben:

$$m_0 = \Delta\delta \, \mathrm{tg}\, \delta \, \mathrm{cotg}\, \lambda_0,$$
$$m_0 - \bar{t}_0 = \Delta\delta \, \mathrm{tg}\, \varphi \, \mathrm{cosec}\, \lambda_0,$$

so daß

$$\bar{t}_0 = -\,\Delta\delta\, \frac{\mathrm{tg}\,\varphi - \mathrm{tg}\,\delta \cos\lambda_0}{\sin\lambda_0}$$

wird. Ist $\Delta\delta'$ der Wert von $\Delta\delta$ in Bogenminuten, so wird $\bar{t}_0$ in Zeitminuten gegeben durch

$$\bar{t}_0^{\,\min} = -\,\frac{\Delta\delta'}{15}\, \frac{\mathrm{tg}\,\varphi - \mathrm{tg}\,\delta \cos\lambda_0}{\sin\lambda_0}\,.$$

Sternzeit und Stundenwinkel der gemeinsamen Zenitdistanz werden gleich:

$$\Theta_0 = \alpha_0 + \bar{t}_0,$$
$$t_w = \Theta_0 - \alpha_w,$$
$$t_e = \Theta_0 - \alpha_e;$$

die gemeinsame Zenitdistanz z_0 folgt aus den Beziehungen

$$\cos z_0 = \cos\Phi \sin\delta_w + \sin\Phi \cos\delta_w \cos t_w \equiv \cos\Phi \sin\delta_e + \sin\Phi \cos\delta_e \cos t_e.$$

Zur Berechnung der Azimute kann man die Beziehungen verwenden:

$$\sin a_w = \cos\delta_w \sin t_w \, \mathrm{cosec}\, z_0,$$
$$\sin a_e = \cos\delta_e \sin t_e \, \mathrm{cosec}\, z_0,$$

wenn man mit fünfstelligen Logarithmen rechnet, damit auch in der Nähe von 90^0 und 270^0 die Azimutwerte sich mit ausreichender Genauigkeit ergeben. Um den Quadranten, in dem die Azimute zu nehmen sind, zu entscheiden, kann man den Stundenwinkel t_I des Durchganges durch den ersten Vertikal berechnen:

$$\cos t_\mathrm{I} = \mathrm{tg}\,\delta \, \mathrm{cotg}\,\varphi.$$

Ist im Westen t_I größer als t_w, so liegt a_w im ersten Quadranten, ist im Osten t_I kleiner als t_e, so liegt a_e im vierten Quadranten.

In die berechnete Zenitdistanz z_0 kommen die beiden Sterne zur gleichen Zeit. Damit sie hintereinander beobachtet werden können, wählt man eine etwas größere oder kleinere Zenitdistanz, je nachdem der Ost- oder der Weststern zuerst beobachtet werden soll. Das Zeitintervall zwischen den beiden Durchgangsbeobachtungen macht man nicht länger als notwendig ist; man braucht dafür nicht mehr als 5–7 Zeitminuten anzusetzen, wenn der Beobachtungsvertikal nicht mehr als 10–20^0 vom ersten Vertikal abweicht.

Das Azimut ist dann um einen Betrag Δa zu ändern, der durch die Beziehung

$$\Delta a = \Delta t \cos\delta \cos q \, \mathrm{cosec}\, z_0$$
$$= \Delta t \,(\sin\varphi + \cos\varphi \, \mathrm{cotg}\, z_0 \cos a)$$

gegeben wird. In Bogenminuten wird $\Delta a'$, wenn Δt in Zeitminuten gegeben ist, gleich:

$$\Delta a' = 15\Delta t^{\min} \sin \varphi \cdot (1 + \cot \varphi \cot z_0 \cos a).$$

Die Aufstellung eines Beobachtungsprogrammes ist ohne lange Vorbereitungsrechnungen möglich, wenn die *Working Ephemerides* zur Verfügung stehen, die von russischen Astronomen berechnet und von ZVETKOW 1929 herausgegeben wurden; sie sind dem *Superior Geodetic Survey* der UdSSR. zum zehnjährigen Bestehen gewidmet.

———

ZAHLENBEISPIEL

Ort: Astronomische Anstalt der Universität Basel, $\varphi = 47°32'27''$.
Instrument: Repsoldsches Universalinstrument; 70fache Vergrößerung.
  $p_0 = 1''17 = 0^s\!,078$.
Beobachter: Cand. phil. E. HERZOG.
Datum: 18. August 1944.
Sternpaar: ζ Cyg im Osten
  ϱ Boo im Westen.

Die russischen Ephemeriden geben auf Grund der mittleren Sternörter 1950,0:

Sternzeit der gemeinsamen Zenitdistanz $\qquad$ $17^h51^m\!,2$
Gemeinsame Zenitdistanz . . . . . . $\qquad$ $42°11'$
Azimut des Oststernes . . . . $\qquad$ $- 84$ 09
Azimut des Weststernes . . . . $\qquad$ $+ 85$ 15
Nullstrich des Niveaus innen, also Neigungskorrektion
gleich $\frac{1}{2}(n_e - n_w)\, p_0 \sec \varphi \csc a$.

Die scheinbaren Örter sind:

$$\alpha_e = 21^h10^m35^s\!,50, \qquad \delta_e = 30°00'01''\!,24,$$
$$\alpha_w = 14\ 29\ 25,28, \qquad \delta_w = 30\ 37'11,20.$$
$$\tfrac{1}{2}(\alpha_e + \alpha_w) = 17\ 50\ 00,39; \quad \tfrac{1}{2}(\delta_e + \delta_w) = 30\ 18\ 36,22,$$
$$\tfrac{1}{2}(\alpha_e - \alpha_w) = \ 3\ 20\ 35,11; \quad \tfrac{1}{2}(\delta_e - \delta_w) = -\ 18\ 34,98.$$

Die beiden Sterne sind an denselben zehn Fäden des Netzes beobachtet worden; die Fadendurchgänge wurden mit einem Handtaster auf einem Chronographen registriert. Das arithmetische Mittel der Durchgangszeiten beträgt:

$$U_e\ = 17^h50^m02^s\!,60$$
$$U_w\ = 17\ 55\ 14,02$$
$$\tfrac{1}{2}(U_e + U_w) = 17\ 52\ 38,31$$
$$\tfrac{1}{2}(U_e - U_w) = \qquad 02\ 35,71$$
$$\lambda = \left\{\begin{array}{c} 3\ 20\ 35,11 \\ +\ 02\ 35,71 \end{array}\right\} = +\ 3^h23^m10^s\!,82.$$

Die Niveauablesungen haben ergeben:

	Oststern		Weststern	
	innen	außen	innen	außen
vor der Durchgangsbeobachtung	11,3	34,0	9,0	32,0
nach der Durchgangsbeobachtung	11,3	34,0	10,0	32,9

Somit ist «Summe der Ostablesungen minus Summe der Westablesungen» gleich
$4(n_e - n_w) = +\ 90,6 - 83,9 = +\ 6,7$ Partes.

Wird nur eine Genauigkeit von $\pm 0^{s}01$ verlangt, so genügt es, zur Berechnung fünfstellige Logarithmen anzuwenden. Die Berechnung der Uhrkorrektion ist nachfolgend dargestellt:

$$
\begin{array}{llll}
\text{tg } \delta & \ldots & 9{,}76\,685 & \\
\text{tg } \Delta\delta & \ldots & 7{,}73\,285_n & \\
\text{cotg } \lambda & \ldots & 9{,}91\,154 & \\
& & & \\
\text{tg } m & \ldots & 7{,}41\,124_n &
\end{array}
\qquad
\begin{array}{llll}
\text{tg } \Delta\delta & \ldots & 7{,}73\,285_n \\
\text{tg } \varphi & \ldots & 0{,}03\,857 \\
\text{cosec } \lambda & \ldots & 0{,}11\,076 \\
\cos m & \ldots & 0
\end{array}
$$

$$
\begin{aligned}
\text{tg } (m - \bar{t}) \quad & .\quad 7{,}88\,217_n \\
m = {} & - 0^{m}\,35^{s}45 \\
m - \bar{t} = {} & - 1 \quad 44{,}84 \\
\bar{t} = {} & + 1 \quad 09{,}39
\end{aligned}
$$

$$
\begin{aligned}
\tfrac{1}{2}\,(\alpha_e + \alpha_w) - \tfrac{1}{2}\,(U_e + U_w) \ldots \ldots & = - 2 \quad 37{,}92 \\
\text{Niveaukorrektion} \ldots \ldots \ldots \ldots & = + \quad 0{,}097 \\
\text{Korrektur wegen täglicher Aberration} & = + \quad 0{,}014 \\
\hline
\text{Uhrkorrektion} \ldots \ldots \ldots \ldots \ldots & = - 1^{m}\,28^{s}42, \quad \text{Ep. } 17^{h}9.
\end{aligned}
$$

Ein zweites, unmittelbar anschließend beobachtetes Sternpaar (α Lac und η Urs ma hat ergeben $u = -\ 1^{m}\,28^{s}36$, Ep. $18^{h}1$.

Die Bestimmung der Polhöhe mit Hilfe der Durchgänge zweier Sterne durch denselben Almukantarat (Pewzowsche Methode)[2])

1. *Ableitung der Reduktionsformeln.* Wir unterscheiden die Größen, die sich auf die beiden Sterne beziehen, durch die Indizes s und n, indem wir annehmen, es seien die beiden Sterne, um die günstigsten Umstände einzuhalten, symmetrisch zum ersten Vertikal, der eine im Süden und der andere im Norden, beobachtet worden.

Es seien

U_s, U_n die beobachteten Uhrzeiten des Durchganges
α_s, α_n die Rektaszensionen,
p_s, p_n die Poldistanzen der Sterne.

Die Zenitdistanz z_s, in der der Südstern beobachtet worden ist, sei nicht genau gleich der Zenitdistanz z_n des Nordsternes; die Ablesungen des Niveaus sollen zu n_s, n_n als Blasenmitten geführt haben. Mit p_0 als Parswert des Niveaus ist dann

$$
z_s - z_n \equiv \Delta z = \pm\,(n_s - n_n)\,p_0 \left\{ \begin{array}{l} + \text{ Nullstrich außen,} \\ - \text{ Nullstrich innen.} \end{array} \right. \tag{24}
$$

Wir korrigieren die Uhrzeit U_s des Südsternes auf die bei der Beobachtung des Nordsternes vorhandene Zenitdistanz; die korrigierte Uhrzeit wird gleich

$$
U_s - \frac{\Delta z}{\sin \Phi \sin a_s}\,.
$$

Die Stundenwinkel der beiden Sterne beim Durchgang durch den Almukantarat von der Zenitdistanz z_n werden also gleich:

$$t_s = U_s + u - \alpha_s - \varDelta t,$$
$$t_n = U_n + u - \alpha_n,$$

mit

$$\varDelta t = \frac{\varDelta z}{\sin \varPhi \sin a_s}. \tag{25}$$

Es wird dann

$$\cos t_s = \cos (t'_s - \varDelta t) = \cos t'_s + \varDelta t \sin t'_s + \cdots,$$

wenn

$$t' = U_s + u - \alpha_s \tag{26}$$

gesetzt wird.

Eliminiert man aus den Beziehungen

$$\cos z_n = \cos \varPhi \cos p_s + \sin \varPhi \sin p_s (\cos t'_s + \varDelta t \sin t'_s),$$
$$\cos z_n = \cos \varPhi \cos p_n + \sin \varPhi \sin p_n \cos t_n$$

die gemeinsame Zenitdistanz z_n, so erhält man mit der Abkürzung

$$\frac{1}{N} = \cos p_n - \cos p_s$$

zur Berechnung von $\varPhi$ die Beziehung

$$\operatorname{cotg} \varPhi = N (\sin p_s \cos t'_s - \sin p_n \cos t_n + \varDelta t \sin p_s \sin t'_s)$$

oder, wenn $\varPhi'$ durch die Beziehung

$$\operatorname{cotg} \varPhi' = N (\sin p_s \cos t'_s - \sin p_n \cos t_n) \tag{27}$$

definiert wird:

$$\operatorname{cotg} \varPhi = \operatorname{cotg} \varPhi' + \varDelta t \cdot N \sin p_s \sin t'_s.$$

Hieraus folgt

$$\frac{\sin (\varPhi' - \varPhi)}{\sin \varPhi \sin \varPhi'} = \varDelta z \cdot N \frac{\sin p_s \sin t'_s}{\sin \varPhi \sin a_s}$$

oder in immer ausreichender Annäherung

$$\varPhi' - \varPhi = \varDelta z \cdot N \frac{\sin p_s \sin t'_s}{\sin a_s} \sin \varPhi' + \cdots. \tag{28}$$

Die Größe N kann in folgender Weise umgeformt werden. Setzt man

$$p = \frac{1}{2} (p_s + p_n)$$

und

$$\varDelta p = \frac{1}{2} (p_s - p_n),$$

so wird

$$\frac{1}{N} = 2 \sin p \sin \varDelta p. \tag{29a}$$

Eine zweite Form folgt aus den Beziehungen

$$\cos p_n = \cos \Phi \cos z_n - \sin \Phi \sin z_n \cos a_n,$$
$$\cos p_s = \cos \Phi \cos z_s - \sin \Phi \sin z_s \cos a_s;$$

es wird, da $z_s = z_n$ ist:

$$-\frac{1}{N} = \sin \Phi \sin z_n (\cos a_s - \cos a_n). \tag{29b}$$

Wird dieser Wert von N in die Beziehung (28) eingeführt und berücksichtigt man noch, daß

$$\sin p_s \sin t_s = \sin z_n \sin a_s$$

ist, so erhält man

$$\Phi' - \Phi = \frac{\Delta z}{\cos a_s - \cos a_n} = \frac{\Delta z}{2 \cos a_s}$$

mit $\cos a_n = - \cos a_s$, so daß schließlich

$$\Phi = \Phi' \mp \frac{(n_s - n_n) \cdot p_0}{2} \sec a_s \begin{cases} - \text{ Nullstrich außen} \\ + \text{ Nullstrich innen} \end{cases} \tag{30}$$

wird.

2. *Berechnung der Polhöhe mit Hilfe des arithmetischen Mittels der Uhrzeiten.* Berechnet man Φ mit den Mittelwerten $\overline{U}_s$ und $\overline{U}_n$ der einzelnen Uhrzeiten, so ist eine Verbesserung $d\Phi$ anzubringen, die durch die Beziehung

$$(\cos a_s - \cos a_n)\, d\Phi = \sin \Phi\, (d\overline{U}_s \sin a_s - d\overline{U}_n \sin a_n)$$

gegeben wird; sie folgt aus dem Differentialausdruck (32), wenn darin

$$\left. \begin{array}{l} \sin p_s \sin q_s = \sin \Phi \sin a_s, \\ \sin p_n \sin q_n = \sin \Phi \sin a_n, \end{array} \right\} \quad da = dp = du = 0$$

gesetzt wird; $d\overline{U}_s$ und $d\overline{U}_n$ sind die Verbesserungen, durch welche die mittleren Uhrzeiten $\overline{U}_s$ und $\overline{U}_n$ auf die mittlere Zenitdistanz z bezogen werden. Die Werte von $d\overline{U}_s$ und $d\overline{U}_n$ werden in Bogensekunden gleich (vergl. Seite 57/58)

$$d\overline{U}_s = \frac{[m_s'']}{n} \left(\cotg t_s - \frac{\partial z_s}{\partial t} \cotg z \right),$$
$$d\overline{U}_n = \frac{[m_n'']}{n} \left(\cotg t_n - \frac{\partial z_n}{\partial t} \cotg z \right).$$

Hierin ist, da die Sterne symmetrisch zum ersten Vertikal beobachtet werden, zu setzen

$$a_n = 180^0 - a_s; \quad \frac{\partial z_s}{\partial t} = -\frac{\partial z_n}{\partial t} = \sin \Phi \sin a_s;$$

es ist dann, von Beobachtungsfehlern abgesehen, auch

$$[m_s''] = [m_n''] = [m''].$$

Aus den Beziehungen

$$\cotg z \sin \Phi = - \cos \Phi \cos a_s + \sin a_s \cotg t_s,$$
$$\cotg z \sin \Phi = \cos \Phi \cos a_s + \sin a_s \cotg t_n$$

folgt

$$\cotg t_s - \cotg t_n = 2 \cos \Phi \cotg a_s,$$

so daß

$$\sin\Phi \sin a_s \, (d\overline{U}_s - d\overline{U}_n) = \frac{[m'']}{n} \cdot 2 \sin\Phi \cos\Phi \cos a_s$$

wird; in Bogensekunden wird schließlich

$$d\varphi = - d\Phi = - \frac{[m'']}{2\,n} \sin 2\,\varphi. \tag{31}$$

3. *Der Einfluß der täglichen Aberration.* Führt man die Verbesserungen wegen der täglichen Aberration

$$d\alpha \sin p = + 0\!''\!,322 \sin\Phi \cos t,$$
$$dp = - 0\!''\!,322 \sin\Phi \sin t \cos p$$

in die Beziehung (32), in der alle Verbesserungen außer den von der Rektaszension und der Poldistanz abhängigen gleich Null gesetzt sind, ein:

$$(\cos a_s - \cos a_n)\, d\Phi = - \sin q_s \, d\alpha_s \sin p_s + \cos q_s \, dp_s$$
$$+ \sin q_n \, d\alpha_n \sin p_n - \cos q_n \, dp_n$$

und berücksichtigt, daß

$$\cos t \sin q + \sin t \cos q \cos p = \sin a \cos z$$

ist, so erhält man

$$(\cos a_s - \cos a_n)\, d\Phi = - 0\!''\!,322 \sin\Phi \cos z \,(\sin a_s - \sin a_n);$$

es wird also $d\Phi = 0$, wenn $a_s + a_n = 180^0$.

Zusammenstellung der Reduktionsformeln

Sind U_s, U_n die beobachteten Uhrzeiten,

             α_s, α_n die Rektaszensionen

             δ_s, δ_n die Deklinationen der Sterne,

             n_s, n_n die Blasenmitten,

             p_0 der Parswert des Niveaus in Bogensekunden,

             u die Uhrkorrektion,

so erhält man die Polhöhe $\varphi = 90^0 - \Phi$ aus der Durchrechnung des folgenden Systems:

$$t_s = U_s + u - \alpha_s; \quad t_n = U_n + u - \alpha_n;$$

$$\frac{1}{N} = 2 \cos \frac{\delta_s + \delta_n}{2} \sin \frac{\delta_n - \delta_s}{2};$$

$$\operatorname{tg} \varphi' = N\,(\cos \delta_s \cos t_s - \cos \delta_n \cos t_n)$$

$$\varphi = \varphi' \pm \frac{(n_s - n_n)\, p_0}{\cos a_s - \cos a_n} \left(\begin{array}{l} + \text{Nullstrich außen} \\ - \text{Nullstrich innen} \end{array} \right);$$

Die rechte Seite ist noch durch die Korrektion $d\varphi$ nach Beziehung (31) zu ergänzen, wenn die Berechnung mit den Mittelwerten $\overline{U}_s$ und $\overline{U}_n$ der Uhrzeiten durchgeführt wurde.

4. *Die günstigsten Umstände der Beobachtung und der mittlere Fehler der Polhöhe.* Aus den beiden Differentialbeziehungen

$$dz' + \cos a_s \, d\Phi - \sin a_s \, du \, \sin\Phi = \sin q_s \, d(U_s - \alpha_s) \sin p_s + \cos q_s \, dp_s - dr_s,$$
$$dz' + \cos a_n \, d\Phi - \sin a_n \, du \, \sin\Phi = \sin q_n \, d(U_n - \alpha_n) \sin p_n + \cos q_n \, dp_n - dr_n$$

folgt

$$(\cos a_s - \cos a_n)\, d\Phi - (\sin a_s - \sin a_n)\, du \, \sin\Phi \tag{32}$$
$$= (\sin q_s \, dU_s \sin p_s - \sin q_n \, dU_n \sin p_n)$$
$$- (\sin q_s \, d\alpha_s \sin p_s - \sin q_n \, d\alpha_n \sin p_n)$$
$$+ (\cos q_s \, dp_s - \cos q_n \, dp_n) - (dr_s - dr_n).$$

Beobachtet man die Sterne in Azimuten, die symmetrisch zum West- oder Ostvertikal liegen, so ist

$$a_n = 180^0 - a_s$$

und somit

$$\sin a_s - \sin a_n = 0$$

und

$$\cos a_s - \cos a_n = 2 \cos a_s.$$

In diesem Fall hat ein Fehler du keinen Einfluß auf die Polhöhe, und es wird

$$2 \cos a_s \, d\Phi = \sin q_s \, dU_s \sin p_s - \sin q_n \, dU_n \sin p_n$$
$$- (\sin q_s \, d\alpha_s \sin p_s - \cos q_s \, dp_s)$$
$$+ (\sin q_n \, d\alpha_n \sin p_n - \cos q_n \, dp_n) - (dr_s - dr_n).$$

Geht man von den wahren Fehlern dx zu den mittleren Fehlern m_x über, so erhält man ohne Berücksichtigung des Refraktionsfehlers, wenn man beachtet, daß die mittleren Fehler m_{U_s} und m_{U_n} bei gleicher Faden- oder Kontaktzahl wegen

$$\sin q_s \sin p_s = \sin q_n \sin p_n = \sin\Phi \sin a_s$$

gleich groß werden, und wenn man

$$m_\alpha \sin p = m_p = m^*$$

setzt:

$$4 \cos^2 a_s \cdot m_\Phi^2 = 2 \sin^2\Phi \sin^2 a_s \cdot m_U^2 + 2\, m^{*2},$$

oder wenn man

$$\sin^2\Phi \sin^2 a_s \cdot m_U^2 = \frac{1}{n}\left(a_0^2 \sin^2\Phi \sin^2 a_s + \frac{b_0^2}{V^2} \right)$$

einführt:

$$m_\Phi^2 = \frac{1}{2}\left(\frac{a_0^2}{n} \sin^2\Phi \sin^2 a_s + \left(\frac{b_0^2}{nV^2} + m^{*2} \right) \right) \sec^2 a_s. \tag{33}$$

Setzt man $a_s = 20^0$, $\Phi = 45^0$, $m^* = \pm 0^s\!.02$, $n = 10$ und $V = 80$, so sind die folgenden Fehler von Φ zu erwarten:

5 Niethammer

Methode	Mittlerer Fehler m_Φ der Polhöhe
1. Aug- und Ohrmethode	$\pm 0''{,}33$
2. Registriermethode	$,32$
3. Unpersönliches Mikrometer:	
a) Handnachführung (Potsdamer Konstanten) . . .	$,27$
b) Handnachführung (Schweizer Konstanten) . . .	$,26$

5. *Die Aufstellung eines Beobachtungsprogrammes.* Um Sternpaare auszusuchen, die nach der Pewzowschen Methode beobachtet werden können, bedient man sich am besten einer Sternkarte, auf welche man ein durchsichtiges Blatt mit einem Netz von Kurven gleicher Zenitdistanz und gleichen Azimutes legt. Hat man zwei Sterne gefunden, die ungefähr zu gleicher Zeit symmetrisch zum ersten Vertikal in gleiche Zenitdistanz kommen, so ergibt die folgende Rechnung, ob und unter welchen Umständen sie beobachtet werden können.

Sind a_s und $a_n = 180^0 - a_s$ die Azimute der beiden Sterne, so bestehen die Beziehungen

$$\left.\begin{aligned}
\cos p_s &= \cos\Phi \cos z - \sin\Phi \sin z \cos a_s, \\
\cos p_n &= \cos\Phi \cos z + \sin\Phi \sin z \cos a_s.
\end{aligned}\right\} \qquad \text{(A)}$$

Das arithmetische Mittel liefert die gemeinsame Zenitdistanz

$$\cos z = \frac{1}{2}\,(\cos p_s + \cos p_n)\,\sec\Phi.$$

Führt man das arithmetische Mittel und die halbe Differenz der Deklinationen ein:

$$\delta = \frac{1}{2}\,(\delta_s + \delta_n), \quad \varDelta\delta = \frac{1}{2}\,(\delta_n - \delta_s),$$

so erhält man

$$\cos z = \sin\delta \cos\varDelta\delta \csc\varphi.$$

Die halbe Differenz der Beziehungen (A) führt nun zur Kenntnis des Azimutes:

$$\cos a_s = \frac{1}{2}\,(\cos p_n - \cos p_s)\,\csc z \csc\Phi$$

oder

$$\cos a_s = \cos\delta \sin\varDelta\delta \csc z \sec\varphi.$$

Die Stundenwinkel der beiden Sterne folgen nun aus den Beziehungen:

$$\sin t_s = \sin z \sin a_s \sec\delta_s,$$
$$\sin t_n = \sin z \sin a_n \sec\delta_n.$$

Die Sternzeiten Θ_s und Θ_n der Beobachtung am ersten Seitenfaden im Abstand $\varDelta z$ vom Mittelfaden werden dann gleich:

$$\Theta_s = \alpha_s + t_s - \varDelta t,$$
$$\Theta_n = \alpha_n + t_n - \varDelta t,$$

worin
$$\Delta t = \frac{1}{15}\,\frac{\Delta z'}{\sin a_s \cos \varphi}$$

in Zeitminuten erhalten wird, wenn $\Delta z'$ in Bogenminuten ausgedrückt wird.

ZAHLENBEISPIEL

Ort: Astronomische Anstalt der Universität Basel.
Instrument: Repsoldsches Universalinstrument, 70fache Vergrößerung; $p_0 = 1{,}''17$.
Beobachter: Cand. phil. E. Herzog.
Datum: 18. August 1944.

Mit Hilfe einer Sternkarte und eines Netzes mit Linien gleicher Zenitdistanz und gleichen Azimutes wurde festgestellt, daß die Sterne α Oph und β Urs mi ungefähr zur Sternzeit $18^\mathrm{h}30^\mathrm{m}$ bis $18^\mathrm{h}50^\mathrm{m}$ in gleiche Zenitdistanz symmetrisch zum ersten Vertikal auf der Westseite des Meridians kommen. Die genauere Berechnung nach den Formeln der Seite 66 hat zu folgendem Beobachtungsprogramm geführt:

Gemeinsame Zenitdistanz $36^0 49'$
Azimut des Südsternes $22^0 58'$,   Sternzeit $18^\mathrm{h}27^\mathrm{m}{,}8$,
      des Nordsternes $180^0 - 22^0 58'$,   18 52 , 0.

Der erste von den 10 Fäden, an welchen die beiden Sterne beobachtet wurden, hat einen Abstand von $20{,}^\mathrm{s}5$ vom Mittelfaden; die Sterne treten um

$$20{,}^\mathrm{s}5 \, \sec \varphi \, \operatorname{cosec} a_s = 1^\mathrm{m}{,}3$$

vor der berechneten Zeit an den ersten Faden.

Die beobachteten Uhrzeiten U_i, die mit einem Handtaster registriert wurden, ihre Abweichungen $U_i - \bar{U}$ vom Mittelwert $\bar{U}$ und die diesen Abweichungen entsprechenden Werte von m_i'' sind nachstehend zusammengestellt:

Faden	Südstern			Nordstern		
	U_i	$U_i - \bar{U}$	m_i''	U_i	$U_i - \bar{U}$	m_i''
1	$18^\mathrm{h}29^\mathrm{m}16{,}^\mathrm{s}44$	$-\ 76{,}^\mathrm{s}80$	$3{,}''21$	$18^\mathrm{h}53^\mathrm{m}23{,}^\mathrm{s}76$	$-\ 79{,}^\mathrm{s}96$	$3{,}''49$
2	34,28	$-\ 58,96$	1, 89	44,00	$-\ 59,72$	1, 94
3	54,96	$-\ 38,28$	0, 80	63,76	$-\ 39,96$	0, 87
4	73,46	$-\ 19,78$	0, 22	84,02	$-\ 19,70$	0, 21
5	89,64	$-\ \ 3,60$	0, 01	100,40	$-\ \ 3,32$	0, 00
6	96,90	3,66	0, 01	107,38	3,66	0, 01
7	113,18	19,94	0, 22	123,82	20,10	0, 22
8	132,24	39,00	0, 83	143,74	40,02	0, 87
9	150,88	57,64	1, 81	162,74	59,02	1, 89
10	170,42	77,18	3, 25	183,56	79,84	3, 48
Mittel	18 30 33,24		1, 22	18 54 43,72		1, 30

Die Niveauablesungen haben ergeben:

	Südstern		Nordstern	
	innen	außen	innen	außen
Vor der Durchgangsbeobachtung . .	12,0	35,1	10,4	34,0
Nach der Durchgangsbeobachtung .	13,5	36,9	9,2	32,9

Somit ist

Summe der Nordablesungen minus Summe der Südablesungen gleich

$$4\,(n_n - n_s) = 86{,}5 - 97{,}5 = -\,11{,}0 \text{ Partes}$$

und die Korrektion wegen Neigung ist gleich

$$+\,\frac{1}{2}\,(n_n - n_s)\,p_0 \cdot \sec a_s = -\,1''{,}75.$$

Die Korrektion wegen der Benützung des Mittelwertes $\overline{U}$ wird gleich

$$-\,\frac{1}{2}\sin 2\,\varphi\,\frac{\overline{m_s''} + \overline{m_n''}}{2} = -\,0''{,}63 \sin 2\,\varphi = -\,0''{,}63.$$

Zur Berechnung dieser Korrektion kann man auch ausgehen von der halben Differenz der Durchgangszeiten zweier zum Mittelfaden symmetrischer Fäden; man hat dann nur halb so viele Werte von m_i'' zu bilden und zu mitteln.

Die scheinbaren Örter der beiden Sterne sind:

$$\alpha_s = 17^h 32^m 21^s{,}58, \quad \delta_s = 12^0 36'10''{,}68, \quad \tfrac{1}{2}\,(\delta_n + \delta_s) = 43^0 29'46''{,}08,$$
$$\alpha_n = 14\ 50\ \ 49{,}08, \quad \delta_n = 74\ 23\ 21{,}48, \quad \tfrac{1}{2}\,(\delta_n - \delta_s) = 30\ 53\ 35{,}40.$$

Die Uhrkorrektion ist auf Grund der am gleichen Tag nach der Zingerschen Methode beobachteten Sterne unter Berücksichtigung des Uhrganges angesetzt worden zu

$$u_s = -\,1^m 28^s{,}43 = u_n;$$

die Stundenwinkel werden gleich

$$t_s = \overline{U}_s + u_s - a_s = +\,0^h 56^m 43^s{,}23,$$
$$t_n = \overline{U}_n + u_n - a_n = +\,4\ 02\ \ 26{,}21.$$

Die Größe $\dfrac{1}{N}$ und tg φ' ergeben sich durch folgende Rechnung (unter Verwendung von Subtraktionslogarithmen):

$\cos \delta_s$	9,989 4078		$\cos \tfrac{1}{2}\,(\delta_n + \delta_s)$	9,860 5900
$\cos t_s$	9,986 5614		$\sin \tfrac{1}{2}\,(\delta_n - d_s)$	9,710 4888
$\cos \delta_s \cos t_s = a$ . . .	9,975 9692		2	0,301 0300
$\cos \delta_n$	9,429 9132		$1/N$	9,872 1088
$\cos t_n$	9,690 8725		tg $\varphi' = (a - b) \cdot N$.	0,038 5720
$\cos \delta_n \cos t_n = b$ . . .	9,120 7857		$\varphi' =$	$47^0 32'27''{,}72$
$B = \lg a - \lg b =$ . .	0,855 1835		Neigungskorrektion $=$	$-\,1''{,}75$
$C =$	9,934 7116		Korrektion (wegen Berechnung mit $\overline{U}$) $=$	$-\,0''{,}63$
$\lg\,(a - b) = \lg a + C =$	9,910 6808		$\varphi =$	$47^0 32'25''{,}34$

c) Die Horrebow-Talcott-Methode der Polhöhenbestimmung

1. *Allgemeines.* Der Ausdruck (33) für den mittleren Fehler m_Φ der Polhöhe in der Pewzowschen Methode nimmt den kleinstmöglichen Wert an, wenn man $a_s = 180^0 - a_n$ gleich Null werden läßt; es wird dann

$$m_\Phi^2 = \frac{1}{2}\left(\frac{b_0^2}{n\,V^2} + m^{*2}\right). \tag{34}$$

Will man in den Meridian selber gehen, wo keine Almukantaratdurchgänge beobachtet werden können, so ersetzt man die Durchgangsbeobachtungen durch

Einstellungen eines beweglichen Horizontalfadens auf den Stern. Es sei M_w die Ablesung an der Mikrometertrommel bei der Einstellung auf den *Südstern* in der Westlage des Instrumentes, und es sollen in dieser Lage die Ablesungen zunehmen, wenn der Faden im Sinn zunehmender Zenitdistanz bewegt wird. Entspricht der Ablesung M_0 an der Mikrometertrommel die wahre Zenitdistanz ζ_0, so ist die wahre Zenitdistanz ζ_s des Südsternes, wenn wir von der Wirkung der Refraktion absehen, gleich

$$\zeta_s = \zeta_0 + (M_w - M_0)\, R;$$

R bezeichnet den Revolutionswert der Schraube.

Nach der Drehung des Instrumentes um 180⁰ sei M_e die Trommelablesung. Nimmt man die Zenitdistanzen nach *Norden* negativ, so wird die wahre Zenitdistanz des Nordsternes ζ_n gleich

$$\zeta_n = - \left(\zeta_0 + (M_e - M_0)\, R \right).$$

Es ist also

$$\zeta_s + \zeta_n = (M_w - M_e)\, R.$$

Da die Poldistanz Φ des Zenites gleich

$$\Phi = p_s - \zeta_s$$

und gleich

$$\Phi = p_n - \zeta_n$$

ist, so wird das arithmetische Mittel gleich

$$\Phi = \frac{1}{2}\,(p_s + p_n) - \frac{1}{2}\,(\zeta_s + \zeta_n)$$

oder

$$\Phi = \frac{1}{2}\,(p_s + p_n) - \frac{1}{2}\,(M_w - M_e)\, R.$$

2. *Der Einfluß der Instrumentalfehler.* Damit tatsächlich die Summe $(\zeta_s + \zeta_n)$, das ist die Differenz der absoluten Zenitdistanzen, mit dem Mikrometer gemessen wird, muß der Übergang vom Süd- zum Nordstern oder der umgekehrte Übergang erfolgen durch Drehung des Instrumentes um die Lotrichtung. Wir nehmen vorläufig an, es falle die vertikale Umdrehungsachse mit der Lotrichtung zusammen, und fragen, welche weiteren Bedingungen erfüllt sein müssen. Zunächst ist erforderlich, daß bei der Drehung des Fernrohres um die horizontale Umdrehungsachse die Visierlinie einen Vertikalkreis beschreibt, das heißt die Umdrehungsachse muß horizontal liegen und die Visierrichtung muß auf der Umdrehungsachse senkrecht stehen. Damit Meridianzenitdistanzen gemessen werden, muß ferner die Umdrehungsachse in die Ost-West-Richtung fallen. Es ist also der Einfluß dreier Fehler zu untersuchen. 1. der Neigung i der Achse über dem Horizont; 2. des Kollimationsfehlers c der Visierlinie; und 3. der Abweichung k der Richtung der Horizontalachse von der

Ost-West-Richtung. Die Neigung i nehmen wir positiv, wenn das Westende der Achse über dem Horizont liegt; mit der Richtung des Westendes bilde die Visierrichtung den Winkel $90^0 + c$; das Azimut des Westendes sei $90^0 - k$.

Im sphärischen Dreieck, dessen Eckpunkte vom Westpunkt W der Achse, vom Zenit Z und vom scheinbaren Ort S des Sternes gebildet werden, ist der Winkel bei W die Instrumentaldistanz z':

$$\sphericalangle ZWS = z'.$$

Ferner ist

$$ZW = 90^0 - i$$

und

$$SW = 90^0 + c;$$

die Seite ZS ist die scheinbare Zenitdistanz des Sternes; wir setzen

$$ZS = z.$$

Der Cosinussatz gibt dann die Beziehung

$$\cos z = - \sin i \sin c + \cos i \cos c \cos z'.$$

Entwickelt man den Sinus und Cosinus der kleinen Größen i und c, so erhält man leicht

$$z = z' + i c \operatorname{cosec} z + \frac{i^2 + c^2}{2} \operatorname{cotg} z + \cdots.$$

Die wahre Zenitdistanz $(z + r)$ wird jetzt mit dem Stundenwinkel t des Sternes durch die Beziehung

$$\cos (z + r) = \cos\Phi \cos p + \sin\Phi \sin p \cos t$$

verbunden, so daß wegen

$$\cos t = 1 - 2 \sin^2 \frac{t}{2}$$

$$\cos (z + r) = \cos (p - \Phi) - \sin\Phi \sin p \cdot 2 \sin^2 \frac{t}{2}$$

oder gleich

$$= \cos (\Phi - p) - \sin\Phi \sin p \cdot 2 \sin^2 \frac{t}{2}$$

wird.

Wir führen die nach Süden positiv genommene Meridianzenitdistanz ζ ein:

$$\zeta = p - \Phi$$

und nehmen auch $(z + r)$ nach Süden positiv; es wird dann, da

$$\cos (z + r) - \cos \zeta = - 2 \sin \frac{z + r + \zeta}{2} \sin \frac{z + r - \zeta}{2}$$

$$= (\zeta - z - r) \cdot \sin z + \cdots$$

ist und $\qquad \sin^2 \frac{t}{2} = \frac{t^2}{4} + \cdots$

gesetzt werden darf:

$$\zeta - z = - \frac{t^2}{2} \sin \Phi \sin p \operatorname{cosec} z + r + \cdots .$$

Nun ist (vergleiche Seite 80, (39b)):

$$t \sin p = - (k \sin z + i \cos z + c),$$

worin k das Instrumentenazimut (positiv von S gegen E), i die Achsenneigung und c die Kollimation des Fernrohres bezeichnet; es wird also

$$\zeta - z = - \frac{1}{2} (k \sin z + i \cos z + c)^2 \sin \Phi \operatorname{cosec} z \operatorname{cosec} p + r.$$

Ist der Stern in der Nähe der unteren Kulmination beobachtet, so ist hierin die Poldistanz p negativ zu nehmen.

Da

$$\zeta - z' = (\zeta - z) + (z - z')$$

ist, so erhält man:

$$\zeta - z' = - \frac{1}{2} \operatorname{cosec} z \left\{ (k \sin z + i \cos z + c)^2 \sin \Phi \operatorname{cosec} p \right.$$
$$\left. - 2 i c - (i^2 + c^2) \cos z \right\} + r.$$

Setzt man

$$\Phi' = p - (z' + r),$$
$$\Phi = \Phi' + d\Phi = \Phi' - d\varphi,$$

so wird

$$d\varphi = (\zeta - z') - r$$

gleich:

$$d\varphi = - \frac{1}{2} k^2 K \cos \varphi + \frac{1}{2} i^2 J \sin \varphi + \frac{1}{2} c^2 \operatorname{cotg} p \tag{35}$$
$$- k i J \cos \varphi - k c C \cos \varphi + i c C \sin \varphi ;\text{*)}$$

hierin ist zur Abkürzung gesetzt

$$K = \sin z \operatorname{cosec} p,$$
$$J = \cos z \operatorname{cosec} p,$$
$$C = \operatorname{cosec} p.$$

In den beiden letzten Gliedern von (35) ist das Zeichen umzukehren, wenn die Visierrichtung mit der Westrichtung der Achse nicht den Winkel $90^0 + c$, sondern $90^0 - c$ bildet.

Drückt man in der Beziehung (35) die Fehler k, i und c in Bogensekunden aus und multipliziert rechter Hand mit $\sin 1''$, so erhält man die Verbesserung $d\varphi$ in Bogensekunden.

---

* TH. ALBRECHT gibt in der 4. Auflage der «Formeln und Hilfstafeln», Seite 71, nur die von den Quadraten der Fehler k, i und c abhängigen Glieder.

Setzt man:

$$k = 30'', 60'', 90'',$$
$$i = 5'',$$
$$c = \pm 60'' \begin{cases} + \text{ Stern Süd} \\ - \text{ Stern Nord} \end{cases}$$
$$p_s = 75^0, \quad p_n = 15^0, \quad \varphi = 45^0,$$

so erhält man die nachstehenden Werte von $d\varphi_s$ und $d\varphi_n$ sowie des Mittels $d\varphi = \tfrac{1}{2}(d\varphi_s + d\varphi_n)$:

k	$30''$	$60''$	$90''$
$d\varphi_s$	$-\ 0{,}''004$	$-\ 0{,}''013$	$-\ 0{,}''024$
$d\varphi_n$	$+\ 0{,}048$	$+\ 0{,}060$	$+\ 0{,}073$
$d\varphi$	$+\ 0{,}''022$	$+\ 0{,}''023_5$	$+\ 0{,}''024_5$

Es ist hauptsächlich der Kollimationsfehler, der einen relativ großen Beitrag bei der Beobachtung des Nordsternes liefert.

3. Berechnung der Polhöhe unter Berücksichtigung der Niveauablesungen und der Einstellung außerhalb des Meridians. Wir unterscheiden die beiden Lagen, in welchen die Einstellungen des beweglichen Fadens auf den Süd- oder Nordstern vorgenommen werden, nicht durch die Indices s und n, sondern e und w. Es seien

m_e, m_w die Ablesungen an der Mikrometertrommel in den beiden Lagen des Instrumentes;

n_e, n_w die Blasenmitten, die aus den Ablesungen des fest mit dem Fernrohr verbundenen Niveaus zu ermitteln sind;

R der Revolutionswert der Schraube;

p_0 der Parswert des Niveaus.

Wird der bewegliche Faden auf die Ablesung $m = 0$ der Schraube gestellt und das Instrument so korrigiert, dass die Blasenmitte auf dem Strich $n = 0$ steht, so soll die Visierlinie sich in der scheinbaren Zenitdistanz z_0 befinden. Die scheinbaren Zenitdistanzen z'_s und z'_n werden dann gleich:

$$\text{Lage E, } * \text{ S} \qquad z'_s = z_0 \pm m_e\,R \pm n_e\,p_0,$$
$$\text{W, } * \text{ N} \qquad z'_n = -\,(z_0 \pm m_w\,R \pm n_w\,p_0);$$

oder gleich:

$$\text{Lage W, } * \text{ S} \qquad z'_s = z_0 \mp m_w\,R \mp n_w\,p_0,$$
$$\text{E, } * \text{ N} \qquad z'_n = -\,(z_0 \mp m_e\,R \mp m_w\,p_0).$$

Es ist im Glied $m\,R$ das obere oder untere Zeichen zu nehmen, je nachdem in der Lage E die Bezifferung der Trommel mit nach S wachsender Zenitdistanz zu- oder abnimmt, und im Glied $n p_0$, je nachdem der Nullstrich der Niveauteilung außen, das heißt in der Richtung nach dem Stern, oder innen liegt.

Sowohl wenn die Sterne in der Reihenfolge

Lage E * S — Lage W * N als in der Reihenfolge
Lage W * S — Lage E * N beobachtet werden,

erhält man für die Summe der beiden Zenitdistanzen

$$z_s' + z_n' = \pm (m_e - m_w) R \pm (n_e - n_w) p_0.$$

Im ersten Glied rechter Hand gilt das obere oder untere Zeichen, je nachdem die Ablesungen an der Mikrometertrommel bei Ok E zu- oder abnehmen, wenn man die Zenitdistanz im Süden wachsen läßt. Im zweiten Glied ist das obere oder untere Zeichen zu nehmen, je nachdem bei Ok E * S oder bei Ok W * S der Nullstrich der Niveauteilung außen liegt.

Wird der Mikrometerfaden nicht im Achsenäquator, sondern im Abstand $c = F$ von demselben auf den Stern eingestellt, so ist an den Mikrometerlesungen eine Korrektion anzubringen. Aus der Beziehung (35) folgt als Betrag $\varkappa$ dieser Korrektion, wenn die Instrumentalfehler k und i gleich Null gesetzt werden:

$$\varkappa = \frac{15^2}{2} F^2 \sin 1'' \operatorname{cotg} p,$$

worin F in Zeitsekunden auszudrücken ist, damit $\varkappa$ in Bogensekunden erhalten wird.

Der Unterschied zwischen der wahren Zenitdistanz ζ und der scheinbaren Zenitdistanz z' wird dann gleich

$$\zeta - z' = \varkappa + r.$$

Zur Abkürzung setzen wir

$$\text{bei Ok E:} \quad M_e = \left(m_e \pm \frac{\varkappa_e}{R} \right) R,$$
$$\text{bei Ok W:} \quad M_w = \left(m_w \mp \frac{\varkappa_w}{R} \right) R.$$

Hierin ist das obere Zeichen zu nehmen, wenn mit wachsender Zenitdistanz bei $\left\{ \begin{array}{l} \text{Ok E *S} \\ \text{Ok W *N} \end{array} \right\}$ die Mikrometerlesungen $\left\{ \begin{array}{l} \text{zu-} \\ \text{ab-} \end{array} \right\}$ nehmen, und das untere Zeichen, wenn sie bei $\left\{ \begin{array}{l} \text{Ok W *S ab-} \\ \text{Ok E *N zu-} \end{array} \right\}$ nehmen.

Während des Durchganges des Sternes durch das Gesichtsfeld kann der Beobachter wiederholt den beweglichen Faden auf den Stern einstellen. Wir bezeichnen mit $\overline{M}$ das arithmetische Mittel der Einzelwerte M; ferner sei

$$\overline{(n_e - n_w) p_0}$$

das arithmetische Mittel der beiden Einzelwerte $(n_e - n_w) p_0$, wenn das Instrument mit zwei Höhenniveaus ausgerüstet ist. Die Beobachtungen sind dann nach der folgenden Formel zu reduzieren:

$$\varphi = \frac{1}{2}(\delta_s + \delta_n) \pm \frac{1}{2}(\overline{M}_e - \overline{M}_w) \pm \frac{1}{2}\overline{(n_e - n_w)}\,p_0 \pm \frac{1}{2}(r_s + r_n). \tag{36}$$

Das von der Refraktion abhängige Glied ist immer sehr klein und kann mit der mittleren Refraktion berechnet werden. Setzt man die Konstante der mittleren Refraktion gleich 57″7 so wird

$$\frac{1}{2}(r_s + r_n) = \frac{57{''}7}{2}(\operatorname{tg} z'_s + \operatorname{tg} z'_n)$$

$$= 28{''}85 \,\frac{\varDelta z'}{\cos^2 z} \sin 1' + \cdots,$$

oder

$$\frac{1}{2}(r_s + r_n) = 0{''}00839\,\varDelta z'\,\sec^2 z, \tag{37}$$

wenn

$$\varDelta z' = z'_s + z'_n$$

die Differenz der absolut genommenen Zenitdistanzen in Bogenminuten im Sinn «Süd–Nord» und z ihr arithmetisches Mittel bezeichnet.

4. *Die Bestimmung des Revolutionswertes R der Schraube.* Der einfachste, immer gangbare Weg, zur Kenntnis von R zu gelangen, besteht darin, die Durchgänge eines polnahen Sternes in der größten Digression zu beobachten, indem der bewegliche Faden ständig der Sternbewegung in regelmäßigen Intervallen vorausgestellt wird. Es können auch geeignete Sternpaare im Meridian benützt werden, wenn die Deklinationen gut bekannt sind. Weniger zu empfehlen ist es, den Revolutionswert als Unbekannte neben der Polhöhe aus der Gesamtheit der Polhöhenbeobachtungen abzuleiten; bei diesem Verfahren wird der Winkelwert, der einer Verstellung des beweglichen Fadens entspricht, in Beziehung gesetzt zur Zenitdistanzdifferenz zweier Sterne, von denen der eine südlich, der andere nördlich vom Zenit durch das Gesichtsfeld geht, und dazu muß die Lotrichtung mit Hilfe des Niveaus festgelegt werden. Geht man dagegen von der Zenitdistanzänderung eines Polsternes in der größten Digression oder von der Zenitdistanzdifferenz zweier Sterne, die entweder im Süden oder im Norden des Zenites durch das Gesichtsfeld gehen, aus, so dient das Niveau nur zur Ermittlung der Änderung der Visierrichtung gegenüber der Lotrichtung.

Es sei z die Instrumentalzenitdistanz des Sternes im Moment U des Durchganges durch den beweglichen Faden, m die Ablesung an der Mikrometertrommel und n die Blasenmitte des Niveaus, r die Refraktion. Dem Wert $m = 0$ und $n = n_0$ entspreche die Instrumentalzenitdistanz z_0. Nehmen die Ablesungen m mit wachsender Zenitdistanz zu und liegt der Nullstrich des Niveaus innen, so wird die z entsprechende wahre Instrumentalzenitdistanz ζ gleich:

$$\zeta = z_0 + mR + (n_0 - n)\,p_0 + r.$$

Um Zenitdistanzdifferenzen zu bilden, die wir in Beziehung setzen können zu Differenzen der Uhrzeit, führen wir die wahre Zenitdistanz ζ_d im Moment der größten Digression ein. Wir geben den Größen, die sich auf diesen Moment beziehen, den Index d; es ist dann

$$\zeta_d = z_0 + m_d R + (n_0 - n_d)\, p_0 + r_d.$$

Die Differenz $(\zeta_d - \zeta)$ läßt sich dann in der Form schreiben:

$$\zeta_d - \zeta = (m_d - n_d\, p_0') \cdot R - (m - n\, p_0') \cdot R + \varDelta r'',$$

worin die Abkürzungen gebraucht sind:

$$p_0' = \frac{p_0}{R},$$
$$\varDelta r'' = r_d - r.$$

Die wegen der Refraktion anzubringende Korrektion $\varDelta r''$ kann in folgender einfachen Weise berücksichtigt werden. Es ändere die Refraktion pro eine Bogenminute Zenitdistanzänderung um den Betrag dr''; dann ist

$$\varDelta r'' = (m_d - m)\, \frac{R}{60} \cdot dr'',$$

wenn R der Revolutionswert in Bogensekunden ist. Die Differenz $(\zeta_d - \zeta)$ wird dann gleich:

$$\zeta_d - \zeta = \left(m_d - n_d\, p_0' + m_d\, \frac{dr''}{60}\right) R - \left(m - n\, p_0' + m\, \frac{dr''}{60}\right) R.$$

Führt man nun folgende Bezeichnung ein:

$$y = R \left(1 + \frac{dr''}{60}\right),$$
$$x = y \left(m_d - n_d\, \frac{p_0'}{1 + \frac{dr''}{60}}\right),$$
$$b = m - n\, \frac{p_0'}{1 + \frac{dr''}{60}},$$
$$l = \zeta_d - \zeta,$$

so erhält man unter Beifügung einer scheinbaren Verbesserung λ die Fehlergleichungen

$$x - b y = l + \lambda,$$

aus deren Gesamtheit die Unbekannten x und y zu berechnen sind. Zur Berechnung der numerischen Werte der Koeffizienten b genügt es, in $p_0' = p_0/R$ für R einen Näherungswert einzuführen.

Die fingierten Beobachtungsgrößen $l = \zeta_d - \zeta$ sind in folgender Weise aus den beobachteten Uhrzeiten U zu berechnen. Ist u die Uhrkorrektion und α die Rektaszension des Sternes, so daß der Stundenwinkel t gleich

$$t = U + u - \alpha$$

wird, so wird die wahre Zenitdistanz ζ' im Moment U gegeben durch die Beziehung

$$\cos \zeta' = \cos\Phi \cos p + \sin\Phi \sin p \cos t.$$

Die wahre Instrumentalzenitdistanz ζ folgt dann, wenn der Stern im Abstand F vom kollimationsfreien Mittelfaden beobachtet wird und die Neigung der horizontalen Umdrehungsachse gleich Null ist, aus

$$\zeta = \zeta' - \frac{F^2}{2}\cotg\zeta'.$$

Der Stundenwinkel des Sternes im Moment der größten Digression folgt aus der Beziehung

$$\cos t_d = \cotg\Phi \operatorname{tg} p,$$

und die Zenitdistanz ζ_d aus

$$\operatorname{tg}\zeta_d = \operatorname{tg} t_d \sin p.$$

Es wird dann

$$U_d = \alpha + t_d - u.$$

Die zur Berechnung von $(\zeta - \zeta')$ erforderliche Fadendistanz F kann streng in folgender Weise ermittelt werden. Der Unterschied Δa der Azimute des Sternes zu den Zeiten U_d und U wird durch die Beziehung

$$\sin \Delta a = \sin 2p \operatorname{cosec}\zeta' \sin^2 \frac{U_d - U}{2}$$

gegeben; es wird dann

$$\sin F = \sin \Delta a \sin \zeta'.$$

Statt dieser strengen Beziehungen genügt immer die folgende Näherungsbeziehung. Aus den Gleichungen

a)
$$\sin p \cos t = \cos\zeta' \sin\Phi - \sin\zeta' \cos\Phi \cos a,$$
$$\sin p \sin t = \sin\zeta' \sin a,$$

b)
$$\sin t_d = \sin\zeta_d \operatorname{cosec}\Phi \equiv \cos\zeta_d \cos a_d \sec\Phi,$$
$$\cos t_d = \cos\zeta_d \sin a_d$$

folgt durch entsprechende Kombination

$$\sin p \sin(t_d - t) = \cos\zeta' \sin\zeta_d - \sin\zeta' \cos\zeta_d \cos\Delta a$$
$$= \sin(\zeta_d - \zeta') + \sin\zeta' \cos\zeta_d \cdot 2\sin^2\frac{\Delta a}{2}$$

und somit

$$(\zeta_d - \zeta') = \sin p \sin(U_d - U) - \sin\zeta' \cos\zeta_d \cdot 2\sin^2\frac{\Delta a}{2} + \cdots.$$

Ferner folgt aus der Beziehung

$$\operatorname{tg}\zeta = \operatorname{tg}\zeta' \cos\Delta a$$
$$\sin(\zeta - \zeta') = (\zeta - \zeta') - \cdots = -\sin\zeta' \cos\zeta \cdot 2\sin^2\frac{\Delta a}{2}.$$

Somit wird

$$\zeta_d - \zeta = (\zeta_d - \zeta') - (\zeta - \zeta')$$

gleich:

$$\zeta_d - \zeta = \sin p \sin(U_d - U) + \sin \zeta' (\cos \zeta' - \cos \zeta_d) \cdot 2 \sin^2 \frac{\Delta a}{2} + \cdots .$$

Das zweite Glied rechter Hand darf immer vernachlässigt werden; es bleibt in mittleren Breiten bei der Beobachtung des Polarsternes, wo Δa 3 Bogenminuten erreichen kann und wenn die Differenz $(\cos \zeta' - \cos \zeta_d)$ mit $\zeta_d - \zeta' = 1200''$ berechnet wird, kleiner als $0{,}001''$.

Drückt man $(U_d - U)$ in Zeitsekunden aus, so erhält man $l = (\zeta_d - \zeta)''$ in Bogensekunden aus der Beziehung

$$(\zeta_d - \zeta)'' = 15 \sin p \left\{ (U_d - U) - \frac{15^2}{6} \sin^2 1'' (U_d - U)^3 + \cdots \right\}. \tag{38}$$

ZAHLENBEISPIEL

Ort: Basel, Astronomische Anstalt der Universität Basel im Bernoullianum.
Instrument: Bambergsches Passageninstrument, 86fache Vergrößerung.
Beobachter: Cand. phil. E. Baumann.
Datum: 1923, 1. August.

Der Revolutionswert der Schraube ist aus der Beobachtung von λ Urs mi in östlicher Digression abgeleitet worden; er hat sich zu

$$1^R = 79{,}0743''$$

ergeben. Den kleinen konstatierten Schraubenfehlern wurde nicht Rechnung getragen, da sich ihr Einfluß im Mittel der sämtlichen beobachteten Sternpaare hebt.

Die Parswerte der beiden Niveaus sind

$$\text{Niveau I} \quad 1^{p_0} = 1{,}36''.$$
$$\text{II} \quad 1^{p_0} = 1{,}27.$$

Wir greifen aus den Beobachtungen die nachfolgenden Daten heraus. Der Nordstern ist in denselben Abständen vom Mittelfaden beobachtet worden wie der Südstern. Die Sternnummern beziehen sich auf den Preliminary General Catalogue von Boß.

Stern Nr.	Ok	Niveauablesungen		Mikrometerablesungen					
		i	a	F	24^s	8^s	8^s	24^s	Mittel
4582 S	E	I $3{,}2^p$ II $52{,}0$	$36{,}3^p$ $85{,}5$	11^R	,795	,791	,793	,802	$11{,}7952^R$
4623 N	W	I $3{,}2$ II $52{,}2$	$36{,}5$ $85{,}7$	20^R	,362	,370	,373	,367	$20{,}3680$

Die Mikrometerablesungen nehmen bei Ok E*S mit wachsender Zenitdistanz ab; die Lage des Nullstriches der Niveauteilung ist aus den Beobachtungsdaten ersichtlich; unter «i» und «a» sind die innen oder außen liegenden Blasenenden angegeben. Es ist hiernach die folgende Reduktionsformel anzuwenden:

$$\varphi = \frac{1}{2}\,(\delta_s + \delta_n) + \frac{1}{2}\,(\overline{M}_w - \overline{M}_e)\,R - \frac{1}{2}\,\overline{(n_w - n_e)}\,p_0 + \frac{1}{2}\,(r_s + r_n).$$

Die scheinbaren Deklinationen der beiden Sterne, unter Berücksichtigung der kurzperiodischen Mondglieder, sind:

$$\text{Nr. 4582}\quad \delta_s = 30^{\circ}33'18{,}''83,$$
$$\text{Nr. 4623}\quad \delta_n = 64\ 22\ 37{,}13.$$

Die Korrektionen $\varkappa$ betragen:

Stern Nr.	$F = 24^s$	$F = 8^s$	Mittel	$\overline{M}$
4582	$-0{,}^R002$	$-0{,}^R000$	$-0{,}^R0010$	$11{,}^R7942$
4623	$+0{,}008$	$+0{,}001$	$+0{,}0045$	$20{,}3725$

$$\overline{M}_w - \overline{M}_e \ = +\ 8{,}^R5783,$$
$$\frac{1}{2}\,(\overline{M}_w - \overline{M}_e)\,R = +\ 339{,}''16$$

Die Neigungskorrektion ergibt sich aus

$$\text{Niveau I zu } (19{,}85 - 19{,}75)\,p_0 = 0{,}''14,$$
$$\text{Niveau II zu } (68{,}95 - 68{,}75)\,p_0 = 0{,}25.$$

Es wird somit

$$\frac{1}{2}\,(\delta_s + \delta_n) = 47^{\circ}27'57{,}''98,$$

$$\frac{1}{2}\,(\overline{M}_w + \overline{M}_e) = +\quad 5\ 39{,}16,$$

$$-\frac{1}{2}\,\overline{(n_w - n_e)}\,p_0 = -\qquad 0{,}10,$$

$$+\frac{1}{2}\,(r_s + r_n) \quad = +\qquad 0{,}10,$$

$$\varphi = 47^{\circ}33'37{,}''14.$$

IV. KAPITEL

Bestimmung der Zeit oder der Polhöhe
mit Hilfe von Vertikaldurchgängen

a) Die Bestimmung der Zeit mit Hilfe der Durchgänge von zwei oder mehr Sternen durch denselben meridiannahen Vertikal (Meridianzeitbestimmung)

1. *Die Reduktionsformeln.* Im Fall der Beobachtungen in unmittelbarer Nähe des Meridians nehmen die Ausdrücke, nach welchen die Durchgangszeiten auf den Achsenäquator und von diesem auf den Instrumentenvertikal zu reduzieren sind, eine einfache Gestalt an. Fällt die Richtung der horizontalen Umdrehungsachse mit der Richtung der Ostwestlinie im Horizont zusammen, so hat man als Stundenwinkel μ des Poles des Achsenäquators und als Poldistanz v dieses Punktes, ferner als Näherungswert $\bar{t}$ des Stundenwinkels des Sternes und als Größe e die folgenden Werte einzuführen:

	μ	v	$\bar{t}$	e	q
Obere Kulmination südlich des Zenites . .	90^0	90^0	0^0	$+1$	0^0
nördlich des Zenites .	270^0	90^0	0^0	-1	180^0
Untere Kulmination	270^0	90^0	180^0	$+1$	0^0

Die Uhrzeit U des Durchganges durch den Achsenäquator wird somit, wenn U_v und U_n die Uhrzeiten des Durchganges durch denselben Faden oder die Kontaktzeiten vor und nach dem Umlegen sind, sowohl in oberer Kulmination als in unterer Kulmination gleich

$$U = \frac{1}{2}(U_v + U_n) + b \operatorname{cosec} p,$$

worin b die halbe Summe von Kontaktbreite und totem Gang bezeichnet. Nimmt man die Poldistanz des Sternes in oberer Kulmination positiv, in unterer Kulmination negativ, so ist zu setzen

$$U = \frac{1}{2}(U_v + U_n) + eb \operatorname{cosec} p \quad \begin{cases} \text{obere Kulmination } e = +1 \\ \text{untere Kulmination } e = -1 \end{cases}$$

Nimmt man in der Beziehung, welche die Reduktion der Uhrzeit U auf die Uhrzeit U_0 des Durchganges durch den Instrumentenvertikal gibt, das ist

$$U_0 = U + i \cos z \operatorname{cosec} p \sec q,$$

die Neigung i positiv, wenn das Westende der Achse über dem Horizont liegt, und die Poldistanz p in unterer Kulmination negativ, so gilt allgemein

$$U_0 = U + i \cos z \operatorname{cosec} p.$$

Das Azimut des Westendes der Achse sei gleich

$$90^0 - k.$$

Ist t_0 der Stundenwinkel des Sternes im Instrumentenvertikal, so ist

$$\operatorname{cotg} p \sin \Phi = \cos \Phi \cos t_0 + \sin t_0 \operatorname{cotg} k.$$

Unter der Voraussetzung, es sei k so klein, daß

$$\operatorname{tg} k = k + \cdots$$

und
$$\sin t_0 = t_0 - \cdots,$$
$$\cos t_0 = 1 - \cdots$$

gesetzt werden darf, wird

$$t_0 = - k\,(\cos \Phi - \operatorname{cotg} p \sin \Phi)$$
$$= - k \sin (p - \Phi) \operatorname{cosec} p.$$

Es wird also mit $p - \Phi = z$:

$$t_0 = - k \sin z \operatorname{cosec} p.$$

Ist t der Stundenwinkel des Sternes im Achsenäquator:

$$t = U + u - \alpha,$$

so ist
$$t - t_0 = U - U_0 = - i \cos z \operatorname{cosec} p,$$

also
$$t = - (k \sin z + i \cos z) \operatorname{cosec} p. \tag{39a}$$

Befindet sich der Stern zur Zeit U nicht im Abstand $i \cos z$, sondern im Abstand $i \cos z + c$ vom Instrumentenvertikal, wo c die Kollimation bedeutet, so ist

$$t = - (k \sin z + i \cos z + c) \operatorname{cosec} p. \tag{39b}$$

Diese Beziehung ist als MAYERsche Reduktionsformel bekannt.

Die Beziehungen (39a) und (39b) gelten zunächst nur in oberer Kulmination; sie dürfen auch auf Durchgänge in unterer Kulmination angewendet werden, wenn man den Stundenwinkel t vom Moment der unteren Kulmination an zählt und

$$t = U + u - \alpha + 12^{\mathrm{h}}$$

setzt und die Poldistanz negativ nimmt.

Zur Abkürzung führen wir ein

$$l = \alpha - U \quad \text{respektive} = \alpha - U + 12^{\mathrm{h}},$$

es wird dann, wenn $c = 0$ zu setzen ist:

$$u + (k \sin z + i \cos z)\, \operatorname{cosec} p = l. \tag{40a}$$

Beziehen sich die Größen z', p', $l' = \alpha' - U'$ auf einen zweiten Stern, der im gleichen Azimut k und bei der gleichen Neigung i beobachtet worden ist, so gilt die Beziehung

$$u + (k \sin z' + i \cos z')\, \operatorname{cosec} p' = l'. \tag{40b}$$

Löst man diese beiden Gleichungen nach u und k als Unbekannten auf, so erhält man:

$$u = \frac{l \sin p \cdot \sin z' - l' \sin p' \cdot \sin z}{\sin z' \sin p - \sin z \sin p'} - i\,\frac{\cos z \sin z' - \cos z' \sin z}{\sin z' \sin p - \sin z \sin p'}\,,$$

$$k = \frac{- l \sin p \cdot \sin p' + l' \sin p' \cdot \sin p}{\sin z' \sin p - \sin z \sin p'} + i\,\frac{\cos z \sin p' - \cos z' \sin p}{\sin z' \sin p - \sin z \sin p'}\,.$$

Diese Ausdrücke lassen sich unter Berücksichtigung der Beziehungen

$$p = \Phi + z,$$
$$p' = \Phi + z',$$
$$p - p' = z - z'$$

in die folgenden Formen bringen:

$$\left.\begin{aligned}
u &= \frac{l' \sin p' \sin z - l \sin p \sin z'}{\sin (z - z') \sin \Phi} - i\, \operatorname{cosec} \Phi, \\[2mm]
k &= \frac{- l' \sin p' \sin p + l \sin p \sin p'}{\sin (p - p') \sin \Phi} + i\, \operatorname{cotg} \Phi.
\end{aligned}\right\} \tag{41}$$

Aus dieser Darstellung geht hervor, daß der Einfluß der Achsenneigung auf die Uhrkorrektion und auf das Azimut um so größer wird, je näher die Beobachtungsstation am Pol des Äquators liegt. Es ist schon die Ansicht geäußert worden, es lasse sich der Einfluß der Achsenneigung auf die Uhrkorrektion durch eine besondere Wahl der Sterne herabmindern; diese Ansicht ist offensichtlich nicht begründet.

Wählt man zwei Sterne, die symmetrisch zum Zenit in Kulmination kommen, so ist $z' = - z$, also

$$u + k \sin z \operatorname{cosec} p = l - i \cos z \operatorname{cosec} p$$

und

$$u - k \sin z \operatorname{cosec} p' = l' - i \cos z \operatorname{cosec} p'.$$

Läßt man z gegen Null gehen, so daß $p = \Phi = p'$ wird, so ist

$$u = l - i \operatorname{cosec} \Phi$$

und

$$u = l' - i \operatorname{cosec} \Phi,$$

also

$$u = \frac{1}{2}\,(l + l') - i \operatorname{cosec} \Phi.$$

6 Niethammer

In diesem Fall läßt sich wohl die Uhrkorrektion u, nicht aber das Instrumentenazimut k, das mit $z = 0$ in den Gleichungen (40a) und (40b) verschwindet, bestimmen.

Wählt man zwei Sterne, die symmetrisch zum Pol des Äquators in Kulmination kommen, so ist $p' = -p$, also

$$u \sin p + k \sin z = l \sin p - i \cos z$$

und

$$-u \sin p + k \sin z' = -l' \sin p - i \cos z'.$$

Läßt man p gegen Null gehen, so daß $z = -\Phi = z'$ wird, so geben beide Gleichungen

$$k = i \operatorname{cotg} \Phi.$$

Diese Beziehung sagt aus: Wenn der Achsenäquator durch den Pol P geht, so ist das Azimut k des Instrumentenvertikals gleich $i \operatorname{cotg} \Phi$.

2. Die mittleren Fehler der beiden Unbekannten und die günstigsten Umstände der Beobachtung [3a]. Wir sehen vom Einfluß, den ein Fehler der Neigung i ausübt, ab und betrachten nur den Einfluß der zufälligen Fehler, mit welchen die Größen l und l' behaftet sind. Da in

$$l = \alpha - U$$

α und U voneinander unabhängige Größen sind, steht der mittlere Fehler m_l zu den mittleren Fehlern m_α und m_U in der Beziehung

$$m_l^2 = m_\alpha^2 + m_U^2,$$

und der mittlere Fehler von $l \sin p$ wird somit gegeben durch:

$$(m_l \sin p)^2 = m_\alpha^2 \sin^2 p + m_U^2 \sin^2 p.$$

Hierin ist

$$m_\alpha \sin p = m^*,$$

und $m_U \sin p$ wird, wenn U auf insgesamt $2n$ Faden- oder Kontaktbeobachtungen beruht, gegeben durch

$$m_U^2 \sin^2 p = \frac{1}{2n} \left(a_0^2 \sin^2 p + \frac{b_0^2}{V^2} \right).$$

Da für den zweiten Stern die Beziehung

$$m_{U'}^2 \sin^2 p' = \frac{1}{2n'} \left(a_0^2 \sin^2 p' + \frac{b_0^2}{V^2} \right)$$

anzusetzen ist, ist im allgemeinen

$$m_U \sin p \neq m_{U'} \sin p'.$$

Diese beiden Fehlerbeträge werden aber einander gleich, wenn die Zahl der Faden- oder Kontaktbeobachtungen so gewählt wird, daß

$$\frac{1}{2n}\left(a_0^2\sin^2 p+\frac{b_0^2}{V^2}\right)=\frac{1}{2n'}\left(a_0^2\sin^2 p'+\frac{b_0}{V^2}\right)=\text{konstans}=m_0^2$$

ist. Als konstanter Wert kann zum Beispiel der Wert m_0^2 genommen werden, den der Klammerausdruck im Falle $p=90^0$ annimmt; es ist dann

$$2n=\frac{1}{m_0^2}\left(a_0^2\sin^2 p+\frac{b_0^2}{V^2}\right)$$

und

$$2n'=\frac{1}{m_0^2}\left(a_0^2\sin^2 p'+\frac{b_0^2}{V^2}\right).$$

Unter dieser Voraussetzung wird dann, wenn man zur Abkürzung

$$m^2=m^{*2}+m_0^2$$

setzt:

$$m_l^2\sin^2 p=m_{l'}^2\sin^2 p'=m^2.$$

Die mittleren Fehler m_u und m_k werden dann durch die Beziehungen

$$m_u^2=m^2\,\frac{\sin^2 z+\sin^2 z'}{\sin^2(z-z')}\cos ec^2\Phi \tag{42a}$$

und

$$m_k^2=m^2\,\frac{\sin^2 p+\sin^2 p'}{\sin^2(p-p')}\cos ec^2\Phi \tag{42b}$$

gegeben. Es ist somit der mittlere Fehler der Uhrkorrektion in derselben Weise funktional abhängig von den Zenitdistanzen wie der mittlere Fehler des Azimutes von den Poldistanzen der Sterne. Definiert man die Funktion F der beiden Variabeln v und v' durch die Gleichung

$$F(v,\,v')=\frac{\sin^2 v+\sin^2 v'}{\sin^2(v-v')}\,,$$

so kommt diese Gleichheit der funktionalen Abhängigkeit in den folgenden Formen zum Ausdruck:

$$m_u^2=F(z,\,z')\cdot m^2\cos ec^2\Phi,$$
$$m_k^2=F(p,\,p')\cdot m^2\cos ec^2\Phi.$$

Die Funktion F hat folgende Eigenschaften:

1. Setzt man $v'=v$ oder $v'=180^0-v$, das heißt, läßt man die beiden Sterne zusammenfallen oder gehen sie an diametralen Stellen durch den Meridian, so ist

$$m_u=m_k=\pm\infty.$$

2. Wählt man die Sterne so, daß $v-v'=90^0$ wird, das heißt so, daß sie den Meridian im Abstand von 90^0 passieren, so wird

$$F(v,\,v'=v-90^0)=1$$

und

$$m_u=m_k=\pm\,m\cos ec\,\Phi.$$

Es wird also die Uhrkorrektion und das Azimut mit der gleichen Genauigkeit bestimmt.

3. Setzt man $v' = - v$, so gehen die beiden Sterne entweder symmetrisch zum Zenit oder symmetrisch zum Pol des Äquators durch den Meridian. Es ist dann

$$v - v' = 2\,v$$

und somit

$$F(v, - v) = \frac{1}{2}\,\sec^2 v.$$

Läßt man nun v gleich Null werden, so ist

$$F(v = 0, - v = 0) = \frac{1}{2}\,,$$

und somit, wenn man die Variabeln v mit den Zenitdistanzen identifiziert:

$$m_u^2 = \frac{1}{2}\,m^2 \cosec^2 \Phi,$$
$$m_k^2 = \infty.$$

Identifiziert man sie mit den Poldistanzen, so ist

$$m_u^2 = \infty,$$
$$m_k^2 = \frac{1}{2}\,m^2 \cosec^2 \Phi.$$

Im ersten Fall läßt sich nur die Uhrkorrektion und im zweiten Fall nur das Azimut bestimmen.

4. Die Funktion F nimmt bei festgehaltenem Wert von v' einen Minimalwert an für einen Wert von $v = v_0$, der durch die Bedingung

$$\frac{\partial F}{\partial v} = 0$$

bestimmt ist. Aus

$$\frac{1}{2} \sin^2 (v - v') \,\frac{\partial F}{\partial v} = \sin^2 (v - v') \sin v \cos v$$
$$- (\sin^2 v + \sin^2 v') \sin (v - v') \cos (v - v') = 0$$

folgt

$$\operatorname{tg} v_0 = - \frac{\operatorname{tg} v'}{1 + 2 \operatorname{tg}^2 v'}\,,$$

was sich in die Form

$$\operatorname{tg} (v_0 - v') = - 2 \operatorname{tg} v'$$

bringen läßt. Die Funktion F nimmt dann den Wert

$$F(v_0, v') = \frac{1}{2}\,(1 + \sin^2 v')$$

an. Setzt man

$$\frac{\partial \operatorname{tg} v_0}{\partial v'} = 0,$$

so genügt dieser Bedingung der Wert $v' = v_0'$, der durch die Beziehung

$$\sin^2 v_0 = \frac{1}{3} \quad , \quad v_0' = -35^\circ{,}3$$

gegeben wird. Es wird dann

$$F(v_0, v_0') = \frac{2}{3}.$$

Verschiedenen Werten von $z' = v'$ sind hiernach die folgenden Werte von $z_0 = v_0$ und von $F(z_0, z')$ zuzuordnen:

z'	0^0	-10^0	-20^0	-30^0	$-35^0{,}3$	-40^0	-50^0	-60^0	-70^0	-80^0	-90^0
z_0	$0^0{,}0$	$+9^0{,}4$	$+16^0{,}1$	$+19^0{,}1$	$+19^0{,}5$	$+19^0{,}2$	$+17^0{,}2$	$+13^0{,}9$	$+9^0{,}7$	$+5^0{,}0$	$0^0{,}0$
$F(z_0, z')$	0,50	0,52	0,56	0,62	0,67	0,71	0,79	0,88	0,94	0,98	1,00

5. Setzt man $v = 0$, so wird

$$F(0, v') = 1.$$

Identifiziert man v mit der Zenitdistanz, so daß der eine Stern im Zenit beobachtet wird, so wird

$$m_u^2 = m^2 \operatorname{cosec}^2 \Phi.$$

Man kann dann die Frage stellen, wo nun der zweite Stern beobachtet werden müsse, wenn das Azimut so genau als möglich bestimmt werden soll. Allgemein folgt der Wert von $p' = p_0'$, der die Funktion F bei einem gegebenen Wert von p zu einem Minimum macht, aus der Bedingung

$$\operatorname{tg} p_0' = -\frac{\operatorname{tg} p}{1 + 2 \operatorname{tg}^2 p}$$

und somit, wenn $p = \Phi$ ist, aus der Bedingung

$$\operatorname{tg} p_0' = -\frac{\operatorname{tg} \Phi}{1 + 2 \operatorname{tg}^2 \Phi}$$

oder aus

$$\operatorname{tg}(p_0' - \Phi) = -2 \operatorname{tg} \Phi.$$

Im speziellen Fall $\Phi = 45^0$ wird

$$\operatorname{tg} p_0' = -\frac{1}{3} \quad \text{und} \quad p_0' = -18^0{,}4$$

und

$$F(p = \Phi, \; p_0' = -18^0) = \frac{1 + \sin^2 p}{2} = \frac{3}{4},$$

so daß

$$m_k^2 = \frac{3}{4} m^2 \operatorname{cosec}^2 \Phi$$

wird. Der zweite Stern ist also in unterer Kulmination (in der Poldistanz $p' = -18^0{,}4$) zu beobachten.

3. *Vergleichung der Genauigkeit der Meridianmethode mit der Genauigkeit der Zingerschen Methode*[3c]). Der mittlere Fehler der Uhrkorrektion eines

Sternpaares, das nach der Zingerschen Methode in der Nähe des ersten Vertikales beobachtet wird, ist gleich groß wie der mittlere Fehler der Uhrkorrektion, die aus der Beobachtung der Meridiandurchgänge zweier *Zenit*sterne abgeleitet wird, nämlich gleich

$$\frac{1}{2}\, m^2 \cosec^2 \varPhi.$$

Diese Feststellung bleibt auch dann zu Recht bestehen, wenn man in Berücksichtigung zieht, daß man an den beobachteten Durchgangszeiten eine Neigungskorrektion anbringen muß, in der Zingerschen Methode wegen der Ungleichheit der Zenitdistanz im Osten und Westen, in der Meridianmethode wegen der Neigung der horizontalen Achse; diese Neigungskorrektionen lassen sich in beiden Verfahren mit derselben Genauigkeit bestimmen.

Nun kann man in der Meridianmethode die Benützung eines Niveaus und damit die Anbringung einer Neigungskorrektion überflüssig machen dadurch, daß man vor dem Umlegen das direkte Bild des Sternes und nach dem Umlegen das von einem Quecksilberhorizont reflektierte Bild beobachtet. Da dieses Verfahren aber erst von etwa 30⁰ Zenitdistanz an angewendet werden kann, ist es nicht möglich, die mit der Beobachtung in größeren Zenitdistanzen verbundene Beeinträchtigung der Genauigkeit durch dieses Mittel wieder gutzumachen. Es ist deshalb die Zingersche Methode als dasjenige Beobachtungsverfahren anzusehen, das die Uhrkorrektion *ceteris paribus* am genauesten liefert, genauer als die Meridianmethode und als die mit dieser gleichzustellende Döllenmethode.

4. *Die Beobachtung von Sterngruppen.* Wenn man die Genauigkeit der Uhrkorrektion durch Wiederholung der Durchgangsbeobachtungen steigern will und auf die Kenntnis des Azimutes nur insofern Wert legt, als dadurch die Unveränderlichkeit der Instrumentenaufstellung während der Dauer der Beobachtungen kontrolliert werden soll, so beobachtet man neben einem Nordstern mehrere Südsterne. Man hat in diesem Fall empfohlen, die Südsterne zu beiden Seiten des Zenites so zu wählen, daß die Summe der Azimutkoeffizienten $\sin z \cosec p$ annähernd gleich null wird, weil dadurch «die aus der ungenauen Kenntnis des Azimutes hervorgehenden Fehler auf ein möglichst geringes Maß herabgemindert» werden[*]. Von anderer Seite ist einer solchen Zenitsterngruppe außerdem die Eigenschaft zugesprochen worden, eine «stabile» Lösung zu liefern, das heißt, es soll die Genauigkeit am wenigsten beeinträchtigt werden, wenn infolge des Ausfalles eines Sternes die Bedingung «Summe der Azimutkoeffizienten gleich Null» nicht mehr genau eingehalten wird[**][3b].

---

[*] TH. ALBRECHT, Formeln und Hilfstafeln, 4. Auflage. S. 106.
[**] N. E. NÖRLUND, Astronomical Longitude and Azimuth Determinations, Monthly Notices, Vol. 97, Nr. 7, S. 496–497 (1937).

Um diese Ansichten zu prüfen, nehmen wir eine Gruppe von n Südsternen und eine Gruppe von n' Nordsternen an. Die Poldistanzen sollen so wenig streuen, daß man in jeder Gruppe das arithmetische Mittel der Fehlergleichungen bilden darf und nicht genötigt ist, die Unbekannten nach den strengen Vorschriften der Ausgleichungsrechnung zu ermitteln. Die Größen l und l' in den Gleichungen (41) sind dann das Mittel aus n respektive n' Einzelwerten. Die mittleren Fehler der Uhrkorrektion und des Azimutes werden also durch die folgenden Beziehungen gegeben:

$$\left.\begin{aligned}
m_u^2 &= m^2 \left(\frac{1}{n'} \sin^2 z + \frac{1}{n} \sin^2 z' \right) \cdot \operatorname{cosec}^2 \varPhi \operatorname{cosec}^2 (z - z'), \\
m_k^2 &= m^2 \left(\frac{1}{n'} \sin^2 p + \frac{1}{n} \sin^2 p' \right) \cdot \operatorname{cosec}^2 \varPhi \operatorname{cosec}^2 (p - p'),
\end{aligned}\right\} \tag{43a}$$

oder durch

$$\left.\begin{aligned}
m_u^2 &= m^2\, F(z,\, z'\,;\; n,\, n')\, \operatorname{cosec}^2 \varPhi, \\
m_k^2 &= m^2\, F(p,\, p'\,;\; n,\, n')\, \operatorname{cosec}^2 \varPhi,
\end{aligned}\right\} \tag{43b}$$

wenn $F(v, v'\,;\; n, n')$ die folgende Funktion der beiden Variabeln v und v' und der Parameter n und n' bezeichnet:

$$F(v, v'\,;\; n, n') = \left(\frac{1}{n'} \sin^2 v + \frac{1}{n} \sin^2 v' \right) \operatorname{cosec}^2 (v - v').$$

Die Funktion F nimmt in speziellen Fällen folgende Werte an:

1. Wenn $v - v' = 90^0$, ist

$$F(v, v - 90^0;\; n, n') = \frac{1}{n} \left(1 + \frac{n - n'}{n'} \sin^2 v \right).$$

Es wird jetzt

$$m_u \neq m_k,$$

ausgenommen wenn $n = n'$ ist.

2. Setzt man $v' = -v$, so wird

$$F(v, -v;\; n, n') = \frac{n + n'}{4\, n\, n'} \sec^2 v.$$

Läßt man zwei gleich starke Gruppen im Zenit zusammenfallen, so wird mit $n = n'$:

$$\begin{aligned}
m_u^2 &= \frac{m^2}{2\, n} \operatorname{cosec}^2 \varPhi, \\
m_k^2 &= \infty.
\end{aligned}$$

3. Bei festgehaltenem Wert von v' nimmt F einen Minimalwert an für einen Wert $v = v_0$, der durch die Beziehung

$$\operatorname{tg} v_0 = - \frac{n'\, \operatorname{tg} v'}{n + (n + n')\, \operatorname{tg}^2 v'}$$

oder durch die gleichwertige Beziehung

$$\operatorname{tg}(v_0 - v') = -\frac{n + n'}{n}\operatorname{tg} v'$$

gegeben wird. Es wird dann

$$F(v_0, v';\ n, n') = \frac{n + n' \sin^2 v'}{n\,(n + n')}.$$

Nachstehend sind für die Annahmen $n = 4$, $n' = 1$ die den Werten $v' = z'$ entsprechenden Werte von $v_0 = z_0$ sowie die Funktionswerte $F(z_0, z';\ n, n')$ angegeben:

z'	0^0	-10^0	-20^0	-30^0	-40^0	$-41^0_,8$	-50^0	-60^0	-70^0	-80^0	-90^0
z_0	0^0	$2^0_,4$	$4^0_,3$	$5^0_,8$	$6^0_,4$	$6^0_,4$	$6^0_,2$	$5^0_,2$	$3^0_,6$	$2^0_,8$	0^0
$F(z_0, z';\ 4,1)$	$1{,}00$	$1{,}01$	$1{,}03$	$1{,}06$	$1{,}11$	$1{,}11$	$1{,}14$	$1{,}19$	$1{,}22$	$1{,}24$	$1{,}25$

Den größten Wert nimmt z_0 an für einen Wert von z', der durch die Bedingung

$$\frac{\partial \operatorname{tg} z_0}{\partial z'} = 0$$

gegeben wird; der diese Bedingung erfüllende Wert $z' = z'_0$ wird durch die Beziehung

$$\sin^2 z'_0 = \frac{n}{2\,n + n'}$$

gegeben. Für $n = 4$, $n' = 1$ wird $\sin z' = -\dfrac{2}{3}$ und $z' = -41^0_,8$.

4. Für $v = 0$ erhält man

$$F(0, v';\ n, n') = \frac{1}{n}.$$

Im Fall der Beobachtung einer Zenitsterngruppe wird also ($z = 0$, $p = \Phi$):

$$m_u^2 = \frac{m^2}{n}\operatorname{cosec}^2 \Phi,$$

$$m_k^2 = m^2\,\frac{n \sin^2 \Phi + n' \sin^2 p'}{n\,n' \sin^2(\Phi - p')}\operatorname{cosec}^2 \Phi.$$

Im speziellen Fall, wo die Polsterngruppe um den Pol des Äquators streut, ist

$$m_k^2 = \frac{m^2}{n'}\operatorname{cosec}^2 \Phi.$$

Man erhält das Azimut aber genauer, wenn man die Nordsterngruppe nicht um den Wert $p' = 0$ streuen läßt, sondern um den Wert $p' = p'_0$, der durch die Beziehung

$$\operatorname{tg} p'_0 = -\frac{n \operatorname{tg} p}{n' + (n + n')\operatorname{tg}^2 p}$$

gegeben wird. Da die Poldistanz der Zenitsterngruppe gleich Φ zu setzen ist, wird

$$\operatorname{tg} p_0' = - \frac{n \operatorname{tg} \varPhi}{n' + (n + n') \operatorname{tg}^2 \varPhi}$$

oder

$$\operatorname{tg} (p_0' - \varPhi) = - \frac{n' + n}{n'} \operatorname{tg} \varPhi.$$

Da die Funktion F für $p' = p_0'$ den Wert

$$F(p, p_0'; n, n') = \frac{n' + n \sin^2 p}{n'(n + n')}$$

annimmt, wird

$$F(\varPhi, p_0'; n, n') = \frac{n' + n \sin^2 \varPhi}{n'(n + n')}$$

und

$$m_k^2 = \frac{m^2}{n'} \cdot \frac{n' + n \sin^2 \varPhi}{n + n'} \operatorname{cosec}^2 \varPhi.$$

Da aber

$$\frac{n' + n \sin^2 \varPhi}{n + n'} < 1$$

ist, ist m_k^2 bei der Wahl $p' = p_0'$ kleiner als bei der Wahl $p' = 0$. Im speziellen Fall $\varPhi = 45^0$, $n = 4$, $n' = 1$ ist

$$p_0' = - 33^{\circ}\!,7,$$
$$m_k^2 = \frac{3}{5} m^2 \operatorname{cosec}^2 \varPhi.$$

Zusammenfassend ergibt sich somit:

Wird die Südsterngruppe in die durch die Bedingung

$$\operatorname{tg} (z_0 - z') = - \frac{n' + n}{n} \operatorname{tg} z'$$

gegebene Zenitdistanz z_0 gelegt, so fällt der mittlere Fehler der Uhrkorrektion kleiner aus als bei der Wahl einer Zenitsterngruppe.

Wird die Südsterngruppe auf das Zenit gelegt, so wird der mittlere Fehler des Azimutes kleiner, wenn die Nordsterngruppe um den Wert $p' = p_0'$ streut, der durch die Bedingung

$$\operatorname{tg} (p_0' - \varPhi) = - \frac{n' + n}{n'} \operatorname{tg} \varPhi$$

gegeben wird, als wenn sie um den Pol des Äquators streut.

Die Ansicht, daß der mittlere Fehler der Uhrkorrektion durch den Ausfall eines Sternes in der Zenitsterngruppe weniger vergrößert werde, als wenn ein Stern in einer um z_0 vom Zenit entfernten Gruppe verlorengeht, bedarf kaum einer ausführlichen Widerlegung; es genügt, darauf hinzuweisen, daß die mittlere Zenitdistanz einer Zenitsterngruppe sich dem günstigsten Wert z_0 nähert oder sich von ihm entfernt, je nachdem ein nördlich oder südlich des Zenites kulminierender Stern der Zenitgruppe ausfällt. Der mittlere Fehler einer unvollständigen Zenitsterngruppe, deren mittlere Zenitdistanz sich wegen des Ausfalles eines Sternes der günstigsten Zenitdistanz z_0 genähert hat, bleibt aber größer als der mittlere Fehler einer Gruppe, die ursprünglich um z_0 gestreut hat und durch einen Sternausfall unvollständig geworden ist, weil der mittlere Fehler dieser Gruppe ein Extremwert ist.

5. *Die Beobachtung von Sternen in beliebigen Zenitdistanzen.* Sind die Deklinationen der Sterne sehr verschieden, so müssen die Vorschriften der Ausgleichungsrechnung zur Ermittlung der Unbekannten angewendet werden. Die Fehlergleichungen lauten:

$$u + k \, \frac{\sin z}{\sin p} = l + \lambda;$$

die Gewichte g der Beobachtungsgrößen

$$l = \alpha - \left(U + i \, \frac{\cos z}{\sin p} \right)$$

sind umgekehrt proportional den Quadraten der mittleren Fehler von l anzusetzen:

$$g = \frac{\text{const}}{m^2}.$$

Sieht man vom Fehler der Neigungskorrektion ab, so ist

$$m_l^2 = m_\alpha^{*\,2} + m_U^2.$$

Hierin ist

$$m_\alpha^{*\,2} = m^{*\,2} \, \mathrm{cosec}^2 \, p$$

und

$$m_U^2 = \frac{1}{2\,n} \left(a_0^2 \sin^2 p + \frac{b_0^2}{V^2} \right) \mathrm{cosec}^2 \, p.$$

Werden die Sterne an so viel Fäden oder Kontakten beobachtet, daß

$$\frac{1}{2\,n} \left(a_0^2 \sin^2 p + \frac{b_0^2}{2\,V^2} \right) = \text{const} \qquad\qquad (a)$$

ist, so wird

$$g = \text{const} \cdot \sin^2 p.$$

Die auf gleiches Gewicht reduzierten Fehlergleichungen lauten dann mit $g = \sin^2 p$:

$$u \sin p + k \sin z = l' + \lambda', \qquad\qquad (b)$$

mit

$$l' = (\alpha - U) \sin p - i \cos z.$$

Bei der Durchführung der Beobachtungen wählt man in der Regel die Zahl der Fäden oder Kontakte nicht entsprechend der Bedingung (a), sondern beobachtet alle Sterne an gleich viel Fäden oder Kontakten. Legt man dann trotzdem der Ausgleichung die Fehlergleichungen (b) zugrunde, so wird man nicht die besten Werte der Unbekannten erhalten. Da aber der Ansatz $g = \sin^2 p$ eine gute Annäherung an die wahren Gewichte ist, so ist der dabei begangene Fehler unerheblich.

6) *Der Einfluß einer seitlichen Refraktion auf Uhrkorrektion und Azimut.* Wir nehmen eine seitliche Refraktion an, durch welche die beiden Sterne oder die beiden Sterngruppen in der Richtung senkrecht zum Instrumentenvertikal

um den Betrag dr respektive dr' verschoben werden; die Abstände der wahren Örter vom westlichen Pol des Instrumentenvertikales seien $90^0 + dr$ respektive $90^0 + dr'$ im Moment des Durchganges durch den Instrumentenvertikal. Von den Koordinaten k und i dieses Poles sollen die Koordinaten des Poles des größten Kreises, der die wahren Örter verbindet, um dk und um di abweichen; es ist dann

$$dr = dk \sin z \ + di \cos z,$$
$$dr' = dk \sin z' + di \cos z';$$

durch Auflösung nach dk und di erhält man:

$$dk \sin(z - z') = \quad dr \cos z' - dr' \cos z,$$
$$di \sin(z - z') = - dr \sin z' + dr' \sin z.$$

Die Zenitdistanzen sind hierin nach Süden positiv zu nehmen.

Den wahren Wert u der Uhrkorrektion und das Azimut $90^0 - (k + dk)$ des Poles des die wahren Örter verbindenden größten Kreises erhält man aus den beiden Beziehungen:

$$u + (k + dk) \sin z \operatorname{cosec} p + (i + di) \cos z \operatorname{cosec} p = l,$$
$$u + (k + dk) \sin z' \operatorname{cosec} p' + (i + di) \cos z' \operatorname{cosec} p' = l';$$

sie führen zu folgenden Werten:

$$u = \frac{l' \sin p' \sin z - l \sin p \sin z'}{\sin(z - z') \sin \Phi} - \frac{i + di}{\sin \Phi},$$

$$k + dk = \frac{- l' \sin p' \sin p + l \sin p \sin p'}{\sin(p - p') \sin \Phi} + \frac{i + di}{\operatorname{tg} \Phi}.$$

Sind nun u_0 und k_0 die Werte, in welche u und $k + dk$ übergehen, wenn in diesen Beziehungen di gleich null gesetzt wird, so erhält man für die Differenzen $u - u_0$ und $k - k_0$ die folgenden Werte:

$$u - u_0 = - di \operatorname{cosec} \Phi \quad\quad = \quad (dr \sin z' - dr' \sin z) \operatorname{cosec} \Phi \operatorname{cosec} (z - z'),$$
$$k - k_0 = - dk + di \operatorname{cotg} \Phi = - (dr \sin p' - dr' \sin p) \operatorname{cosec} \Phi \operatorname{cosec} (p - p').$$

Diese Ausdrücke geben die Beträge an, um welche die Uhrkorrektion und das Azimut durch die seitliche Refraktion verfälscht werden. Im speziellen Fall der Kombination einer Zenitsterngruppe mit einer Polsterngruppe hat man zu setzen:

$$z = 0, \quad p = \Phi; \quad z' = - \Phi, \quad p' = 0,$$

so daß

$$u - u_0 = - dr \operatorname{cosec} \Phi,$$
$$k - k_0 = + dr' \operatorname{cosec} \Phi$$

wird. Die Uhrkorrektion wird dann nur durch die Zenitstörung, das Azimut nur durch die in der Richtung nach dem Pol vorhandene seitliche Refraktion verfälscht. Man darf diese Fehlerquelle nicht unterschätzen, wenn auch die seitliche Refraktion nur unter besonders ungünstigen atmosphärischen und topographischen Verhältnissen den Betrag von rund einer Bogensekunde annehmen wird [3c]).

——

ZAHLENBEISPIEL

Ort: Astronomische Anstalt der Universität Basel in Binningen.
Instrument: Bambergsches Passageninstrument mit unpersönlichem Mikrometer; Vergrößerung 86fach.
Beobachter: Dr. J. O. Fleckenstein.
Datum: 1941, 20. Juni.

Die Beobachtungsdaten sind in Tabelle 1 zusammengestellt; sie enthält die Mittel U der vor und nach dem Umlegen an denselben Kontakten beobachteten Uhrzeiten, die scheinbaren Rektaszensionen der Sterne, an welchen die tägliche Aberration angebracht ist, ferner die zur Reduktion notwendigen Werte von $\sin z$, $\cos z$ und $\sin p$.

Nach dem Umlegen ist das von einem Quecksilberhorizont reflektierte Bild der Südsterne beobachtet worden, während beim Durchgang des Polsternes sowohl vor als nach dem Umlegen je das direkte und das reflektierte Bild beobachtet wurde. In der Kolonne «Okular» geben die Buchstaben «d» und «r» an, ob das direkte oder das reflektierte Bild zur Beobachtung gekommen ist. N ist die Zahl der vor und nach dem Umlegen beobachteten Kontaktzeiten.

Tabelle 1

Stern	Okular	$\overline{U}$	α	$\sin z$	$\cos z$	$\sin p$	N
ε Serp	W d–E r	$15^{\mathrm{h}}49^{\mathrm{m}}21{,}626$	$47^{\mathrm{m}}54{,}814$	0,681	0,733	0,997	11
δ Oph	E d–W r	16 12 44,578	11 17,697	,778	,628	,998	11
ε Oph	W d–E r	16 41,218	15 14,473	,789	,614	,997	11
λ Oph	E d–W r	29 25,612	27 58,727	,712	,702	,999	11
ε Urs mi	W d–E d	53 31,995					
	W r–E r	53 33,035	52 01,746	−0,568	,823	$,136_{72}$	22

Im Mittel der Uhrzeiten eines Sternes, der vor und nach dem Umlegen in der gleichen Zenitdistanz beobachtet wird, hebt sich der Einfluß der Kollimation, auch wenn sich diese mit der Zenitdistanz ändert. Eine solche Veränderlichkeit hat man aber bei der Verwendung eines gebrochenen Fernrohres anzunehmen als Folge einer Durchbiegung der Achse. Fällt die Visierlinie im Horizont mit der Umdrehungsachse zusammen, so hat die Kollimation im Zenit, wenn die Achse nach unten durchgebogen ist, den Wert $-c$ und im Nadir den Wert $+c$, in der Zenitdistanz z den Wert

$$-c \cos z.$$

Der Stern wird also bei Ok W d–E r um den Betrag

$$c \cos z \operatorname{cosec} p$$

zu spät beobachtet, dagegen bei Ok E d–W r um den gleichen Betrag zu früh. Die Korrektion, die wegen dieser Verfrühung oder Verspätung an der Uhrzeit U anzubringen ist, kann mit der Korrektion wegen der mittleren Neigung der Achse vereinigt werden; denn diese beträgt, wenn $\varkappa$ die Zapfenungleichheit ist, die positiv zu nehmen ist, wenn der Okularzapfen der dickere ist:

$$\pm \varkappa \cos z \operatorname{cosec} p \left\{ \begin{array}{l} \text{Ok W d–E r} \\ \text{Ok E d –W r} \end{array} \right\}.$$

Setzt man also

$$\varkappa_0 = \varkappa - c,$$

so wird durch die Korrektion

$$\pm \varkappa_0 \cos z \operatorname{cosec} p \left\{ \begin{matrix} \text{Ok W d} - \text{E r} \\ \text{Ok E d} - \text{W r} \end{matrix} \right\}$$

sowohl der mittleren Achsenneigung als der Biegungskollimation Rechnung getragen.

Die mittlere Durchgangszeit des Polsternes bedarf keiner Korrektion.

Die Konstante $\varkappa_0$ läßt sich aus den Beobachtungen des Polsternes ableiten. Sind U'_d und U''_d die mittleren Uhrzeiten, zu welchen sich der Stern vor und nach dem Umlegen im Abstand $F_d + c_0$ vom Achsenäquator bei der Beobachtung des direkten Bildes befunden hat, und sind U'_r, U''_r und $F_r + c_0$ die entsprechenden Größen bei der Beobachtung des reflektierten Bildes und setzt man zur Abkürzung

$$\Delta U_d = \frac{1}{2} \left(U''_d - U'_d \right) \sin p - F_d,$$

$$\Delta U_r = \frac{1}{2} \left(U''_r - U'_r \right) \sin p - F_r,$$

so wird

$$\varkappa_0 = \frac{1}{2} \left(\Delta U_d - \Delta U_r \right) \sec z.$$

Wird vor und nach dem Umlegen je zuerst das direkte und dann das reflektierte Bild beobachtet, so läßt sich die Konstante $\varkappa_0$ ohne Kenntnis des Schraubenwertes ermitteln. Ist bei der Okularfolge W–E

$\overline{U}_{dr}$ das Mittel der bei Ok W d und Ok E r und
$\overline{U}_{rd}$ das Mittel der bei Ok W r und Ok E d

beobachteten Uhrzeiten, so wird $\varkappa_0$ aus der Beziehung

$$\varkappa_0 = \frac{1}{2} \left(\overline{U}_{rd} - \overline{U}_{dr} \right) \frac{\sin p}{\cos z}$$

erhalten. Bei der Okularfolge E–W ist das Zeichen umzukehren.

Die Beobachtung des Polsternes hat am 20. Juni 1941 die nachstehend zusammengestellten Daten ergeben. Die Abstände F_d und F_r beziehen wir auf die mittlere Revolution der Schraube; die Kollimation c_0 des Fadens bei dieser Stellung hebt sich bei der Differenzbildung. Es ist

$$\left. \begin{matrix} F_d = 3^R{,}5 \\ F_r = 1{,}3 \end{matrix} \right\} \ 1\,R = 10^s{,}540.$$

	$F_d = 3^R{,}5$	$F_r = 1^R{,}3$
U'	$16^h 49^m 03^s{,}754$	$51^m 54^s{,}990$
U''	$58 \quad 00{,}236$	$55 \quad 11{,}080$
$\overline{U}$	$53 \quad 31{,}995$	$53 \quad 33{,}035$
$\frac{1}{2} \left(U'' - U' \right)$	$268^s{,}241$	$98^s{,}045$
$\frac{1}{2} \left(U'' - U' \right) \sin p$	$36{,}675$	$13{,}405$
F	$36{,}890$	$13{,}702$
ΔU	$- 0{,}215$	$- 0{,}297$

$$\left. \begin{matrix} \Delta U_d - \Delta U_r = +\ 0^s{,}082 \\ \tfrac{1}{2} \sec z = \quad 0{,}608 \end{matrix} \right\} \ \varkappa_0 = +\ 0^s{,}050$$

Im Mittel aus zehn solchen Bestimmungen hat sich als Wert der Instrumentalkonstanten $\varkappa_0$ ergeben:

$$\varkappa_0 = 0^\mathrm{s}055.$$

Dieser Wert ist zur Reduktion der Beobachtungen, die in Tabelle 2 gegeben wird, verwendet worden. Die halbe Summe b von Kontaktbreite und totem Gang beträgt $0^\mathrm{s}047$. Ferner sind Näherungswerte u_0 der Uhrkorrektion und k_0 des Azimutes eingeführt worden; es wurde gesetzt:

$$u = - 1^\mathrm{m}27^\mathrm{s}500 + du$$

und

$$k = + 1^\mathrm{s}000 + dk.$$

Tabelle 2

Stern	$\dfrac{b}{\sin p}$	$\pm\,\varkappa_0\dfrac{\cos z}{\sin p}$	$k_0\,\dfrac{\sin z}{\sin p}$	Summe der Korrektion	$\alpha - \bar{U} - u_0$	$du +$ $dk\,\dfrac{\sin z}{\sin p}$	λ
ε Serp	$+\ 0^\mathrm{s}047$	$+\ 0^\mathrm{s}040$	$+\ 0^\mathrm{s}683$	$+\ 0^\mathrm{s}770$	$+\ 0^\mathrm{s}688$	$-\ 0^\mathrm{s}082$	$-\ 0^\mathrm{s}029$
δ Oph	$+\ 0,047$	$-\ 0,035$	$+\ 0,780$	$+\ 0,792$	$+\ 0,619$	$-\ 0,173$	$+\ 0,048$
ε Oph	$+\ 0,047$	$+\ 0,034$	$+\ 0,791$	$+\ 0,872$	$+\ 0,755$	$-\ 0,117$	$-\ 0,009$
λ Oph	$+\ 0,047$	$-\ 0,039$	$+\ 0,713$	$+\ 0,721$	$+\ 0,615$	$-\ 0,106$	$-\ 0,010$
ε Urs mi	$+\ 0,334$	$-$	$-\ 4,153$	$-\ 3,819$	$-\ 3,269$	$+\ 0,550$	$-$

Da die Deklinationen der Südsterne in einem engen Bereich liegen, dürfen ihre Fehlergleichungen zu einem Mittel zusammengezogen werden; es stehen dann die beiden folgenden Gleichungen zur Ermittlung der beiden Unbekannten du und dk zur Verfügung:

$$\text{Südsterne: } du + 0{,}742\,dk = -\ 0^\mathrm{s}120,$$
$$\text{Polstern: } du - 4{,}153\,dk = +\ 0{,}550;$$

sie führen zu folgenden Werten der Unbekannten:

$$du = -\ 0^\mathrm{s}018, \quad dk = -\ 0^\mathrm{s}137$$

und zu den in der Tabelle angegebenen scheinbaren Fehlern λ.

Die mittleren Fehler der Unbekannten berechnen wir mit Hilfe der Beziehungen (43a), Seite 87:

$$m_u^2 = m^2\,F(z,\ z';\ n,\ n')\,\operatorname{cosec}^2 \Phi,$$
$$m_k^2 = m^2\,F(p,\ p';\ n,\ n')\,\operatorname{cosec}^2 \Phi,$$

worin F dieselbe Funktion zweier Variabeln v, v' bedeutet:

$$F = \left(\frac{1}{n'}\sin^2 v + \frac{1}{n}\sin^2 v'\right)\operatorname{cosec}^2 (v - v').$$

Es ist

$$F(z,\ z';\ n,\ n') = 0{,}475,$$
$$F(p,\ p';\ n,\ n') = 1{,}016.$$

Für m, das ist der mittlere Fehler von $\bar{U}\sin p$, führen wir den aus der Quadratsumme

$$[\lambda\lambda] = 0{,}00\,3326 \sim [\lambda \sin p)^2]$$

folgenden Wert ein:

$$m^2 = \frac{[\lambda\lambda]}{5-2} = 0{,}001109;$$

da wir damit keine Rücksicht darauf nehmen, daß der Polstern an mehr Kontakten beobachtet ist als die Südsterne, das heißt an mehr Kontakten als zur Erfüllung der Bedingung

$$m_{U'} \sin p' = m_U \sin p$$

nötig ist, so erhöhen wir dadurch die beiden Fehlerbeträge. Es wird

$$m_u = \pm\ 0{,}023 \cosec \Phi,$$
$$m_k = \pm\ 0{,}034 \cosec \Phi;$$

und das Schlußresultat lautet:

$$u = -\ 1^m 27{,}518 \pm 0{,}034,$$
$$k = +\ 0{,}863 \pm 0{,}050.$$

b) Die Bestimmung der Zeit mit Hilfe von Durchgängen durch den Vertikal des Polarsternes (Döllenmethode) [4])

1. *Ableitung der Reduktionsformeln.* Wir nehmen an, der Beobachter habe das Instrument bei der Beobachtung des Südsternes umgelegt und in beiden Lagen den beweglichen Faden auf den Polarstern eingestellt; vor und nach dem Umlegen sei ferner der Stand der Niveaublase abgelesen worden. Es stehen dann folgende Daten zur Ableitung der Uhrkorrektion zur Verfügung:

aus der Polarisbeobachtung die Uhrzeiten U'_v und U'_n und die zugehörigen Trommelablesungen M_v und M_n;

aus der Beobachtung des Südsternes die Uhrzeiten U_{iv} und U_{in} $(i = 1, 2, \ldots, n)$;

ferner die Blasenmitten n_v und n_n, wobei der Index v die vor dem Umlegen und der Index n die nach dem Umlegen beobachteten Werte bezeichnet.

Die aus den Blasenmitten ermittelte Neigung des mittleren Achsenäquators sei i; sie werde auf das Westende der Achse bezogen. Ferner sehen wir als bekannt an die Zenitdistanzen z und z'; die Zenitdistanz z des Südsternes nehmen wir nach Süden positiv, nach Norden negativ, die Zenitdistanz z' des Polarsternes nach Norden positiv. Der Revolutionswert der Mikrometerschraube sei R.

Der Abstand des Polarsternes vom *westlichen* Pol Q des mittleren Achsenäquators zur Zeit

$$U' = \frac{1}{2}\,(U'_v + U'_n)$$

sei $90^0 + \bar{f}$. Setzt man

$$m'' = 2 \sin^2 \frac{U'_n - U'_v}{2} \,/\, \sin 1''$$

und nimmt das Azimut k^* des Polarsternes von Norden nach Westen positiv, so ist nach der Beziehung (8b), Seite 38, in Zeitsekunden:

$$\bar{f} = \pm \frac{1}{2}\,(M_v - M_n)\,R - \frac{m''}{15} \cos p' \sin k^* \sin \Phi.$$

Nehmen die Mikrometerablesungen zu, wenn vor dem Umlegen der Faden in größere Distanz vom Pol Q gebracht wird, so ist das positive Zeichen, und wenn die Ablesungen abnehmen, das negative Zeichen zu nehmen. Steht keine Tabelle zur Verfügung, welcher die Werte von m'' entnommen werden können, so ergibt sich der Wert von $m''/15$ auch bequem aus der Beziehung

$$\frac{m''}{15} = \left(\frac{U_n' - U_v'}{5{,}53}\right)^2,$$

worin die Differenz $(U_n' - U_v')$ in Zeitminuten auszudrücken ist. Den Cosinus der Poldistanz p' des Polarsternes wird man meist gleich 1 setzen dürfen.

Setzt man

$$\overline{U} = \frac{1}{n}\left[\frac{U_{iv} + U_{in}}{2}\right] = \frac{1}{n}\,[\overline{U}_i], \qquad\qquad (i = 1, 2, \ldots, n)$$

und
$$\overline{m}'' = \frac{1}{n}\,[m_i'']$$

mit
$$m_i'' = 2\sin^2\frac{U_{in} - U_{iv}}{2}\,/\,\sin 1''$$

und
$$\overline{b} = \frac{1}{n}\,[b_i],$$

wo b_i die halbe Summe von Kontaktbreite und totem Gang ist, so wird die Uhrzeit U_0 des Durchganges durch den Achsenäquator gleich (vergleiche Seite 37):

$$U_0 = \overline{U} - \frac{\overline{m}''}{15}\cotg(\mu - \bar{\imath}) + \overline{b}\,\cosec p\,\sec q.$$

Das zweite Glied rechter Hand darf vernachlässigt werden, da das Argument $(\mu - \bar{\imath})$ der Kotangente in mittlerer Breite im Maximum um rund 1^0 von 90^0 abweicht. Im letzten Glied darf, da $\overline{b}$ klein ist, $\sec q = 1 + \cdots$ gesetzt werden.

Die Uhrzeit U_0 des Durchganges durch den Achsenäquator wird dann gleich

$$U_0 = \overline{U} + \overline{b}\,\cosec p.$$

Zur Ableitung der Uhrkorrektion stehen nun folgende Daten zur Verfügung:

$$U',\ \bar{\jmath};\ \alpha',\ p'$$

und

$$U_0;\ \alpha,\ p;\ i,$$

so daß die Differenz der Stundenwinkel gleich

$$t' - t = (U' - \alpha') - (U_0 - \alpha)$$

wird.

Ein vollständig strenges System von Gleichungen zur Berechnung der Uhrkorrektion u läßt sich auf folgendem Weg aufstellen (Fig. 17). Der erste Vertikal schneide den größten Kreis, der den Ort S' des Polarsternes zur Zeit

U' mit dem Ort S des Südsternes zur Zeit U_0 im Achsenäquator verbindet, im Punkt Z_1 und es sei die Entfernung dieses Punktes vom Zenit Z gleich i_1 und seine Entfernung vom Pol P des Äquators gleich Φ_1. Es sei Δt der Stundenwinkel des Punktes Z_1; es ist dann

$$U_0 + u = \alpha + t = \alpha + \Delta t + (t - \Delta t).$$

Die beiden Teile Δt und $(t - \Delta t)$, in die der Stundenwinkel t zerlegt wird, lassen sich wie folgt berechnen.

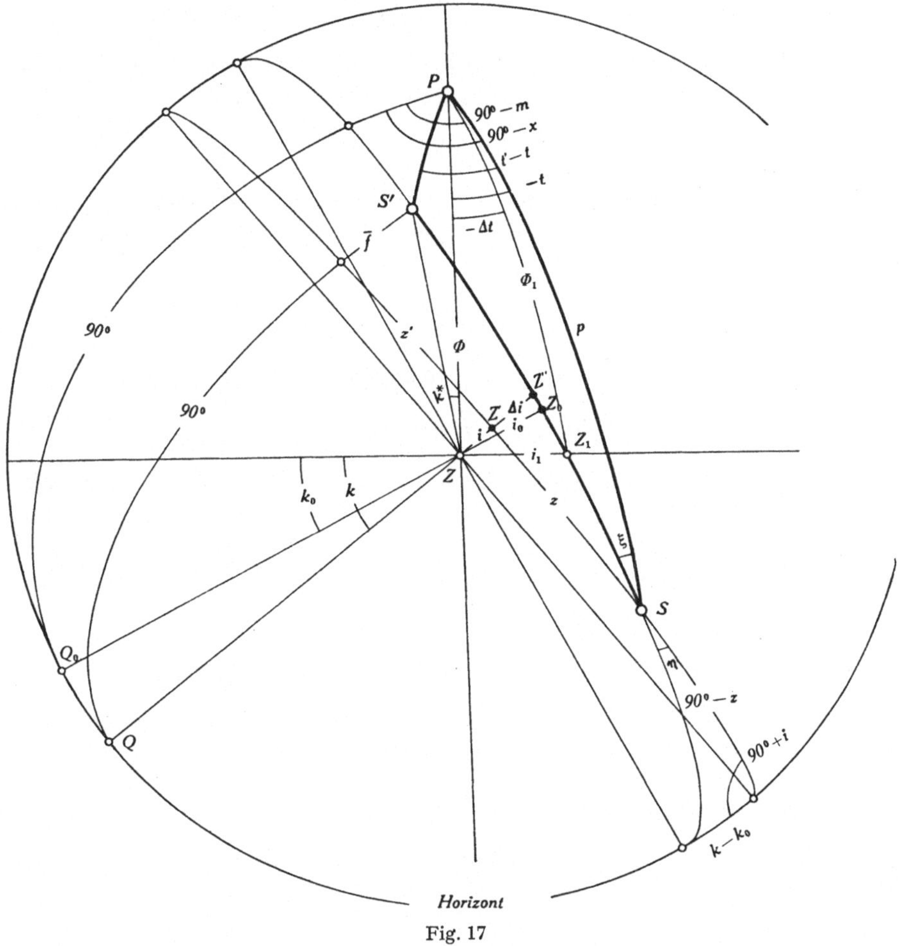

Fig. 17

a) Berechnung von Δt.

Es ist
$$\operatorname{tg}\Delta t = -\operatorname{tg} i_1 \operatorname{cosec} \Phi.$$

Der Bogen i_1 läßt sich mit Hilfe der Zenitdistanzen z und z' auf die Neigung i und den Abstand $\bar{f}$ des Polarsternes vom Achsenäquator zurückführen. Es schneide der durch den Pol Q des mittleren Achsenäquators gelegte Vertikal den Achsenäquator im Punkt Z' und den größten Kreis $S'S$ im Punkt Z''. Dann ist

$$ZZ' = i$$

die mittlere Neigung der Instrumentenachse; wird

$$Z'Z'' = \varDelta i,$$

gesetzt, so ist

$$ZZ'' = i + \varDelta i.$$

Es sei ferner Q_0 der Pol des größten Kreises $S'S$; dieser werde vom Vertikal, der durch Q_0 gelegt wird, im Punkt Z_0 geschnitten; wir setzen

$$ZZ_0 = i_0.$$

Schließlich sei η der Winkel, unter dem der Achsenäquator vom größten Kreis $S'S$ geschnitten wird. Dann wird der Bogen $\varDelta i$ bestimmt durch die Gleichungen

$$\sin z = \operatorname{cotg} \eta \operatorname{tg} \varDelta i,$$
$$\sin (z + z') = \operatorname{cotg} \eta \operatorname{tg} \overline{f};$$

es wird also

$$\operatorname{tg} \varDelta i = \operatorname{tg} \overline{f} \sin z \operatorname{cosec} (z + z')$$

und

$$\operatorname{tg} \eta = \operatorname{tg} \overline{f} \operatorname{cosec} (z + z').$$

Das Azimut des Poles Q sei $90^0 - k$, das des Poles Q_0 $90^0 - k_0$; es kann k_0 auf k zurückgeführt werden. Sind A und A_0 die Punkte, in denen der Horizont vom Achsenäquator und vom größten Kreis $S'S$ geschnitten wird, so ist im Dreieck SAA_0 der Winkel bei A gleich $90^0 + i$ und die Seite $AA_0 = k - k_0$; somit besteht die Beziehung

$$\operatorname{cotg} (k - k_0) \cos z = - \sin z \sin i + \cos i \operatorname{cotg} \eta,$$

durch welche $k - k_0$ auf bekannte Größen zurückgeführt wird. In immer ausreichender Näherung kann man setzen

$$\operatorname{cotg} (k - k_0) \cos z = \operatorname{cotg} \eta - \cdots$$

oder

$$\operatorname{tg} (k - k_0) = \operatorname{tg} \overline{f} \cos z \operatorname{cosec} (z + z') + \cdots.$$

oder

$$k - k_0 = \overline{f} \cos z \operatorname{cosec} (z + z') + \cdots.$$

Das rechtwinklige Dreieck ZZ_0Z'' gibt jetzt den Wert von i_0:

$$\operatorname{tg} i_0 = \operatorname{tg} (i + \varDelta i) \cos (k - k_0)$$

und schließlich das rechtwinklige Dreieck ZZ_0Z_1 den Wert von i_1:

$$\operatorname{tg} i_1 = \operatorname{tg} i_0 \sec k_0.$$

Für Δt erhält man also

$$\operatorname{tg} \Delta t = - \operatorname{tg} i_1 \operatorname{cosec} \Phi,$$
$$= - \operatorname{tg} i_0 \sec k_0 \operatorname{cosec} \Phi,$$

oder

$$\operatorname{tg} \Delta t = - \operatorname{tg}(i + \Delta i) \cos(k - k_0) \sec k_0 \operatorname{cosec} \Phi. \tag{44}$$

b) Berechnung von $(t - \Delta t)$.

Setzt man

$$\sphericalangle Q_0 P S = 90^0 - x,$$
$$\sphericalangle Q_0 P Z_1 = 90^0 - m,$$

so ist

$$t - \Delta t = (90^0 - m) - (90^0 - x) = x - m.$$

Da der größte Kreis $S'S$ auf $Q_0 P$ senkrecht steht, ist, wenn der Winkel bei S im Dreieck $PS'S$ mit ξ bezeichnet wird:

$$\operatorname{tg} x = \operatorname{tg} \xi \cos p. \tag{45a}$$

Der Winkel ξ ist aber durch das Dreieck $PS'S$ bestimmt; es ist

$$\operatorname{cotg} p' \sin p = \cos p \cos(t' - t) + \sin(t' - t) \operatorname{cotg} \xi$$

so daß

$$\operatorname{tg} x = \frac{\operatorname{tg} p' \operatorname{cotg} p \sin(t' - t)}{1 - \operatorname{tg} p' \operatorname{cotg} p \cos(t' - t)} \tag{45b}$$

wird.

Zur Berechnung des Winkels m ist die Kenntnis von $PZ_1 = \Phi_1$ erforderlich; es ist

$$\cos \Phi_1 = \cos \Phi \cos i_1.$$

Das Dreieck $PZ_1 S$ gibt jetzt die Beziehung

$$\operatorname{cotg} \Phi_1 \sin p = \cos p \cos(x - m) - \sin(x - m) \operatorname{cotg} \xi;$$

sie reduziert sich, wenn der Wert von $\operatorname{tg} \xi$ nach (45a) eingeführt wird, auf

$$\sin m = \operatorname{cotg} \Phi_1 \operatorname{tg} p \sin x. \tag{46}$$

An Stelle des von i_1 abhängigen Wertes Φ_1 darf man den konstanten Wert Φ zur Reduktion benützen; erst wenn i_1 den Wert von rund 30^s annimmt, ist Φ_1 von Φ um einen Betrag verschieden, der den Winkel m um $0\overset{s}{.}001$ ändert. Da der Abstand $\bar{f}$, von dem Δi und damit i_1 abhängig ist, von der gleichen Größenordnung wie i_1 ist, bedeutet es kaum eine Beschränkung des Beobachters, wenn man ihm die Verpflichtung auferlegt, den Polarstern nicht in größeren Abständen vom Achsenäquator als 30^s zu beobachten. Man darf dann zur Berechnung des Winkels Δt die Beziehung

$$\Delta t = - \left(i + \bar{f} \frac{\sin z}{\sin(z + z')} \right) \sec k_0 \operatorname{cosec} \Phi \tag{47}$$

verwenden.

Das Azimut k des Instrumentenvertikales folgt aus dem Azimut k^* des Polarsternes mit Hilfe der Beziehung

$$k = k^* + (i \cos z' + \bar{f}) \operatorname{cosec} z';$$

den Wert von k^* wird man einer Einstellungstafel des Polarsternes entnehmen oder, wenn eine solche nicht zur Verfügung steht, mit Hilfe eines Näherungswertes der Uhrkorrektion aus den Beobachtungen selber berechnen.

2. Der Einfluß der täglichen Aberration. Die tägliche Aberration kann leicht nachträglich berücksichtigt werden. Setzt man im Differentialausdruck

$$\cos q \, du \sin p - \sin z \, da = \cos q \, d\alpha \sin p + \sin q \, dp$$

für die Verbesserungen $d\alpha \sin p$ und dp die Korrektionen wegen der täglichen Aberration

$$d\alpha \sin p = 0{,}''322 \sin \Phi \cos t,$$
$$dp = - 0{,}''322 \sin \Phi \sin t \cos p$$

ein und berücksichtigt die Beziehung

$$\cos a = - \cos q \cos t - \sin q \sin t \cos p,$$

so erhält man

$$\cos q \, du \sin p - \sin z \, da = + 0{,}''322 \sin \Phi \cos a.$$

Läßt man diese Beziehung für den Südstern gelten und setzt für den Polarstern, dessen Azimut gleich $180^0 + a$ wird,

$$\cos q' \, du \sin p' - \sin z' \, da = - 0{,}''322 \sin \Phi \cos a,$$

so folgt durch Elimination von da unter Berücksichtigung der Beziehungen

$$\sin p \cos q = \cos \Phi \sin z + \sin \Phi \cos z \cos a,$$
$$\sin p' \cos q' = \cos \Phi \sin z' - \sin \Phi \cos z' \cos a$$

der Ausdruck

$$\sin \Phi \cos a \sin(z + z') \, du = 0{,}''322 \sin \Phi \cos a \, (\sin z + \sin z'),$$

so daß die Verbesserung wegen der täglichen Aberration gleich

$$du = 0{,}^{s}0215 \, \frac{\sin z + \sin z'}{\sin(z + z')}$$

wird. Im Fall, daß an der Rektaszension des Südsternes die Korrektion wegen der täglichen Aberration angebracht worden ist, geht dieser Ausdruck über in

$$du = 0{,}^{s}0215 \, \frac{\sin z}{\sin(z + z')} \, .$$

Da $(z + z')$ nur unerheblich von der Poldistanz p des Südsternes abweicht, darf

du auch nach dem Ausdruck

$$du = 0\overset{s}{.}0215 \frac{\sin z + \sin z'}{\sin p} \quad \text{respektive} \quad 0\overset{s}{.}0215 \frac{\sin z}{\sin p}$$

berechnet werden.

Zusammenstellung der Reduktionsformeln

Bezeichnet

U' die Uhrzeit, zu welcher sich der Polarstern im Abstand $90^0 + \bar{f}$ vom westlichen Pol des Achsenäquators befindet,

U_0 die Zeit des Durchganges des Südsternes durch den Achsenäquator,

i die auf das Westende bezogene Neigung der Achse,

$\left.\begin{array}{l}\alpha', \delta' \\ \alpha, \delta\end{array}\right\}$ den Ephemeridenort des $\left\{\begin{array}{l}\text{Polarsternes,} \\ \text{Südsternes,}\end{array}\right.$

z, z' die Zenitdistanzen (z nach Süden, z' nach Norden positiv),

$90^0 - k$ das Azimut des Westendes der Achse,

$k_0 = k - \bar{f} \cos z \operatorname{cosec}(z + z') = k - \cdots,$

so folgt u aus der Durchrechnung des folgenden Systemes:

$$t' - t = (U' - \alpha') - (U_0 - \alpha),$$
$$\operatorname{tg} x = \operatorname{cotg} \delta' \operatorname{tg} \delta \sin(t' - t) / \left(1 - \operatorname{cotg} \delta' \operatorname{tg} \delta \cos(t' - t)\right),$$
$$\sin m = \operatorname{tg} \varphi \operatorname{cotg} \delta \operatorname{tg} x \cos x,$$
$$\Delta t = - \left(i + \bar{f} \sin z \operatorname{cosec}(z + z')\right) \sec k_0 \sec \varphi,$$
$$u = (\alpha - U_0) + (x - m) + \Delta t + 0\overset{s}{.}0215 \frac{\sin z + \sin z'}{\cos \delta}.$$

Wird das Instrument während des Sterndurchganges nicht umgelegt, so beobachtet man, um die Kollimation zu eliminieren, verschiedene Sterne abwechselnd in der einen oder anderen Lage; der Polarstern wird dann vorteilhaft auf den Mittelfaden eingestellt, auf welchen die Durchgangszeiten des Südsternes reduziert werden; in diesem Fall hat man, wenn die Kollimation mit c bezeichnet wird, als Wert von Δt einzuführen

$$\Delta t = - \left(i \pm c \frac{\sin z + \sin z'}{\sin(z + z')}\right) \sec k_0 \operatorname{cosec} \Phi \left\{\begin{array}{l} + \text{ Lage} \quad \text{I} \\ - \text{ Lage} \quad \text{II}\end{array}\right. .$$

3. *Der mittlere Fehler der Uhrkorrektion und die günstigsten Umstände der Beobachtung*[5]. Die Änderung, welche die Uhrkorrektion erfährt als Folge von Verbesserungen, die an den Ausgangsgrößen angebracht werden, kann entweder durch Differentiation des Ausdruckes für u abgeleitet werden oder aus den beiden Differentialausdrücken, die man einzeln für den Polarstern und den Südstern aufstellen kann. Wir schlagen einen Mittelweg ein, der uns die geometrische Bedeutung der Beziehung, durch welche die wahren Fehler miteinander verbunden werden, leicht erkennen läßt.

Die Lage des Zenites Z wird gegeben als Schnittpunkt des Kleinkreises, der um den Pol P des Äquators mit dem Radius Φ geschlagen wird, mit dem Kleinkreis um den Pol Q des Achsenäquators mit dem Radius $90^0 - i$; und Q wird gegenüber dem Dreieck $PS'S$ bestimmt durch den Schnittpunkt des Kleinkreises, der um S' mit dem Radius $90^0 + \bar{f}$ geschlagen wird, mit der Polare des Punktes S. Werden Φ und i als fehlerfrei betrachtet, so übertragen sich die Fehler in der Lage der Punkte S' und S auf das Zenit nur durch den Fehler in der Lage des Punktes Q. Man kann das Dreieck $PS'S$ als fehlerfrei ansehen, wenn man die Fehler der Punkte S' und S den Abständen $S'Q$ und SQ zur Last legt. Als Fehler dieser Abstände kommen aber nur die Projektionen der Vektoren, durch welche die fehlerhaften Orte der Punkte S' und S mit den wahren Orten verbunden werden, auf die Richtungen von S' und S nach Q in Betracht. Diese Komponenten erhält man aus dem Differentialausdruck des Kotangentensatzes. Ist a das Azimut des Sternes, so besteht, wenn $d\Phi = 0$ angenommen wird, die Beziehung

$$\sin z \, da = \cos q \, dt \sin p - \sin q \, dp.$$

Die rechte Seite ist aber die Projektion des Vektors, der den Ort (t, p) mit dem Ort $(t + dt, p + dp)$ verbindet, auf die Richtung des Sternvertikales; setzt man

$$df = \cos q \, dt \sin p - \sin q \, dp,$$

so ist $(90^0 + df)$ der Abstand des Ortes $(t + dt, p + dp)$ vom Pol des Sternvertikales, der im Azimut $90^0 + a$ liegt. Wir scheiden aus df die von den Verbesserungen dU, da und dp herrührenden Anteile aus und setzen

$$df_U = \cos q \, dU \sin p$$
$$df^* = \cos q \, da \sin p + \sin q \, dp;$$

es wird dann

$$\sin z \, da - \cos q \, du \sin p = df_U - df^* \equiv df.$$

Für den Polarstern hat man die analoge Gleichung

$$\sin z' \, da' - \cos q' \, du \sin p' = df_{U'} - df'^* \equiv df'.$$

Führt man da und da' auf die Verbesserung des gemeinsamen Instrumentenazimutes zurück und eliminiert dann diese Verbesserung aus den beiden Gleichungen, so erhält man die Verbesserung du als Funktion der beiden Verbesserungen df und df'.

Wirft man nun aber die Verbesserungen df und df' auf die Abstände SQ und $S'Q$, so hat man im Ausdruck

$$u = (\alpha - U) + (x - m) + \Delta t$$

nur Δt als fehlerhaft anzusehen; es wird also

$$du = \frac{\partial (\Delta t)}{\partial f} \, df + \frac{\partial (\Delta t)}{\partial f} \, d\bar{f};$$

hierin ist $d\bar{f} = -df'$ zu setzen, da $90^0 + \bar{f}$ den Abstand des Punktes S' vom Pol des Vertikales oder Achsenäquators im Azimut $a' - 90^0$ bezeichnet.

Um die Ableitungen von Δt nach f und $\bar{f}$ bilden zu können, ist Δt als Funktion von f und $\bar{f}$ anzugeben. Aus der Superposition der Werte, die Δt annimmt, wenn entweder S' im Abstand $\bar{f}$ oder S im Abstand f vom Achsenäquator angenommen wird, folgt

$$\Delta t = -\left(i + \frac{\bar{f}\sin z + f \sin z'}{\sin(z+z')} \right) \sec k_0 \operatorname{cosec} \Phi,$$

so daß

$$du = \frac{d\bar{f}\sin z + df\sin z'}{\sin(z+z')} \sec k_0 \operatorname{cosec} \Phi$$

wird.

Sind nun m' und m die mittleren Fehler, die den wahren Fehlern $d\bar{f}$ und df entsprechen, so wird der mittlere Fehler m_u, wenn $\sec k_0 = 1 + \cdots$ gesetzt wird, gegeben durch den Ausdruck:

$$m_u^2 = \frac{m'^2 \sin^2 z + m^2 \sin^2 z'}{\sin^2(z+z')} \operatorname{cosec}^2 \Phi.$$

Die mittleren Fehler m' und m sind auf ihre Komponenten zurückzuführen:

$$m'^2 = (m_{U'}^2 + m_{\alpha'}^2)\cos^2 q' \sin^2 p' + \sin^2 q'\, m_{p'}^2\,,$$
$$m^2 = (m_U^2 + m_\alpha^2)\cos^2 q\, \sin^2 p\, + \sin^2 q\, m_p^2\,.$$

Beruht die Polarisbeobachtung auf n' Einstellungen, die wir als Durchgangsbeobachtungen ansehen, so ist zu setzen:

$$m_{U'}^2 \cos^2 q' \sin^2 p' = \frac{1}{n'}\cos^2 q'\left(a_0'^2 \sin^2 p' + \frac{b_0'^2}{V^2} \right),$$
$$m_{\alpha'}^2 \cos^2 q' \sin^2 p' + m_{p'}^2 \sin^2 q' = m^{*'2}.$$

In der letzten Beziehung ist angenommen, daß dem absoluten Betrage nach $m_{\alpha'}\sin p'$ und $m_{p'}$ gleich groß seien. In der ersten Beziehung darf das erste Glied der Klammer wegen des kleinen Wertes von p' neben dem zweiten Glied vernachlässigt werden, und für $\cos^2 q'$ führen wir den Mittelwert $\frac{1}{2}$ aller möglichen gleichmäßig verteilten Fälle ein; es wird dann

$$m_{U'}^2 \cos^2 q' \sin^2 p' = \frac{1}{n'}\,\frac{b_0'^2}{2V^2} = \frac{1}{n'}\,m_0'^2$$

mit

$$m_0'^2 = \frac{b_0'^2}{2V^2}\,,$$

so daß

$$m'^2 = \frac{1}{n'}\,m_0'^2 + m^{*'2}$$

wird.

Ist der Südstern an n Fäden oder Kontakten beobachtet, so wird

$$m_U^2 \cos^2 q \sin^2 p = \frac{1}{n} \cos^2 q \left(a_0^2 \sin^2 p + \frac{b_0^2}{V^2} \right),$$

oder, da wegen der Meridiannähe $\cos^2 q = 1$ gesetzt werden darf:

$$m_U^2 \cos^2 q \sin^2 p = \frac{1}{n} \left(a_0^2 \sin^2 p + \frac{b_0^2}{V^2} \right) = \frac{m_0^2}{n},$$

mit

$$m_0^2 = \left(a_0^2 \sin^2 p + \frac{b_0^2}{V^2} \right).$$

Ferner wird

$$m_\alpha^2 \cos^2 q \sin^2 p + m_p^2 \sin^2 q = m^{*2},$$

und somit

$$m^2 = \frac{m_0^2}{n} + m^{*2}.$$

Somit nimmt der Ausdruck für m_u^2 die Form an:

$$m_u^2 = m'^2 \, \frac{\sin^2 z + \nu \sin^2 z'}{\sin^2(z + z')} \, \mathrm{cosec}^2 \Phi,$$

worin zur Abkürzung

$$\nu = \frac{m^2}{m'^2} = \frac{m_0^2/n + m^{*2}}{m_0'^2/n' + m^{*'2}}$$

gesetzt ist. Kennt der Beobachter die Zahlenwerte der in den mittleren Fehlern m und m' auftretenden Komponenten, so kann er die Zahlen n und n' so wählen, daß

$$\nu = 1,$$

also $m' = m$ ist; es wird dann

$$m_u^2 = m^2 \, \frac{\sin^2 z + \sin^2 z'}{\sin^2(z + z')} \, \mathrm{cosec}^2 \Phi$$

oder auch, wenn man den Unterschied zwischen z' und Φ vernachlässigt:

$$m_u^2 = m^2 \, \frac{\sin^2 z + \sin^2 \Phi}{\sin^2(z + \Phi)} \, \mathrm{cosec}^2 \Phi. \tag{48}$$

Die Funktion

$$F(z, \Phi) = \frac{\sin^2 z + \sin^2 \Phi}{\sin^2(z + \Phi)}$$

hat einen Minimalwert für den Wert $z = z_0$, der durch die Bedingung

$$\mathrm{tg}\,(z_0 + \Phi) = 2 \,\mathrm{tg}\, \Phi$$

gegeben wird, und $F(z_0, \Phi)$ nimmt dann den Wert

$$F(z_0, \Phi) = \frac{1 + \sin^2 \Phi}{2}$$

an. Nachstehend sind zusammengehörige Werte von z_0 und $F(z_0, \Phi)$ für verschiedene Werte von Φ angegeben.

Φ	z_0	$F(z_0, \Phi)$
0^0	$0{,}^0 0$	0,50
10	4,0	0,52
20	9,9	0,56
30	13,9	0,62
40	17,2	0,71
50	19,2	0,79
60	19,1	0,88
70	16,1	0,94
80	9,4	0,98
90	0,0	1,00

In mittleren Breiten von $\varphi = 30^0$ bis $\varphi = 70^0$ liegt die günstigste Stelle in der Nähe von 15^0 Zenitdistanz. Geht man, um die Sterne aus einem breiteren Deklinationsbereich auswählen zu können, im Norden von z_0 bis ins Zenit und legt die südliche Grenze des Bereiches in die Zenitdistanz z_u, für welchen Wert $F(z_u, \Phi) = F(0, \Phi)$ wird, so ist z_u bestimmt durch die Bedingung

$$\operatorname{tg} z_u = \frac{\sin 2\,\Phi}{1 - 2 \cos 2\,\Phi} \equiv \operatorname{cotg} \Phi,$$

das heißt $z_u = \varphi$; der Bereich darf dann im Süden des Zenites bis zum Äquator ausgedehnt werden.

An Stationen, deren Breite unterhalb $\varphi = 30^0$ liegt, wird man die Döllenmethode wegen der großen Zenitdistanz des Polarsternes nicht verwenden; sie hat vor der Zeitbestimmung im Meridian den Vorteil, daß das Azimut des Instrumentes nur während der kurzen Dauer der Beobachtung des Polarsternes und des Südsternes als konstant vorausgesetzt werden muß. Der Zeit proportionale Azimutänderungen werden übrigens in weitgehendem Maß unschädlich gemacht, wenn der Polarstern vor und nach dem Umlegen eingestellt wird.

ZAHLENBEISPIEL

Die Schweizerische geodätische Kommission hat im Jahre 1927 den Längenunterschied der Sternwarten in Zürich und Genf bestimmen lassen; zur Ermittlung der Uhrkorrektionen wurde die Döllensche Methode der Zeitbestimmung verwendet (vergleiche Band XXI der Astronomisch-geodätischen Arbeiten in der Schweiz). Diesen Beobachtungen entnehmen wir die folgenden Daten:

Ort: Zürich, $\varphi = 47^0 22' 38''{,}5$.
Datum: 30. August 1927.
Beobachter: Dr. P. ENGI.
Instrument: Bambergsches Passageninstrument, Vergrößerung 86fach, unpersönliches Mikrometer.

Der bewegliche Faden ist auf den Polarstern je zweimal in beiden Lagen eingestellt worden; es ist

$$\text{zur Uhrzeit } U' = 21^\text{h}21^\text{m}00^\text{s}, \qquad \bar{f} = -\,0^\text{s}826, \quad z' = 42^\circ 08',1.$$

Ferner ist

$$U_0 = 21^\text{h}21^\text{m}34^\text{s}732, \quad i = +\,0^\text{s}009, \quad z = 27^\circ 54',9$$

Das genäherte Azimut des Instrumentes ist

$$k_0 = -\,1^\circ 27'.$$

Hiernach ist

$$\Delta t = -\left(+\,0^\text{s}009 - 0^\text{s}826 \,\frac{0{,}468}{0{,}940}\right) \cdot 1{,}0003 \cdot 1{,}477 = +\,0^\text{s}594.$$

Die Berechnung der Uhrkorrektion ist in der folgenden Tabelle dargestellt. Die Koordinaten des Polarsternes enthalten die Korrektion wegen der täglichen Aberration nicht.

$U'_1 =$	$21^\text{h}21^\text{m}00^\text{s}$	$\text{cotg } \delta' \text{ tg } \delta \cos(t' - t) = a \;\; . \;\;.$	$7{,}46\,218$
$\alpha' =$	$1\;\;36\;\;05^\text{s}92$	$1:(1 - a) \; . \; . \; . \; . \; \cdot \; . \; . \; . \; .$	$+\,1261$
		$\text{cotg } \delta' \text{ tg } \delta \sin(t' - t) \; . \; . \; . \; .$	$7{,}78\,3345_n$
$U_0 =$	$21\;\;21\;\;34^\text{s}732$	$\text{tg } x \; . \; . \; . \; . \; . \; . \; . \; . \; . \; .$	$7{,}78\,4606_n$
$\alpha \;\; =$	$21\;\;18\;\;44{,}802$	$\cos x \; . \; . \; . \; . \; . \; . \; . \; . \; . \; .$	-8
$U' - \alpha' =$	$19\;\;44\;\;54^\text{s}08$	$\text{cotg } \delta \text{ tg } \varphi . \; . \; . \; . \; . \; . \; . \; .$	$0{,}48\,7056$
$U_0 - \alpha \;\; =$	$+\;\;02\;\;49{,}930$	$\sin m \; . \; . \; . \; . \; . \; . \; . \; . \; . \; .$	$8{,}27\,1654_n$
$t' - t \;\;\; =$	$19\;\;42\;\;04{,}150$		
$\delta' =$	$88^\circ 54' 40'',18$	$x = -\,0^\circ 20' 56'',10$	
$\delta \;\; =$	$19\;\;29\;\;41{,}70$	$m = -\,1\;\;04\;\;15{,}71$	
$\text{cotg } \delta' . \; . \; .$	$8{,}27\,8893$	$x - m = +\,0\;\;43\;\;19{,}61$	
$\text{tg } \delta . \; . \; . \; .$	$9{,}54\,9026$		
$\sin(t' - t) \; .$	$9{,}95\,5426_n$	$x - m = +\qquad 2^\text{m}53^\text{s}307$	
$\text{cotg } \delta' \text{ tg} \delta \; .$	$7{,}82\,7919$	$\Delta t = +\qquad 0\;\;\;\,00{,}594$	
$\cos(t' - t) \; .$	$9{,}63\,426$	$\alpha - U_0 = -\qquad 2\;\;\;49{,}930$	
		Korrektion wegen täglicher Aberration	
		$= +\qquad 0\;\;\;\,00{,}011$	
		$u = +\qquad 0^\text{m}03^\text{s}982$	

c) Die Bestimmung der Polhöhe mit Hilfe der Durchgänge zweier Sterne durch den ersten Vertikal[6])

1. *Ableitung der Reduktionsformeln.* Es seien U_w und U_e die Uhrzeiten des Durchganges zweier Sterne durch den mittleren Achsenäquator, von denen der eine im Westen, der andere im Osten beobachtet worden ist. Wir nehmen die Absolutwerte der Stundenwinkel und setzen

$$t_w = (U_w + u) - \alpha_w,$$
$$t_e = \alpha_e - (U_e + u).$$

Der nördliche Pol Q des mittleren Achsenäquators habe den Stundenwinkel $180^\circ + \mu_N$ und die Poldistanz v. Der größte Kreis, der Q mit dem Pol des Äquators verbindet, schneide den mittleren Achsenäquator im Punkte Z'; es sei $PZ' = \Phi'$; der Meridian schneide den mittleren Achsenäquator im Punkte Z_0; es sei $PZ_0 = \Phi_0$.

Befindet sich der Weststern zur Uhrzeit U_w im Punkte S_w, der Oststern zur Uhrzeit U_e im Punkte S_e, so sind PS_wZ' und PS_eZ' rechtwinklige Dreiecke, so daß die Beziehungen bestehen:

$$\cos(t_w - \mu_N) = \operatorname{cotg} p_w \operatorname{tg} \Phi',$$
$$\cos(t_e + \mu_N) = \operatorname{cotg} p_e \operatorname{tg} \Phi'. \tag{49}$$

Setzt man hierin

$$\left.\begin{aligned}
t_0 &= \frac{t_w + t_e}{2}\ ; \quad t_w = t_0 + \Delta t,\\[2mm]
\Delta t &= \frac{t_w - t_e}{2}\ ; \quad t_e = t_0 - \Delta t,
\end{aligned}\right\} \tag{49a}$$

so erhält man durch Elimination von $\operatorname{tg}\Phi'$ die Gleichung

$$\operatorname{tg}(\Delta t - \mu_N) = \operatorname{cotg} t_0\ \frac{\sin(p_w - p_e)}{\sin(p_w + p_e)}\ ; \tag{49b}$$

sie liefert den Wert von $(\Delta t - \mu_N)$, so daß

$$\mu_N = \Delta t - (\Delta t - \mu_N)$$

wird. Da Φ' und Φ_0 durch die Beziehung

$$\cos \mu_N \operatorname{tg} \Phi_0 = \operatorname{tg} \Phi'$$

miteinander verbunden werden, erhält man, wenn hierin der Wert von $\operatorname{tg}\Phi'$ nach den Beziehungen (49) eingeführt wird:

$$\cos \mu_N \operatorname{tg} \Phi_0 = \operatorname{tg} p_w \cos(t_w - \mu_N) \equiv \operatorname{tg} p_e \cos(t_e + \mu_N).$$

Schließlich erhält man $\Phi = PZ$ mit Hilfe der Beziehung

$$\operatorname{tg}(\Phi_0 - \Phi) = \operatorname{tg} i \sec a_N, \tag{50a}$$

in welcher i die Erhebung des Punktes Q über den Horizont, das ist die Neigung des mittleren Achsenäquators, und a_N das von N nach E positiv genommene Azimut des Punktes Q bedeutet. Da man die Neigung und das Azimut so klein als möglich hält, genügt es, zu setzen:

$$\Phi = \Phi_0 - i. \tag{50b}$$

Die Reduktion der Stundenwinkel
auf den Durchgang durch den mittleren Achsenäquator

In der Beziehung (6a) setzen wir bei der Beobachtung des

$$\text{Weststernes: } t = \quad t_{iw}; \ \mu = 180^0 + \mu_N; \quad \bar{t} = \bar{t}_{iw},\ t_{iw} - \bar{t}_{iw} = dt_{iw}, \left.\right\}$$
$$\text{Oststernes: } t = -\,t_{ie}; \ \mu = \mu_N; \qquad\quad \bar{t} = -\,\bar{t}_{ie},\ t_{ie} - \bar{t}_{ie} = dt_{ie}; \left.\right\} e = +1;$$

es wird dann

$$2 \sin \frac{dt_{iw}}{2} = \operatorname{cosec}\left(\frac{\bar{t}_{iw} + t_{iw}}{2} - \mu_N\right)$$
$$\times \left\{ \cos(\bar{t}_{iw} - \mu_N)\, 2 \sin^2 \frac{\vartheta_0}{2} + \frac{\sin k}{\sin p \sin \nu} \right\}, \quad *\text{W},$$

$$2 \sin \frac{dt_{ie}}{2} = \operatorname{cosec}\left(\frac{\bar{t}_{ie} + t_{ie}}{2} + \mu_N\right)$$
$$\times \left\{ \cos(\bar{t}_{ie} + \mu_N)\, 2 \sin^2 \frac{\vartheta_0}{2} - \frac{\sin k}{\sin p \sin \nu} \right\}, \quad *\text{E},$$

$$(51\,\mathrm{a})$$

worin k die halbe Summe der Kontaktbreite und des toten Ganges bezeichnet.

Am arithmetischen Mittel $t_{w,e} = \dfrac{1}{n}\,[\bar{t}_i]_{w,e}$ der Stundenwinkel ist dann die Korrektion

$$dt_{w,e} = \frac{1}{n}\,[dt_i]_{w,e}, \qquad\qquad (i = 1, 2, \ldots, n)$$

anzubringen.

Werden die Sterne nicht in sehr kleinen Zenitdistanzen beobachtet, so genügt die Näherungsformel

$$\left.\begin{array}{c} *\text{W} \\ *\text{E} \end{array}\right\} \; dt_i \underset{(\text{in sec})}{=} \operatorname{cosec}(\bar{t} \mp \mu_N) \left\{ \cos(\bar{t} \mp \mu_N)\,\frac{m''}{15} \pm k \operatorname{cosec} p \operatorname{cosec} \nu \right\}, \qquad (51\,\mathrm{b})$$

worin k in Zeitsekunden auszudrücken ist.

Die Benützung eines Niveaus zur Bestimmung der Achsenneigung wird überflüssig, wenn vor dem Umlegen das direkte Bild und nach dem Umlegen das von einem Quecksilberhorizont reflektierte Bild des Sternes beobachtet wird. Im Moment des Durchganges durch den mittleren Achsenäquator befindet sich dann der Stern im Abstand $\varkappa_0 \cos z$ vom Instrumentenvertikal; bei der Benützung eines gebrochenen Fernrohres ist $\varkappa_0$ gleich der Differenz «Zapfenungleichheit $\varkappa$ minus Biegungskollimation c» (vergleiche Seite 92/93). In der Beziehung (50 b) hat man an Stelle von i entweder $+\varkappa_0$ oder $-\varkappa_0$ einzuführen, je nachdem der West- *und* der Oststern bei der Okularfolge Nord–Süd oder Süd–Nord beobachtet wird. Der Einfluß der Neigung auf die Polhöhe kann somit dadurch eliminiert werden, daß man die beobachteten Sternpaare gleichmäßig auf die Okularfolgen N–S und S–N verteilt.

Beobachtet man die beiden Sterne eines Paares nicht in der gleichen Okularfolge, sondern den Weststern zum Beispiel in der Folge N–S und den Oststern in der Folge S–N (oder beide in der umgekehrten Folge), so wird, wenn die Zenitdistanzen der beiden Sterne gleich groß sind, der Einfluß von $\varkappa_0$ schon im Resultat des einzelnen Paares eliminiert; sind die Zenitdistanzen nur angenähert gleich, so kann der verbleibende Rest dieses Einflusses dadurch unschädlich gemacht werden, daß an einem zweiten Abend die umgekehrte Okularfolge eingehalten wird. Leitet man aus solchen Beobachtungen den Zahlenwert von $\varkappa_0$ ab, so können die Einzelwerte von $\varPhi$ wegen des Einflusses von $\varkappa_0$ korrigiert werden; diese Korrektion beträgt

$$d\Phi = \Phi - \Phi_0 = \mp \varkappa_0 \frac{\sin(z_e - z_w)}{\sin(z_e + z_w)}\,, \qquad \begin{cases} \text{*W, N–S; *E, S–N,} \\ \text{*W, S–N; *E, N–S,} \end{cases} \tag{51c}$$

wie sich aus dem Differentialausdruck des Kotangentensatzes ergibt. Setzt man darin

$$df = \sin p \cos q \, dt,$$

so bedeutet $90^0 - df$ den Abstand des in den Ort $(t + dt, dp)$ verschobenen Sternes von demjenigen Pol des Instrumentalvertikales, dessen Azimut um 90^0 größer ist als das Azimut des Sternes. Es lauten also, da df gleich $\pm \varkappa_0 \cos z$ zu setzen ist, die beiden Differentialausdrücke

$$\text{*W: } \sin z_w \, da = \cos z_w \, d\Phi \sin a_w \pm \varkappa_0 \cos z_w, \qquad \begin{cases} \text{Ok N–S,} \\ \text{Ok S–N,} \end{cases}$$

$$\text{*E: } \sin z_e \, da = \cos z_e \, d\Phi \sin a_e \pm \varkappa_0 \cos z_e, \qquad \begin{cases} \text{Ok S–N,} \\ \text{Ok N–S.} \end{cases}$$

Setzt man hierin $\sin a_w = -\sin a_e = +1$ und eliminiert aus je zweien dieser Beziehungen die Azimutverbesserung da, indem man die Okularfolge «*W, N–S» mit der Okularfolge «*E, S–N» oder «*W, S–N» mit «*E, N–S» kombiniert, so erhält man die Beziehung (51 c).

2. *Der Einfluß der täglichen Aberration.* Setzt man im Differentialausdruck des Kotangentensatzes $dU = du = 0$ und

$$d\alpha \sin p = + 0{,}''322 \sin \Phi \cos t,$$
$$dp = - 0{,}322 \sin \Phi \sin t \cos p,$$

so erhält man

$$\sin z \, da^* - \cos z \, d\Phi \sin a^* = - (\cos q \, d\alpha \sin p + \sin q \, dp)$$
$$= + 0{,}''322 \sin \Phi \cos a^*,$$

da

$$\cos a^* = \cos t \cos q - \sin t \sin q \cos p$$

ist. Im ersten Vertikal ist aber $\cos a^* = 0$; es bedarf also weder $d\Phi$ noch da^* einer Verbesserung wegen der täglichen Aberration, wenn in die Rechnung die Ephemeridenörter eingeführt worden sind.

3. *Der mittlere Fehler der Polhöhe und die günstigsten Umstände der Beobachtung.* Wir setzen die Differentialbeziehung des Kotangentensatzes für den im Westen und im Osten beobachteten Stern an:

$$\sin z_w \, da^* - \cos z_w \, d\Phi \sin a^* = \cos q_w \, d(U + u - \alpha)_w \sin p_w + \sin q_w \, dp_w,$$
$$\sin z_e \, da^* + \cos z_e \, d\Phi \sin a^* = \cos q_e \, d(U + u - \alpha)_e \sin p_e + \sin q_e \, dp_e$$

und eliminieren die Verbesserung da^*, indem wir $\sin a^* = 1$ setzen; die an Φ

anzubringende Verbesserung wird dann unter Berücksichtigung der Beziehung

$$\cos q \sin p = \cos \Phi \sin z$$

gegeben durch den Ausdruck:

$$\sin(z_w + z_e)\, d\Phi = -\sin z_w \sin z_e\, (dU_w - dU_e)\cos \Phi \qquad (52)$$
$$- \sin z_w \sin z_e\, (du_w - du_e)\cos \Phi$$
$$+ (\cos q\, d\alpha \sin p + \sin q\, dp)_w \sin z_e$$
$$- (\cos q\, d\alpha \sin p + \sin q\, dp)_e \sin z_w.$$

Das von den Uhrkorrektionen abhängige Glied verschwindet, wenn $du_w = du_e$ ist, das heißt, wenn die Uhr keinen Gang hat; es ist aber, auch wenn ein Gang vorhanden ist, dafür kaum ein Fehlerbetrag in Rechnung zu stellen, wenn nur die Sterne so ausgewählt werden, daß sie kurz hintereinander zur Beobachtung kommen; es ist leicht, den Gang der Uhr so genau zu ermitteln, daß seine Unsicherheit keinen merklichen Fehler zur Folge hat.

Sehen wir die Verbesserungen als wahre Fehler an und gehen wir zu den mittleren Fehlern über, so erhalten wir die Beziehung:

$$\sin^2(z_w + z_e)\, m_\Phi^2 = \sin^2 z_w \sin^2 z_e\, (m_{U_w}^2 + m_{U_e}^2)\cos^2 \Phi \qquad (53a)$$
$$+ (\sin^2 z_w + \sin^2 z_e)\, m^{*2},$$

in welcher m_{U_w} und m_{U_e} die mittleren Fehler bezeichnen, die den wahren Fehlern dU_w und dU_e entsprechen; ferner ist der mittlere Fehler $m_\alpha \sin p$ und m_p gleich m^* gesetzt.

Ist der Weststern an n_w und der Oststern an n_e Fäden oder Kontakten beobachtet, so wird

$$m_{U_w}^2 \sin^2 z_w \cos^2 \Phi = \frac{1}{n_w}\left(a_0^2 \sin^2 z_w \cos^2 \Phi + \frac{b_0^2}{V^2}\right),$$
$$m_{U_e}^2 \sin^2 z_e \cos^2 \Phi = \frac{1}{n_e}\left(a_0^2 \sin^2 z_e \cos^2 \Phi + \frac{b_0^2}{V^2}\right).$$

Sind die beiden Sterne in gleichen Zenitdistanzen und an gleich viel Fäden oder Kontakten beobachtet worden, so sind die rechten Seiten dieser Ausdrücke gleich groß. Sind die Zenitdistanzen nicht gleich groß, so nehmen wir an, es seien die Zahlen n_w und n_e so gewählt worden, daß die rechten Seiten einander gleich werden; ihr gemeinsamer Betrag sei m_0^2. Es wird dann, wenn $m_0^2 + m^{*2} = m^2$ gesetzt wird:

$$m_\Phi^2 = \frac{\sin^2 z_w + \sin^2 z_e}{\sin^2(z_w + z_e)}\, m^2. \qquad (53b)$$

Vergleicht man diesen Ausdruck für den mittleren Fehler m_Φ mit dem mittleren Fehler m_u der Uhrkorrektion, die aus den Durchgängen zweier Sterne durch denselben meridiannahen Vertikal ermittelt wird (vergleiche Seite 83), so ist ersichtlich, daß diese beiden mittleren Fehler in der gleichen Weise von den Zenitdistanzen der beiden Sterne abhängig sind. Den kleinsten Wert nimmt die Funktion

$$F(z_w, z_e) = \frac{\sin^2 z_w + \sin^2 z_e}{\sin^2(z_w + z_e)}$$

an, wenn man $z_w = z_e = 0$ werden läßt, nämlich den Wert

$$F(0, 0) = \frac{1}{2} \; ;$$

es ist also am günstigsten, die Sterne so nahe als möglich beim Zenit zu beobachten. Beobachtet man einen Stern, zum Beispiel den Oststern, in der Zenitdistanz z_e, so erhält man eine größere Genauigkeit, wenn man den Weststern nicht in der Zenitdistanz $z_w = z_e$ beobachtet, sondern in der Zenitdistanz $z_w = z_0$, die so bestimmt wird, daß $F(z_0, z_e)$ einen Minimalwert annimmt; das ist dann der Fall, wenn z_0 auf Grund der Bedingung

$$\operatorname{tg}(z_0 + z_e) = 2 \operatorname{tg} z_e$$

gewählt wird. Zusammengehörige Werte von z_0 und z_e können der kleinen Tabelle auf Seite 85 entnommen werden, in welcher $- z'$ mit z_e zu identifizieren ist. Die Funktion F nimmt dann den Wert

$$F(z_0, z_e) = \frac{1 + \sin^2 z_e}{2}$$

an. Wenn man zum Beispiel zu einem gegebenen Oststern unter zwei verschiedenen Weststernen den zugehörigen Stern wählen kann, so wird man sich für den Stern entscheiden, dessen Zenitdistanz z_w der durch die Bedingung $\operatorname{tg}(z_w + z_e) = 2 \operatorname{tg} z_e$ bestimmten näher liegt.

4. *Vergleichung mit der Horrebow-Talcott-Methode.* Läßt man in der Beziehung (53b) z_e und z_w gegen Null gehen, so nimmt der mittlere Fehler m_φ denselben Wert an, wie in der HORREBOW-TALCOTT-Methode; sein Quadrat ist gleich

$$m_\varphi^2 = \frac{1}{2}\, m^2 = \frac{1}{2}\left(\frac{b_0^2}{n\,V^2} + m^{*2}\right).$$

Das Analogon zur HORREBOW-TALCOTT-Methode würde ein Verfahren bilden, das so nahe Zenitsterne benützt, daß an Stelle von Durchgangsbeobachtungen Pointierungen eines beweglichen Vertikalfadens auf den Stern zur Messung seines Abstandes vom Achsenäquator treten. In der Praxis wird dieses Verfahren dadurch unmöglich gemacht, daß man nicht genügend viel helle Sterne zur Verfügung hat, die bei lotrechter Stellung des Fernrohres durch das Gesichtsfeld gehen. Man muß also bei Durchgangsbeobachtungen in größerer Zenitdistanz bleiben. Der Nachteil, daß man damit einen größeren mittleren Fehler gegenüber der HORREBOW-TALCOTT-Methode in Kauf nehmen muß, wird dadurch behoben, daß man während des Durchganges mehr Einzelbeobachtungen anstellen kann. Während man bei der HORREBOW-TALCOTT-Methode nur drei bis höchstens fünf Pointierungen auf den Stern machen kann, ist es im ersten Vertikal möglich, den Stern vor und nach dem Umlegen an 10 Kontakten mit dem Registriermikrometer zu beobachten. Übrigens besteht hier wieder die Möglichkeit, nach dem Umlegen das von einem Quecksilberhorizont reflektierte Bild des Sternes zu beobachten und dadurch die Verwendung des Niveaus überflüssig zu machen. Die HORREBOW-TALCOTT-Methode wird immer darauf angewiesen sein, die Ungleichheit der Zenitdistanz bei der Beobachtung der beiden Sterne mit Hilfe des Niveaus festzustellen.

5. *Die Beobachtung des gleichen Sternes im Osten und Westen* (Struvesche Methode). Man hat bisher empfohlen, die Polhöhe nicht aus den Durchgängen verschiedener Sterne, sondern aus den Durchgängen des gleichen Sternes durch den Ost- und Westvertikal abzuleiten. Zwischen der Beobachtung des Sternes im Osten und im Westen liegt dann ein großes Zeitintervall; es erreicht in mittleren Breiten, wenn $p - \Phi = 2^0$ ist, schon nahe 3^h. Die Methode der Polhöhenbestimmung mit Hilfe von Vertikaldurchgängen beruht nun aber auf der Voraussetzung, daß sich das Azimut des Instrumentes zwischen der Ost- und Westbeobachtung nicht ändere. Es liegt auf der Hand, daß man um so mehr Grund hat, Azimutänderungen zu befürchten, je größer das Intervall zwischen dem Ost- und Westdurchgang ist. Beobachtet man verschiedene Sterne und wählt sie so aus, daß sie kurz hintereinander beobachtet werden, so besteht weniger Grund, an der Konstanz des Azimutes zu zweifeln. Das ist aber nicht der einzige Vorteil, der mit der Beobachtung verschiedener Sterne verbunden ist. Es ist schon darauf hingewiesen worden, daß man bei verschiedenen Sternen unbedenklich $du_w = du_e$ setzen darf. Wenn man diese Annahme auch im Fall der Beobachtung des gleichen Sternes machen will, so muß der Gang der Uhr sehr genau bekannt sein.

Um allgemein die mittleren Fehler, die in der einen oder andern Methode der Polhöhenbestimmung zu erwarten sind, miteinander zu vergleichen, spezialisieren wir den Ausdruck für den mittleren Fehler m_Φ im Fall der Beobachtung verschiedener Sterne auf die Annahme $z_w = z_e = z$; es wird dann

$$m_\Phi^2 = \frac{1}{2}\sec^2 z\,(m_0^2 + m^{*2}). \tag{54}$$

Um den Ausdruck für m_Φ im Fall der Beobachtung des gleichen Sternes im Osten und im Westen aufzustellen, greifen wir auf den Differentialausdruck (52) zurück und setzen darin

$$da_w = da_e = da; \quad dp_w = dp_e = dp; \quad q_e = -q_w = -q;$$

ferner nehmen wir $du_w = du_e$ an, um diese Methode nicht von vorneherein zu benachteiligen. Es wird dann

$$2\cos z\, d\Phi = \sin z \cos\Phi\,(dU_w - dU_e) + 2\sin q\, dp. \tag{55a}$$

Gehen wir zu den mittleren Fehlern über und nehmen wir für die mittleren
Fehler von $\overline{U}_w$ und $\overline{U}_e$ die gleichen Werte an wie im Fall der Beobachtung verschiedener Sterne, so erhält man, da

$$\sin \Phi = \sin p \sin q$$

ist, den Ausdruck:

$$m_\Phi^2 = \frac{1}{2} \sec^2 z \left(m_0^2 + 2 \frac{\sin^2 \Phi}{\sin^2 p} m^{*2} \right). \tag{55b}$$

Die Ausdrücke (54) und (55b) unterscheiden sich nur durch die Komponente,
welche von der Unsicherheit m^* des Sternortes herrührt. Der Koeffizient von
m^{*2} in (55b) nimmt im allgemeinen wegen $\sin p \sim \sin \Phi$ Werte an, die zwischen
1 und 2 liegen. Der Koeffizient von m^{*2} wird gleich 1, wenn $\Phi = 45^0$ und $p = 90^0$
ist, das heißt, der Stern müßte in der Zenitdistanz $z = 90^0$ beobachtet werden,
was – ganz abgesehen vom ungünstigen Einfluß der Refraktion – schon wegen
des großen Zeitintervalles zwischen der Ost- und Westbeobachtung nicht in
Frage kommt.

Die Beobachtung verschiedener Sterne an Stelle der Beobachtung des
gleichen Sternes im Osten und Westen bietet somit folgende Vorteile:

1. Die Grundvoraussetzung der Methode, das ist die Konstanz des Azimutes
während der Beobachtungen, kann leichter erfüllt werden.

2. Die Unsicherheit des Sternortes beeinflußt die Polhöhe weniger stark.

3. Der Uhrgang muß weniger genau bestimmt werden.

4. Da die Durchgänge in größeren Zenitdistanzen beobachtet werden dürfen, wird die Aufstellung eines gedrängten Beobachtungsprogrammes er-
leichtert.

5. Da sich die Beobachtungen der beiden Sterne unmittelbar folgen, können
auch kurzdauernde Aufhellungen des Himmels ausgenützt werden.

Zusammenstellung der Reduktionsformeln

α_w, p_w und α_e, p_e scheinbarer Ort des im Westen respektive im Osten be-
      obachteten Sternes,

i Erhebung des nördlichen Achsenendes über dem Horizont,

a_N Azimut des nördlichen Achsenendes, positiv von N nach E,

$\varkappa$ halbe Summe der Kontaktbreite und des toten Ganges in Zeitse-
      kunden,

u Uhrkorrektion,

U_i', U_i'' ($i = 1, 2, \ldots n$) die am gleichen Kontakt oder Faden vor und nach dem
      Umlegen beobachtete Durchgangszeit,

$$\overline{U}_i = \frac{1}{2} (U_i' + U_i''), \quad \overline{U} = \frac{1}{n} [\overline{U}_i], \quad \bar{t}_i = \left| \overline{U}_i + u - \alpha \right|,$$

$$m_i'' = 2 \sin^2 \frac{U_i'' - U_i'}{2} / \sin 1'',$$

$$\left.\begin{array}{ll} \mu_N + 12^{\mathrm{h}} & \text{Stundenwinkel} \\ \nu & \text{Poldistanz} \end{array}\right\} \text{ des nördlichen Poles des Achsenäquators.}$$

Bei kleinen Werten von i und a_N ist

$$\mu_N = a_N \sec \Phi, \quad \nu = 90^0 - \Phi.$$

$$dt_i^{\mathrm{sec}} = \operatorname{cosec}(\bar{t}_i \mp \mu_N) \cdot \left(\cos(\bar{t}_i \mp \mu_N) \cdot \frac{m''_i}{15} \pm \varkappa \operatorname{cosec} p \operatorname{cosec} \nu \right) \left\{ \begin{array}{l} *\text{West} \\ *\text{Ost} \end{array} \right.$$

$$dt = \frac{1}{n} [dt_i].$$

Meist genügt es mit

$$\left.\begin{array}{l} \bar{t} = \dfrac{1}{n} [t_i] \\[2mm] \overline{m}'' = \dfrac{1}{n} [m''_i] \end{array}\right\} \text{ zu setzen:}$$

$$dt^{\mathrm{sec}} = \operatorname{cosec}(\bar{t} \mp \mu_N) \cdot \left(\cos(\bar{t} \mp \mu_N) \cdot \frac{\overline{m}''}{15} \pm \varkappa \operatorname{cosec} p \operatorname{cosec} \nu \right) \left\{ \begin{array}{l} *\text{West} \\ *\text{Ost} \end{array} \right.$$

$$t_w = \frac{1}{n} [t_i]_w + dt_w; \quad t_e = \frac{1}{n} [t_i]_e + dt_e;$$

$$t_0 = \frac{1}{2}(t_w + t_e); \quad \Delta t = \frac{1}{2}(t_w - t_e);$$

$$\operatorname{tg}(\Delta t - \mu_N) = \operatorname{cotg} t_0 \, \frac{\sin(p_w - p_e)}{\sin(p_w + p_e)},$$

$$\mu_N = \Delta t - (\Delta t - \mu_N),$$

$$\cos \mu_N \operatorname{tg} \Phi_0 = \operatorname{tg} p_w \cos(t_w - \mu_N) \equiv \operatorname{tg} p_e \cos(t_e + \mu_N),$$

$$\Phi = \Phi_0 - i.$$

Bleibt die Neigung nicht völlig konstant, so kann die Durchgangszeit des einen Sternes auf die beim Durchgang des anderen Sternes vorhandene Neigung mittels der Beziehung (9b) Seite 40, reduziert werden.

<hr>

ERSTES ZAHLENBEISPIEL

Ort: Astronomische Anstalt der Universität Basel in Binningen.

Instrument: Bambergsches Passageninstrument mit unpersönlichem Mikrometer und mit automatischer Nachführung des Fernrohres in Zenitdistanz; Vergrößerung 86fach.

Beobachter: Dr. J. O. FLECKENSTEIN.

Zeit: 26. November 1940.

Im Westen ist α Cyg, im Osten λ Andr an je 11 Kontakten vor und nach dem Umlegen beobachtet worden. Die folgende Tabelle 1 enthält die Werte von $\overline{U}_i$ und von $\vartheta_i = \frac{1}{2}(U''_i - U'_i)$.

Tabelle 1

$\overline{U}_i$	ϑ_i	m_i''	$\overline{U}_i$	ϑ_i	m_i
α Cyg W			λ Andr E		
$22^\mathrm{h}13^\mathrm{m}43\overset{\mathrm{s}}{,}11$	$1^\mathrm{m}39\overset{\mathrm{s}}{,}81$	$5''\!,33$	$22^\mathrm{h}24^\mathrm{m}09\overset{\mathrm{s}}{,}34$	$1^\mathrm{m}56\overset{\mathrm{s}}{,}64$	$7''\!,42$
43,29	34,91	4,91	08,87	50,27	6,03
43,48	29,58	4,38	08,76	43,42	5,83
43,50	24,82	3,92	08,81	37,01	5,13
43,40	18,96	3,40	08,54	30,16	4,42
43,83	14,75	3,05	08,31	23,01	3,77
44,00	09,82	2,65	08,32	16,50	3,19
43,92	04,53	2,27	07,98	10,35	2,70
43,90	0 59,62	1,93	07,94	04,04	2,23
44,20	54,03	1,59	08,36	0 56,06	1,71
44,59	48,21	1,27	08,09	49,68	1,34
Mittel $43\overset{\mathrm{s}}{,}747$		$3''\!,15$	Mittel $08\overset{\mathrm{s}}{,}484$		$3''\!,98$

Es beträgt   die genäherte Uhrkorrektion $u = -\ 30\overset{\mathrm{s}}{,}36$
              die Neigung der Achse $i = +\ \ 0''\!,82$
              (Kontaktbreite + toter Gang) : 2 $\varkappa = +\ \ 0\overset{\mathrm{s}}{,}047$
              das Azimut des Nordendes der Achse $a_N = +\ \ 1\overset{\mathrm{s}}{,}0$

Ferner ist $\Phi = 42^\circ 27' 33''$
und genähert: $\mu_N = a_N \sec \Phi = +\ 1\overset{\mathrm{s}}{,}4$
                   $v = 47^\circ 32' 27''.$

Die Berechnung der Reduktion der Durchgangszeiten auf den Achsenäquator und die Berechnung der Polhöhe ist in den beiden folgenden Tabellen 2 und 3 dargestellt.

Tabelle 2

	α Cyg W	λ Andr E
$\overline{U} = \ldots\ldots\ldots\ldots\ldots\ldots\ldots$	$22^\mathrm{h}13^\mathrm{m}43\overset{\mathrm{s}}{,}747$	$22^\mathrm{h}24^\mathrm{m}08\overset{\mathrm{s}}{,}484$
$u = \ldots\ldots\ldots\ldots\ldots\ldots\ldots$	$-\ 30,36$	$-\ 30,36$
$\overline{U} + u = \ldots\ldots\ldots\ldots\ldots\ldots$	22 13 13,387	22 23 38,124
$\alpha = \ldots\ldots\ldots\ldots\ldots\ldots\ldots$	20 39 24,57	23 34 41,10
$\overline{t} = \ldots\ldots\ldots\ldots\ldots\ldots\ldots$	1 33 48,817	1 11 02,976
$p = \ldots\ldots\ldots\ldots\ldots\ldots\ldots$	$44^\circ 55' 30''\!,90$	$43^\circ 51' 25''\!,67$
$\mp \mu_N = \ldots\ldots\ldots\ldots\ldots\ldots$	$-\ 1\overset{\mathrm{s}}{,}4$	$+\ 1\overset{\mathrm{s}}{,}4$
$\overline{t} \mp \mu_N = \ldots\ldots\ldots\ldots\ldots$	$1^\mathrm{h}33^\mathrm{m}47,4$	$1^\mathrm{h}11^\mathrm{m}04,4$
$\operatorname{cosec} p = \ldots\ldots\ldots\ldots\ldots$	1,416	1,443
$\operatorname{cosec} v = \ldots\ldots\ldots\ldots\ldots$	1,356	1,356
$\operatorname{cosec}(\overline{t} \mp \mu_N) = \ldots\ldots\ldots$	2,513	3,277
$\operatorname{cosec} p \operatorname{cosec} v \operatorname{cosec}(\overline{t} \mp \mu_N) = \ldots$	4,824	6,411
$\operatorname{cotg}(\overline{t} \mp \mu_N) = \ldots\ldots\ldots\ldots$	2,306	3,120
$\dfrac{1}{15}\,\overline{m}'' = \ldots\ldots\ldots\ldots\ldots$	$0\overset{\mathrm{s}}{,}210$	$0\overset{\mathrm{s}}{,}265$
$\operatorname{cotg}(\overline{t} \mp \mu_N)\,\dfrac{\overline{m}''}{15} = \ldots\ldots\ldots$	$+\ 0\overset{\mathrm{s}}{,}484$	$+\ 0\overset{\mathrm{s}}{,}826$
$\pm\,\varkappa \operatorname{cosec} p \operatorname{cosec} v \operatorname{cosec}(\overline{t} \mp \mu_N) = .$	$+\ 0,227$	$-\ 0,301$
$dt = \ldots\ldots\ldots\ldots\ldots\ldots\ldots$	$+\ 0\overset{\mathrm{s}}{,}711$	$+\ 0\overset{\mathrm{s}}{,}525$
$t_w,\ t_e = \ldots\ldots\ldots\ldots\ldots\ldots$	$1^\mathrm{h}33^\mathrm{m}49,53$	$1^\mathrm{h}11^\mathrm{m}03,50$

$$Tabelle\ 3$$

$$t_0 = \tfrac{1}{2}\,(t_w + t_e) = 1^{\mathrm{h}}22^{\mathrm{m}}26\overset{\mathrm{s}}{.}515; \quad p_w + p_e = \quad 88^0 46'56''\!,57$$
$$\Delta t = \tfrac{1}{2}\,(t_w - t_e) = 0\ \ 11\ \ 23{,}015; \quad p_w - p_e = +\ 1\ 04\ 05{,}23$$

$\mathrm{cotg}\ t_0$	$0{,}4247151$	$\Delta t - \mu_N =$	$0^{\mathrm{h}}11^{\mathrm{m}}21\overset{\mathrm{s}}{.}183$
$\sin(p_w - p_e)$	$8{,}2704721$	$\mu_N =$	$+\ 1{,}832$
$\mathrm{cosec}\,(p_w + p_e)$	$0{,}0000981$	$t_w - \mu_N =$	$1^{\mathrm{h}}33^{\mathrm{m}}47\overset{\mathrm{s}}{.}70$
$\mathrm{tg}\,(\Delta t - \mu_N)$	$8{,}6952853$	$t_e + \mu_N =$	$1\ 11\ \ 05{,}33$

$\cos(t_w - \mu_N)$	$9{,}9625665$	$\cos(t_e + \mu_N)$	$9{,}9787636$
$\mathrm{tg}\,p_w$	$9{,}9988668$	$\mathrm{tg}\,p_e$	$9{,}9826699$
$\cos\mu_N\,\mathrm{tg}\,\Phi_0$	$9{,}9614333$	$\cos\mu_N\,\mathrm{tg}\,\Phi_0$	$9{,}9614335$

$$\cos\mu_N = 1;\quad \Phi_0 = 42^0 27'33''\!,54$$
$$-\,i = \quad -\,0''\!,82$$
$$\Phi = 42\ 27\ 32''\!,72$$

ZWEITES ZAHLENBEISPIEL (STRUVESCHE METHODE)

Wird der gleiche Stern nach der Struveschen Methode im Osten und Westen beobachtet, so ergibt sich die Poldistanz Φ nach den folgenden Beziehungen.

Nach der Beziehung (49b) ist wegen $p_e = p_w = p$

$$\Delta t - \mu_N = 0,$$

also

$$\mu_N = \tfrac{1}{2}\,(t_w - t_e).$$

Es wird dann

$$\mathrm{tg}\,\Phi_0 = \mathrm{tg}\,p\,\cos t_0\,\sec\mu_N$$

mit

$$t_0 = \tfrac{1}{2}\,(t_w + t_e),$$

und

$$\Phi = \Phi_0 - i\,\sec\mu_N.$$

Wir entnehmen dem Band 10 der Astronomisch-geodätischen Arbeiten in der Schweiz, Seite 157, die folgenden Daten:

Station: Suchet (Triangulationspunkt erster Ordnung des schweizerischen Dreiecknetzes); $\Phi = 43^0 13'44''$.

Instrument: Repsoldsches Universalinstrument; 72fache Vergrößerung.

Beobachter: Th. Niethammer.

Am 25. Juli 1900 ist der Stern o' sq. Cyg vor und nach dem Umlegen an je 4 Fäden des festen Netzes nach der Aug- und Ohrmethode beobachtet worden. Der scheinbare Ort des Sternes ist:

$$\alpha = 20^{\mathrm{h}}10^{\mathrm{m}}32\overset{\mathrm{s}}{.}79; \quad p = 43^0 33'28''\!,07.$$

In der folgenden Tabelle sind die auf *Sternzeit* reduzierten Durchgangszeiten

$$\bar{U} = \frac{1}{2}\,(U' + U'')$$

und die halben Differenzen

$$\vartheta = \frac{1}{2}\,(U'' - U')$$

zusammengestellt; ferner sind die vor und nach dem Umlegen bestimmten Neigungen i' und i'' angegeben.

Tabelle 1

Faden	Ostdurchgang Okular N–S		Westdurchgang Okular S–N	
	$\bar{U}$	ϑ	$\bar{U}$	ϑ
6	$19^h36^m04\overset{s}{,}85$	$4^m43\overset{s}{,}04$	$20^h44^m57\overset{s}{,}87$	$4^m43\overset{s}{,}44$
5	35 56,59	3 31,30	45 06,77	3 31,34
4	35 50,85	2 22,74	45 11,77	2 23,14
3	35 46,89	1 12,00	45 15,52	1 11,89
	$i' = -\,3''\!,76 \qquad i'' = -\,6''\!,90$		$i' = -\,7''\!,36 \qquad i'' = -\,3''\!,72$	

Tabelle 2

Ostdurchgang				
Faden	6	5	4	3
$\bar{t}_{ie} = \ldots\ldots\quad 0^h34^m\,+$	$27\overset{s}{,}94$	$36\overset{s}{,}20$	$41\overset{s}{,}94$	$45\overset{s}{,}90$
$\frac{1}{2}(\bar{t}_{ie}+t_e) = \ldots\quad 0\ 34\ +$	37,5	41,6	44,5	46,5
$\frac{1}{2}(\bar{t}_{ie}+t_e)+\mu_N = \ldots\ 0\ 34\ +$	36,0	40,1	43,0	45,0
$\bar{t}_{ie}+\mu_N = \ldots\ldots\ 0\ 34\ +$	26,4	34,7	40,4	44,4
$\lg\cosec\left(\frac{1}{2}(\bar{t}_{ie}+t_e)+\mu_N\right) = \ldots$	0,8228	0,8219	0,8213	0,8209
$\lg\cos(\bar{t}_{ie}+\mu_N) = \ldots\ldots$	9,9951	9,9950	9,9950	9,9950
$\lg 2\sin^2\frac{\vartheta}{2}\,/\sin 1'' = \ldots\ldots$	1,6404	1,3866	1,0458	0,4514
$C\lg 15 = \ldots\ldots\ldots$	8,8239			
$\lg dt_{ie} = \ldots\ldots\ldots$	1,2822	1,0274	0,6860	0,0912
Westdurchgang				
$\bar{t}_{iw} = \ldots\ldots\quad 0^h34^m\,+$	$25\overset{s}{,}08$	$33\overset{s}{,}98$	$38\overset{s}{,}98$	$42\overset{s}{,}73$
$\frac{1}{2}(\bar{t}_{iw}+t_w) = \ldots\quad 0\ 34\ +$	34,5	39,0	41,5	43,4
$\frac{1}{2}(\bar{t}_{iw}+t_w)-\mu_N = \ldots\ 0\ 34\ +$	36,0	40,5	43,0	44,9
$\bar{t}_{iw}-\mu_N = \ldots\ldots\ 0\ 34\ +$	26,6	35,5	40,5	44,2
$\lg\cosec\left(\frac{1}{2}(\bar{t}_{iw}+t_w)-\mu_N\right) = \ldots$	0,8230	0,8218	0,8213	0,8209
$\lg\cos(\bar{t}_{iw}-\mu_N) = \ldots\ldots$	9,9951	9,9950	9,9950	9,9950
$\lg 2\sin^2\frac{\vartheta}{2}\,/\sin 1'' = \ldots\ldots$	1,6416	1,3867	1,0482	0,4502
$C\lg 15 = \ldots\ldots\ldots$	8,8239			
$\lg dt_{iw} = \ldots\ldots\ldots$	1,2836	1,0274	0,6884	0,0900
$dt_{ie} = \ldots\ldots\ldots$	$19\overset{s}{,}15$	$10\overset{s}{,}65$	$4\overset{s}{,}85$	$1\overset{s}{,}23$
$dt_{iw} = \ldots\ldots\ldots$	19,21	10,65	4,88	1,23
$t_{ie} = \ldots\ldots\quad 0^h34^m\,+$	47,09	46,85	46,79	47,13
$t_{iw} = \ldots\ldots\quad 0\ 34\ +$	44,29	44,63	43,86	43,96

Die Berechnung der Stundenwinkel t_{ie} und t_{iw} des Durchganges durch den Achsenäquator aus den einzelnen Fadenbeobachtungen ist in Tabelle 2 dargestellt. Der kleinen Zenitdistanzen respektive Stundenwinkel wegen muß dieser Berechnung die genaue Beziehung (51a) zugrunde gelegt werden. Als Näherungswerte der Stundenwinkel t_e und t_w des Durchgangs durch den Achsenäquator und als Näherungswert von μ_N sind angenommen worden

$$\left.\begin{array}{l} t_e = 0^{\mathrm{h}}34^{\mathrm{m}}47{,}^{\mathrm{s}}0 \\ t_w = 0\ \ 34\ \ 44{,}0 \end{array}\right\} \ \mu_N = -\ 1{,}^{\mathrm{s}}50;$$

sie weichen von den damit berechneten Werten

$$\left.\begin{array}{l} t_e = \dfrac{1}{n}\,[t_{ie}] = 0^{\mathrm{h}}34^{\mathrm{m}}46{,}^{\mathrm{s}}96 \\ \qquad\qquad\qquad \pm 0{,}085 \\ t_w = \dfrac{1}{n}\,[t_{iw}] = 0^{\mathrm{h}}34^{\mathrm{m}}44{,}^{\mathrm{s}}18 \\ \qquad\qquad\qquad \pm 0{,}174 \end{array}\right\} \ \mu_N = -\ 1{,}^{\mathrm{s}}38$$

so wenig ab, daß die Rechnung nicht wiederholt zu werden braucht; es ist definitiv

$$\mu_N = \frac{1}{2}\,(t_w - t_e) = \qquad -\ 1{,}^{\mathrm{s}}38,$$

$$t_0 = \frac{1}{2}\,(t_w + t_e) = \quad 0^{\mathrm{h}}34^{\mathrm{m}}45{,}^{\mathrm{s}}57.$$

Es wird somit:

$$\begin{array}{rl} \lg \operatorname{tg} p = & 9{,}978\ 1274 \\ \lg \cos t_0 = & 9{,}994\ 9857 \\ \lg \sec \mu_N = & 0 \\ \hline \lg \operatorname{tg} \varPhi_0 = & 9{,}973\ 1131 \\ \varPhi_0 = & 43^{\circ}13'39{,}''22 \\ -\ i = & +\ 5{,}44 \\ \hline \varPhi = & 43^{\circ}13'44{,}''66 \end{array}$$

i ist das Mittel der vier beobachteten Neigungen.

Die innere Genauigkeit des $\varPhi$-Wertes läßt sich mit Hilfe der Beziehung

$$m_\varPhi = \frac{1}{2}\ \operatorname{tg} z\ \cos \varPhi\ \sqrt{m_{U_e}^2 + m_{U_w}^2}$$

abschätzen; sie folgt aus der Beziehung (55a), wenn darin $dp = 0$ gesetzt wird. Mit den angegebenen mittleren Fehlern der Stundenwinkel t_e und t_w, mit welchen die mittleren Fehler m_{U_e} und m_{U_w} zu identifizieren sind und mit den Werten $\operatorname{tg} z = 0{,}105$ und $\cos \varPhi = 0{,}729$ erhält man in Bogensekunden:

$$m_\varPhi = \pm 15 \cdot 0{,}038\ \sqrt{0{,}^2085 + 0{,}^2174}\ = \pm 0{,}''11.$$

DRITTES ZAHLENBEISPIEL

Beobachtung des direkten Bildes vor dem Umlegen und des von einem Quecksilberhorizont reflektierten Bildes nach dem Umlegen.

Ort: Astronomische Anstalt der Universität Basel in Binningen.
Instrument: Bambergsches Passageninstrument mit mechanischer Nachführung des beweglichen Fadens und automatischer Nachführung des Fernrohres in Zenitdistanz; Vergrößerung 86fach.
Beobachter: Dr. J. O. FLECKENSTEIN.
Datum: 20. Oktober 1945.

Die scheinbaren Rektaszensionen und Poldistanzen der beobachteten Sterne sowie ihre Zenitdistanzen sind in Tabelle 1 aufgeführt; die angegebenen Uhrkorrektionen sind aus den Zeitsignalen der Neuenburger Sternwarte abgeleitet.

Die mittleren Örter der beiden letzten Sterne sind dem Preliminary General Catalogue von Boss entnommen unter Berücksichtigung der systematischen Deklinationsreduktionen auf den Neuen Fundamentalkatalog FK 3, auf welchen sich die Örter der beiden ersten Sterne beziehen. Die kurzperiodischen Mondglieder sind nicht berücksichtigt.

Tabelle 1

Stern	α	p	z	u
β Lyr	$18^\mathrm{h}48^\mathrm{m}03\overset{\mathrm{s}}{,}382$	$56^0 41' 50''\!,33$	$41^0 54'$	$- 24\overset{\mathrm{s}}{,}759$
β Triang	02 06 18,838	55 16 05,83	39 27	$- 24,771$
Boss 746	03 15 20,096	55 58 29,86	40 40	$- 24,801$
λ Cyg	20 45 17,254	53 42 22,06	36 50	$- 24,804$

In der Tabelle 2 sind die mittleren Stundenwinkel $\bar{t}$ mit ihren mittleren Fehlern angegeben; sie beruhen auf je 10 Doppelkontakten:

$$\bar{t} = \overline{U} + u - \alpha;$$

sie enthält ferner die an diesen Stundenwinkeln anzubringenden Reduktionen dt als Summe der beiden Reduktionen dt' und dt'':

$$dt' = \frac{1}{10} \left[\frac{m''}{15} \right] \operatorname{cotg} \bar{t},$$

$$dt'' = \pm\, k \operatorname{cosec} p \operatorname{cosec} v \operatorname{cosec} \bar{t},$$

in welchen einzuführen ist:

$$k = 0\overset{\mathrm{s}}{,}0135,$$
$$v = 90^0 - \Phi = 47^0 32'\!,5.$$

μ_N ist gleich Null angenommen worden.

Tabelle 2

Stern	Okular-folge	$\bar{t}$	m. F.	dt'	dt''	dt	t
β Lyr W	N–S	$3^\mathrm{h}32^\mathrm{m}12\overset{\mathrm{s}}{,}24$	$\pm 0\overset{\mathrm{s}}{,}024$	$+ 0\overset{\mathrm{s}}{,}165$	$+ 0\overset{\mathrm{s}}{,}274$	$+ 0\overset{\mathrm{s}}{,}44$	$3^\mathrm{h}32^\mathrm{m}12\overset{\mathrm{s}}{,}68$
β Triang E	S–N	3 22 30,87	$\pm 0,018$	$+ 0,205$	$- 0,288$	$-0,08$	3 22 30,79
Boss 746 E	N–S	3 27 22,68	$\pm 0,032$	$+ 0,203$	$- 0,281$	$-0,08$	3 27 22,60
λ Cyg W	S–N	3 11 06,58	$\pm 0,036$	$+ 0,278$	$+ 0,306$	$+ 0,58$	3 11 07,16

Zur Berechnung der Polhöhe kombinieren wir die in der gleichen Okularfolge beobachteten Sterne miteinander. Die Berechnung ist in der Tabelle 3, Seite 120, dargestellt.

Die angegebenen mittleren Fehler bringen nur die innere Genauigkeit zum Ausdruck; sie sind mit Hilfe der Beziehung

$$m_\Phi^2 = \frac{\sin^2 z_w \, \sin^2 z_e}{\sin^2 (z_w + z_e)} \, (m_{Uw}^2 + m_{Ue}^2) \cos^2 \Phi$$

berechnet. Als Endwert ist anzunehmen

$$\Phi = 42^0 27' 32''\!,26 \pm 0''\!,13.$$

Tabelle 3

	β Lyr – Boss 746	β Triang –λ Cyg
$t_0 = $	$3^{\mathrm{h}}29^{\mathrm{m}}47\overset{\mathrm{s}}{,}64$	$3^{\mathrm{h}}16^{\mathrm{m}}48\overset{\mathrm{s}}{,}975$
$\Delta t = $	$+ 2\ \ 25,04$	$- 5\ \ 41,815$
$p_w - p_e = $	$+ 0^{\mathrm{o}}43'20\overset{''}{,}47$	$- 1^{\mathrm{o}}33'43\overset{''}{,}77$
$p_w + p_e = $	$112\ 40\ 20,19$	$108\ 58\ 27,89$
cotg t_0	$9,885\,7885$	$9,936\,0385$
$\sin (p_w - p_e)$	$8,100\,6152$	$8,435\,5486_n$
cosec $(p_w + p_e)$	$0,034\,9284$	$0,024\,2632$
tg $(\Delta t - \mu_N)$	$8,021\,3321$	$8,395\,8503_n$
$\Delta t - \mu_N = $	$+ 2^{\mathrm{m}}24\overset{\mathrm{s}}{,}43$	$- 5^{\mathrm{m}}42\overset{\mathrm{s}}{,}054$
$\mu_N = $	$+\ \ \ \ 0,61$	$+\ \ \ \ 0,24$
$t_w - \mu_N = $	$3^{\mathrm{h}}32^{\mathrm{m}}12\overset{\mathrm{s}}{,}07$	$3^{\mathrm{h}}11^{\mathrm{m}}06\overset{\mathrm{s}}{,}92$
$t_e + \mu_N = $	$3\ 27\ \ 23,21$	$3\ 22\ \ 31,03$
tg p_w	$0,182\,4714$	$0,134\,0624$
$\cos (t_w - \mu_N)$	$9,778\,9565$	$9,827\,3656$
tg Φ_0	$9,961\,4279$	$9,961\,4280$
tg p_e	$0,170\,6033$	$0,159\,1088$
$\cos (t_e + \mu_N)$	$9,790\,8251$	$9,802\,3189$
tg Φ_0	$9,961\,4284$	$9,961\,4277$
$\Phi = \Phi_0 \pm \varkappa_0 = $	$42^{\mathrm{o}}27'32\overset{''}{,}31$	$42^{\mathrm{o}}27'32\overset{''}{,}20$
	$\pm 0,19$	$\pm 0,18$

V. KAPITEL

Die Bestimmung des Azimutes eines irdischen Objektes

1. *Allgemeine Bemerkungen.* In astronomisch-geodätischen Untersuchungen ist die genaue Kenntnis des Azimutes eines irdischen Objektes von besonderer Wichtigkeit. Das Verfahren, das bisher am häufigsten zur Azimutbestimmung verwendet worden ist, besteht darin, daß man den Horizontalwinkel zwischen der Richtung nach dem Polarstern und der Objektrichtung mit einem Universalinstrument mißt und das Azimut des Polarsternes aus der Sternzeit, zu welcher er eingestellt worden ist, in Verbindung mit seinem scheinbaren Ort ermittelt. Dieses Verfahren kann man als *indirekte Methode der Azimutbestimmung* bezeichnen und ihm als *direkte Methode* das Verfahren gegenüberstellen, das den Vertikal des Instrumentes, in welchem man den Durchgang eines Gestirnes beobachtet, sehr nahe zusammenfallen läßt mit dem Objektvertikal; es fällt dann eine eigentliche Winkelmessung weg; eine kleine Abweichung des Instrumentenvertikals vom Objektvertikal kann durch mikrometrische Messung überbrückt werden[7].)

Beobachtet man nicht nur den Durchgang eines einzelnen Sternes, sondern die Durchgänge mehrerer Sterne in verschiedenen Zenitdistanzen, so ist es zur Ermittlung des Instrumentenazimutes nicht nötig, daß man sowohl die Uhrkorrektion als die Polhöhe des Beobachtungsortes kennt wie bei der indirekten Methode; die eine dieser beiden Größen kann immer aus den beobachteten Durchgangszeiten neben dem Azimut berechnet werden, wenn die andere bekannt ist. Wir beantworten zunächst die Frage, wann das eine oder andere der beiden möglichen direkten Verfahren von fehlertheoretischen Gesichtspunkten aus zu wählen sei.

2. *Die mittleren Fehler des Azimutes in den direkten Methoden.* Im Differentialausdruck (12a) des Kotangentensatzes führen wir zur Abkürzung ein

$$dt = dU + du - d\alpha,$$
$$df = \cos q \sin p \, dU,$$
$$df^* = \cos q \sin p \, d\alpha + \sin q \, dp$$

und unterscheiden die beiden Sterne durch die Indizes 1 und 2; das Azimut des Sternes 1 sei $a*$, das des Sternes 2 $a* + 180^0$. Man hat dann von den Beziehungen

$$\left.\begin{aligned}
\sin z_1 \, da* &= df_1 - df_1^* + \cos q_1 \sin p_1 \, du + \cos z_1 \sin a* \, d\Phi, \\
\sin z_2 \, da* &= df_2 - df_2^* + \cos q_2 \sin p_2 \, du - \cos z_2 \sin a* \, d\Phi
\end{aligned}\right\} \quad (56)$$

auszugehen und je nachdem, ob man die Polhöhe oder die Uhrkorrektion als bekannt voraussetzt, du oder $d\Phi$ zu eliminieren. Die resultierende Beziehung kann man in eine einfache Form bringen unter Benützung der Gleichungen

$$\sin p_1 \cos q_1 = \cos \Phi \sin z_1 + \sin \Phi \cos z_1 \cos a*,$$
$$\sin p_2 \cos q_2 = \cos \Phi \sin z_2 - \sin \Phi \cos z_2 \cos a*;$$

sie führen zu folgenden Beziehungen:

$$\sin z_2 \sin p_1 \cos q_1 - \sin z_1 \sin p_2 \cos q_2 = \sin \Phi \sin (z_1 + z_2) \cos a*,$$
$$\cos z_2 \sin p_1 \cos q_1 + \cos z_1 \sin p_2 \cos q_2 = \cos \Phi \sin (z_1 + z_2).$$

A. *Elimination von du*. Die Elimination von du führt zu der Beziehung:

$$\begin{aligned}
\sin \Phi \cos a* \sin (z_1 + z_2) \, da* = &- (df_1 - df_1^*) \cos q_2 \sin p_2 \\
&+ (df_2 - df_2^*) \cos q_1 \sin p_1 \\
&- d\Phi \cos \Phi \sin a* \sin (z_1 + z_2).
\end{aligned}$$

Es ist hieraus ersichtlich, daß die Fehler df und $df*$ den kleinsten Einfluß auf das Azimut ausüben, wenn man die Sterne so auswählt, daß sie im Abstand

$$z_1 + z_2 = 90^0$$

durch den Vertikal gehen. Wir gehen unter dieser Annahme von den wahren Fehlern, mit welchen wir die Verbesserungen identifizieren, zu den mittleren Fehlern über. Es entspreche

$$\left.\begin{aligned}
\text{dem wahren Fehler } df_i \text{ der mittlere Fehler } &\quad m_i \\
df_i^* \qquad\qquad\qquad\qquad\qquad &\quad m_i^*
\end{aligned}\right\} \quad (i = 1, 2)$$
$$\begin{aligned}
d\Phi \qquad\qquad\qquad\qquad\qquad &\quad m_\Phi, \\
da* \qquad\qquad\qquad\qquad\qquad &\quad m_a;
\end{aligned}$$

dann wird

$$\begin{aligned}
\sin^2 \Phi \cos^2 a* \, m_a^2 = &(m_1^2 + m_1^{*2}) \cos^2 q_2 \sin^2 p_2 \\
&+ (m_2^2 + m_2^{*2}) \cos^2 q_1 \sin^2 p_1 \\
&+ m_\Phi^2 \cos^2 \Phi \sin^2 a^*.
\end{aligned}$$

Hierin sind m_i und m_i^* $(i = 1, 2)$ auf die mittleren Fehler der darin enthaltenen Komponenten zurückzuführen. Ist der Stern 1 an n_1, der Stern 2 an n_2 Fäden oder Kontakten beobachtet, so wird

$$m_1^2 = \frac{1}{n_1} m_{U_1}^2 \cos^2 q_1 \sin^2 p_1 = \frac{1}{n_1} \left(a_0^2 \cos^2 q_1 \sin^2 p_1 + \frac{b_0^2}{V^2} \right),$$
$$m_2^2 = \frac{1}{n_2} m_{U_2}^2 \cos^2 q_2 \sin^2 p_2 = \frac{1}{n_2} \left(a_0^2 \cos^2 q_2 \sin^2 p_2 + \frac{b_0^2}{V^2} \right).$$

Wir nehmen an, der Beobachter habe die Durchgänge an soviel Fäden oder Kontakten beobachtet, daß

$$m_1^2 = m_2^2 \equiv m_0^2$$

wird. Ferner wird, da

$$m_\alpha \sin p = m_p \equiv m^*$$

ist:

$$m_1^{*2} = m_2^{*2} \equiv m^{*2}.$$

Berücksichtigt man noch, daß wegen $z_1 + z_2 = 90^0$

$$\cos^2 q_1 \sin^2 p_1 + \cos^2 q_2 \sin^2 p_2 = \cos^2 \Phi + \sin^2 \Phi \cos^2 a^*$$

wird, so erhält man

$$m_a^2 = (m_0^2 + m^{*2}) (1 + \cotg^2 \Phi \sec^2 a^*) + m_\Phi^2 \cotg^2 \Phi \, \tg^2 a^*. \qquad (A)$$

Läßt man $a^* = 0$ werden, das heißt beobachtet man im Meridian, so wird

$$m_a^2 = (m_0^2 + m^{*2}) \cosec^2 \Phi$$

in Übereinstimmung mit dem mittleren Fehler des Azimutes in der Meridianzeitbestimmung.

Stellt man die Forderung, daß der von m_Φ herrührende Beitrag zum Gesamtfehler m_a nicht mehr als $\pm 0{,}''05$ betrage, so darf das Azimut, absolut genommen, den Wert $|\, a_0^*, |$ der durch die Bedingung

$$\tg \,|\, a_0^* \,| = \frac{0{,}''05}{m_\Phi} \, \tg \, \Phi$$

bestimmt ist, nicht übersteigen. In mittleren Breiten wird mit $\tg \, \Phi = 1$

$$
\begin{aligned}
a_0^* &= \pm 45^0, \text{ wenn } m_\Phi = \pm 0{,}''05, \\
&= \pm 27^0, \qquad\qquad\quad \pm 0{,}10, \\
&= \pm 14^0, \qquad\qquad\quad \pm 0{,}20.
\end{aligned}
$$

B. *Elimination von $d\Phi$*. Die Elimination von $d\Phi$ aus den Beziehungen (56) führt zu

$$\sin (z_1 + z_2) \, da = + (df_1 - df_1^*) \, \cos z_2 + (df_2 - df_2^*) \, \cos z_1 + du \cos \Phi \sin (z_1 + z_2).$$

Wählt man wieder die Sterne so aus, daß sie im Abstand $z_1 + z_2 = 90^0$ durch den Vertikal gehen und beobachtet sie an soviel Fäden oder Kontakten, daß die df_1 und df_2 entsprechenden mittleren Fehler m_1 und m_2 gleich groß und gleich m_0 werden, so erhält man den folgenden Ausdruck, der den mittleren Fehler m_a mit den mittleren Fehlern m_0 und m^* sowie m_u verbindet:

$$m_a^2 = (m_0^2 + m^{*2}) + m_u^2 \cos^2 \Phi. \qquad (B)$$

Es ist bemerkenswert, daß in diesem Fall sich das Azimut jeder Richtung mit der gleichen Genauigkeit bestimmen läßt.

Vergleichung der beiden direkten Methoden

Bei der Methode A tritt neben dem Instrumentenazimut die Uhrkorrektion und bei der Methode B die Polhöhe als Unbekannte auf. Die bei der Methode B erforderliche Kenntnis der Uhrkorrektion muß man sich an jedem Beobachtungstag durch besondere Beobachtungen verschaffen. Liegt das zu bestimmende Azimut in der Nähe von 90^0 oder 270^0, so kann nur die Methode B verwendet werden. Entfernt sich der Vertikal von der Ost-West-Richtung, so kommt man zu einer Grenze, von welcher an es vorteilhafter ist, die Methode A zu verwenden. Da man bei der Methode B außer den Beobachtungen zur Azimutbestimmung auch Beobachtungen zur Zeitbestimmung ausführen muß, ist die Entscheidung, von welchem Azimutwert an die eine oder andere Methode vorzuziehen sei, von der Antwort auf die Frage abhängig zu machen: Welches Verfahren führt innerhalb einer gegebenen Zeit zur genaueren Kenntnis des Azimutes?

Um diese Frage zu beantworten, nehmen wir an, daß der Beobachter bei der Methode B seine Zeit gleichmäßig auf die zur Azimut- und zur Zeitbestimmung erforderlichen Beobachtungen verteilt. Zu einer vollständigen Zeitbestimmung muß er die Durchgänge zweier Sterne durch denselben Vertikal oder denselben Almukantarat beobachten; dazu braucht er ungefähr gleichviel Zeit wie zur Beobachtung der beiden Sterne, die der Azimutbestimmung dienen sollen. Benützt der Beobachter zur Zeitbestimmung die Zingersche Methode oder beobachtet er den Durchgang zweier zenitnaher Sterne durch den Meridian, so wird der mittlere Fehler m_u der Uhrkorrektion gegeben durch den Ausdruck:

$$m_u^2 = \frac{1}{2}\,(m_0^2 + m^{*2})\,\mathrm{cosec}^2\,\Phi;$$

es wird also

$$m_u^2 \cos^2\Phi = \frac{1}{2}\,(m_0^2 + m^{*2})\,\mathrm{cotg}^2\,\Phi.$$

Diesen Wert führen wir in

$$m_a^2 = (m_0^2 + m^{*2}) + m_u^2 \cos^2\Phi$$

ein, indem wir annehmen, daß man in beiden Beziehungen dem Fehleraggregat $(m_0^2 + m^{*2})$ denselben Wert beilegen dürfe; es wird dann

$$m_a^2 = (m_0^2 + m^{*2})\left(1 + \frac{1}{2}\,\mathrm{cotg}^2\,\Phi\right).$$

Der Beobachter, der das Verfahren A benützt, erhält in derselben Zeit die Durchgänge von zwei Azimutsternpaaren, wenn die Polhöhe als bekannt angenommen wird, so daß er zu deren Bestimmung keine Zeit aufwenden muß; in diesem Fall wird der mittlere Fehler des Azimutes gegeben durch den Ausdruck

$$m_a^2 = \frac{1}{2}\,(m_0^2 + m^{*2})\,(1 + \mathrm{cotg}^2\,\Phi\,\sec^2 a^*) + m_\Phi^2\,\mathrm{cotg}^2\,\Phi\,\mathrm{tg}^2\,a^*,$$

in welchem dem von m_Φ abhängigen Fehlerbetrag nicht der Faktor $\frac{1}{2}$, sondern der Faktor 1 zu geben ist, weil der wahre Fehler $d\Phi$ als konstanter Fehler das aus den beiden Sternpaaren abgeleitete Azimut beeinflußt.

Setzt man die beiden Ausdrücke von m_a^2 einander gleich, so erhält man mit der Abkürzung

$$M = \frac{m_\Phi^2}{m_0^2 + m^{*2}}$$

die Beziehung

$$\frac{1}{2}\left(1 + \operatorname{cotg}^2 \Phi \sec^2 a^*\right) + M \operatorname{cotg}^2 \Phi \operatorname{tg}^2 a^* = 1 + \frac{1}{2} \operatorname{cotg}^2 \Phi.$$

Der Wert $a = a_0$, der diese Beziehung erfüllt, folgt aus

$$\operatorname{tg}^2 a_0 = \frac{\operatorname{tg}^2 \Phi}{1 + 2M}.$$

In der folgenden Tabelle sind die Werte angegeben, die a_0 annimmt in verschiedenen Polhöhen $\varphi = 90^0 - \Phi$, wenn man M die Werte 0, $\frac{1}{2}$, 1 und 2 beilegt.

φ	$M = 0$	$M = \frac{1}{2}$	$M = 1$	$M = 2$
0^0	90^0	90^0	90^0	90^0
15	75	69	65	59
30	60	51	45	38
45	45	35	30	24
60	30	22	18	14
75	15	11	9	7
90	0	0	0	0

Man wird, wenn eine gute Polhöhenbestimmung der Station vorliegt, das Verhältnis von m_Φ^2 zu $(m_0^2 + m^{*2})$ kaum größer als 1 ansetzen müssen. Die Tabelle läßt dann erkennen, daß man in mittleren Breiten bis zu einem Absolutwert $a_0 = 30^0$ bis 35^0 die Methode A anwenden darf, ohne befürchten zu müssen, an Genauigkeit gegenüber der in jedem Azimut verwendbaren Methode B in erheblichem Maß zu verlieren.

3. *Vergleichung der indirekten Methode der Azimutbestimmung mit den direkten Methoden.* Mißt man den Horizontalwinkel zwischen dem Polarstern und einem irdischen Objekt, so stellt man den Polarstern am Mittelfaden ein; das hat zur Folge, daß man zur Elimination des Einflusses der Kollimation zwei Messungen hintereinander in zwei um 180^0 verschiedenen Lagen des Instrumentes machen muß. Sind dU_1' und dU_2'' die Fehler der Uhrzeiten der beiden Messungen, so ist der von diesen Fehlern herrührende Beitrag im arithmetischen Mittel der beiden Azimutwerte gleich

$$df_1 = \cos q \sin p \, \frac{dU_1' + dU_1''}{2}.$$

Einer jeden solchen Doppelmessung ordnen wir eine zweite zu, die der Beobachter 12^{h} später vornimmt, zur Zeit, da sich der Polarstern an der diametralen Stelle seiner Bahn befindet. Da sich die parallaktischen Winkel an diametralen Stellen der Bahn nahe um 180^{0} unterscheiden, ist jetzt ein Betrag df_2 in Rechnung zu stellen, der gleich

$$df_2 = - \cos q \sin p \, \frac{dU_2' + dU_2''}{2}$$

ist. Im Mittel aus zwei solchen Doppelmessungen hebt sich der Einfluß der Unsicherheit des Polarisortes, da

$$df_1^* = \cos q \sin p \, d\alpha + \sin q \, dp = - df_2^*$$

ist, wie auch der Einfluß des Fehlers $d\Phi$, weil in zwei zum Meridian symmetrischen Azimutrichtungen $\sin a_1^*$ gleich $- \sin a_2^*$ ist. Der Fehler der Uhrkorrektion geht mit dem Betrag $\frac{1}{2} (du_1 - du_2)$ in das Mittel von zwei solchen Doppelmessungen ein.

Ist nun $d\bar{a}$ die Verbesserung, die am Mittel der vier Einzelwerte des Azimutes, die aus zwei solchen Doppelmessungen hervorgehen, wegen der Fehler dU und du anzubringen ist, und führt man an Stelle der einzelnen Zenitdistanzen den Mittelwert Φ ein, so erhält man die Beziehung

$$\sin \Phi \, d\bar{a} = \cos q \sin p \left(\frac{dU_1' + dU_1'' - dU_2 - dU_2''}{4} + \frac{du_1 - du_2}{2} \right).$$

Die Fehler du dürfen als klein gegenüber den Fehlern dU angenommen werden, wenn gute Zeitbestimmungen neben den Azimutbestimmungen gemacht werden und wenn man nicht mit starken Gangschwankungen der Beobachtungsuhr rechnen muß. Wir vernachlässigen die von den Fehlern der Uhrkorrektion abhängigen Glieder. Geht man nun zu den mittleren Fehlern über, so erhält man den Ausdruck:

$$m_{\bar{a}}^2 = \cos^2 q \sin^2 p \cdot \frac{m_U^2}{4} \operatorname{cosec}^2 \Phi.$$

Hierin führen wir ein

$$\cos^2 q \sin^2 p \cdot m_U^2 = a_0^2 \cos^2 q \sin^2 p + \frac{b_0^2}{V^2}.$$

Da a_0 und b_0/V von gleicher Größenordnung sind, ist das erste Glied rechter Hand wegen des Faktors $\sin^2 p$ immer klein gegenüber dem zweiten, so daß es genügt, zu setzen:

$$m_{\bar{a}}^2 = \frac{1}{4} \frac{b_0^2}{V^2} \operatorname{cosec}^2 \Phi + \cdots. \tag{57}$$

Diesen mittleren Fehler des Azimutes der indirekten Methode vergleichen wir mit dem mittleren Fehler des Azimutes, das nach dem direkten Verfahren B ermittelt wird. Zu jeder Polariseinstellung gehört beim indirekten Verfahren eine Messung des Winkels Polaris–Objekt. Wenn man in Betracht zieht, daß neben den Beobachtungen zur Azimutbestimmung auch Beobachtungen zur Zeitbestimmung gemacht werden müssen und daß die Winkelmessungen erheblich mehr Zeit beanspruchen als der mikrometrische Anschluß des Objektvertikales beim direkten Verfahren, so wird man den Zeitbedarf, den die Durchführung von zwei Doppelmessungen der indirekten Methode erfordert, nicht kleiner ansetzen dürfen als das Zeitintervall, in dem bei der direkten Methode B ein Sternpaar einschließlich des mikrometrischen Anschlusses und ein Zeitbestimmungssternpaar beobachtet werden kann. Dann ist dem mittleren Fehler $m_{\bar{a}}$ der Beziehung (57) der folgende mittlere Fehler der direkten Methode B gegenüberzustellen:

$$m_a^2 = (m_0^2 + m^{*2}) \left(1 + \frac{1}{2} \cotg^2 \Phi \right).$$

Den Einfluß der Unsicherheit des Sternortes eliminiert man bei der direkten Methode dadurch, daß eine größere Zahl von verschiedenen Sternpaaren beobachtet wird. Wir nehmen diese Zahl so groß an, daß im Endmittel aller Azimutwerte kein merklicher Einfluß dieser Fehlerquelle vorhanden ist, so daß der durch die Beziehung

$$m_a^2 = m_0^2 \left(1 + \frac{1}{2} \cotg^2 \Phi \right)$$

gegebene mittlere Fehler des direkten Verfahrens mit dem mittleren Fehler der Beziehung (57) zu vergleichen ist. Erfahrungsgemäß darf man in der Beziehung

$$m_0^2 = \frac{1}{2n} \left(a_0^2 \cos^2 q \sin^2 p + \frac{b_0^2}{V^2} \right)$$

die Konstanten a_0 und b_0 bis zu hohen Deklinationen verwenden zur Berechnung des mittleren Fehlers der Durchgangszeit. Ob speziell die Konstante b_0 für Durchgangsbeobachtungen und Einstellungen des Polarsternes gleich groß anzunehmen ist wie bei weniger polnahem Stern, mag zweifelhaft erscheinen; doch kann die Abweichung nicht groß sein, so daß die Berücksichtigung der wahren Werte von b_0 das Resultat, zu dem die Annahme der Gleichheit führt, nicht wesentlich ändern kann. Die mittleren Fehler der Azimute, welche die beiden Methoden liefern, werden demnach gleich groß unter der folgenden Bedingung:

$$\frac{1}{4} \frac{b_0^2}{V^2} \cosec^2 \Phi = \frac{1}{2n} \left(a_0 \cos^2 q \sin^2 p + \frac{b_0^2}{V^2} \right) \left(1 + \frac{1}{2} \cotg^2 \Phi \right).$$

Da die direkte Methode B das Azimut jeder beliebigen Richtung mit der gleichen Genauigkeit zu bestimmen erlaubt, lassen wir den Instrumentenvertikal mit dem ersten Vertikal zusammenfallen. Ferner nehmen wir an, es seien die beiden Azimutsterne, die im Abstand von 90° durch den Vertikal gehen, so gewählt worden, daß sie symmetrisch zum Zenit durch den Vertikal gehen; es ist dann wegen $z = 45^0$:

$$\cos^2 q \sin^2 p = \sin^2 z \cos^2 \Phi = \frac{1}{2} \cos^2 \Phi,$$

so daß sich die obige Bedingung in der folgenden Form schreiben läßt:

$$2\,n = \frac{2\,V^2}{b_0^2} \left(\frac{1}{2}\,a_0^2 \cos^2 \Phi + \frac{b_0^2}{V^2} \right) (1 + \sin^2 \Phi);$$

unter der Annahme, daß die Vergrößerung V so gewählt werde, daß

$$\frac{V a_0}{b_0} = 1$$

ist, erhält man schließlich:

$$2\,n = (2 + \cos^2 \Phi)\ (2 - \cos^2 \Phi) = 4 - \cos^4 \Phi.$$

Es wird somit $2\,n = 3$ für $\Phi = 0^0$ und $2\,n = 4$ für $\Phi = 90^0$, das heißt, beobachtet man in der direkten Azimutbestimmung B die Durchgänge der Sterne insgesamt an $2\,n$, das heißt an 3 bis 4 Fäden, so erhält man das Azimut des Instrumentenvertikales mit derselben Genauigkeit wie in der indirekten Bestimmung. Gewöhnlich beobachtet man die Durchgänge an 10 Fäden oder an 20 Kontakten. Berücksichtigt man noch, daß die Winkelmessung der indirekten Methode erheblich ungenauer ist als der mikrometrische Anschluß der direkten Methode, so wird die Überlegenheit der direkten Methode über die indirekte offensichtlich.

Daß auch die Methode A der direkten Bestimmung innerhalb des Azimutbereiches, in dem sie angewendet werden kann, der indirekten Bestimmung überlegen ist, braucht keinen besonderen Nachweis, da die direkten Methoden A und B gleichwertig sind.

Werden die Sterndurchgänge durch die Fäden eines Netzes mit einem Handtaster auf dem Chronographen registriert, so kann der Beobachter die in Zenitdistanz erforderliche Nachführung des Fernrohres selbst übernehmen, da er eine Hand frei hat. Wird das unpersönliche Mikrometer zur Beobachtung der Durchgänge benützt, so ist es in größerer Entfernung vom Meridian notwendig, das Fernrohr dem Stern automatisch nachfolgen zu lassen, wozu die Seite 29/30 beschriebene Vorrichtung dienen kann.

4. *Die Reduktionsformeln der direkten Methode.* Wir betrachten den Fall, daß die Uhrzeit U_1 des Durchganges des Südsternes und die Uhrzeit U_2 des Durchganges des Nordsternes durch den Instrumentenvertikal bekannt sei; diese Zeiten sind aus den Faden- oder Kontaktbeobachtungen mit Hilfe der Beziehungen (6) und (9) abzuleiten. Den Fall, daß der Nordstern in der Nähe der größten Digression beobachtet werde, können wir auf den Fall, daß die Zeit des Durchganges durch den Instrumentenvertikal gegeben sei, zurückführen.

Um den Instrumentenvertikal gegenüber dem Pol P des Äquators festzulegen, fällen wir das Lot von P auf den Vertikal und geben die Poldistanz p_0 des Fußpunktes dieses Lotes an. Ist p_0 bekannt, so ist die Aufgabe der Azimutbestimmung grundsätzlich gelöst, da jetzt die Lage des Zenites auf dem Instrumentenvertikal und damit die Lage des Meridianes durch ein rechtwinkliges Dreieck, von dem zwei Stücke bekannt sind, gegeben ist; die beiden Stücke sind p_0 und die Poldistanz Φ des Zenites im direkten Verfahren A und p_0 und der Stundenwinkel des von P aus gefällten Lotes im direkten Verfahren B.

Die Länge p_0 und die Differenz des Stundenwinkels t_0 des Lotes gegenüber dem Stundenwinkel t_1 oder t_2 lassen sich aus den gegebenen Größen in folgender Weise ermitteln. Wir setzen zur Abkürzung

$$t_1 - t_0 = t_{10},$$
$$t_2 - t_0 = t_{20}.$$

Eliminiert man aus den Beziehungen

$$\cos t_{10} = \cotg p_1 \, \tg p_0,$$
$$\cos t_{20} = \cotg p_2 \, \tg p_0,$$

$\tg p_0$ und setzt dann

$$t_{20} = t_{10} - (t_1 - t_2) = t_{10} - t_{12},$$

so erhält man eine Beziehung mit t_{10} als einziger Unbekannten; sie lautet

$$\cotg t_{10} = \frac{\cotg p_1 \, \tg p_2 \, \sin t_{12}}{1 - \cotg p_1 \, \tg p_2 \, \cos t_{12}}. \tag{58}$$

Es folgt dann p_0 aus der Beziehung

$$\tg p_0 = \cos t_{10} \, \tg p_1 \equiv \cos t_{20} \, \tg p_2 \tag{59}$$

mit

$$t_{20} = t_{10} - t_{12}$$

und

$$t_{12} = (U_1 - U_2) - (\alpha_1 - \alpha_2).$$

Im direkten Verfahren A, wo die Polhöhe bekannt ist, führt jetzt die Beziehung

$$\sin a = \sin p_0 \, \cosec \Phi \tag{60}$$

zur Kenntnis des Azimutes a des Instrumentenvertikals. Daß man a aus der Sinusfunktion ermitteln muß, bedeutet keine Beeinträchtigung der Rechnungsgenauigkeit, da man das Verfahren A nur anwenden darf, wenn die Absolutwerte des Azimutes erheblich unterhalb 45° liegen.

Im direkten Verfahren B, wo die Uhrkorrektion bekannt ist, leitet man zuerst den Stundenwinkel t_0 ab:

$$t_0 = t_1 - t_{10} = (U_1 + u - a_1) - t_{10}$$
$$= t_2 - t_{20} = (U_2 + u - a_2) - t_{20};$$

damit erhält man den Wert der Unbekannten Φ:

$$\operatorname{tg}\Phi = \operatorname{tg} p_0 \sec t_0 \qquad (61)$$

und schließlich das Azimut a aus:

$$\operatorname{tg} a = -\operatorname{cotg} t_0 \sec \Phi. \qquad (62)$$

Der Einfluß der *täglichen Aberration* kann leicht nachträglich angebracht werden, so daß es nicht nötig ist, die Ephemeridenörter wegen der täglichen Aberration zu korrigieren. Setzt man in

$$df^* = \cos q \sin p \, d\alpha + \sin q \, dp$$
$$\sin p \, d\alpha = + 0{,}''322 \sin \Phi \cos t,$$
$$dp = - 0{,}322 \sin \Phi \sin t \cos p,$$

so erhält man

$$df^* = 0{,}''322 \sin \Phi \cos a.$$

Die am Azimut wegen der täglichen Aberration anzubringende Verbesserung δa folgt aus den Beziehungen

$$\left.\begin{array}{l} \sin z_1 \, \delta a = - 0{,}''322 \sin \Phi \cos a + \cos q_1 \sin p_1 \, du + \cos z_1 \sin a \, d\Phi, \\ \sin z_2 \, \delta a = + 0{,}322 \sin \Phi \cos a + \cos q_2 \sin p_2 \, du - \cos z_2 \sin a \, d\Phi, \end{array}\right\} \quad (63)$$

indem man in der Methode A $d\Phi = 0$ setzt und du eliminiert, in der Methode B $du = 0$ setzt und $d\Phi$ eliminiert; a ist das Azimut des Sternes (α_1, p_1).

Die Elimination von du führt zur Beziehung

$$\delta a = + 0{,}''322 \cos \Phi \, \frac{\sin z_1 + \sin z_2}{\sin (z_1 + z_2)}, \qquad (64)$$

die Elimination von $d\Phi$ zur Beziehung

$$\delta a = - 0{,}''322 \sin \Phi \cos a \, \frac{\cos z_1 - \cos z_2}{\sin (z_1 + z_2)}. \qquad (65)$$

Beobachtung eines polnahen Sternes oder eines Sternes
in der Nähe der größten Digression

Hat der im Norden beobachtete Stern eine sehr kleine Poldistanz oder befindet er sich in der Nähe der größten Digression, so stellt man den beweglichen Faden in beiden Lagen auf den Stern ein und leitet nach der Beziehung (8b), Seite 38, den zur mittleren Uhrzeit $\overline{U}$ gehörigen Abstand $\overline{f}$ des Sternes vom Achsenäquator ab. Setzt man

$$F = \overline{f} + i \cos z,$$

so ist $90^0 + F$ bis auf kleine Größen höherer Ordnung der Abstand des Ortes $\overline{S}$ zur Zeit $\overline{U}$ vom Pol Q_0 des Instrumentenvertikales; es ist also

$$- \sin F = -\cos p \cos v + \sin p \sin v \cos (\mu - \overline{t}).$$

Schneidet der Deklinationskreis $P\overline{S}$ den Instrumentenvertikal im Punkte $\overline{S}'$ und setzt man $P\overline{S}' = p'$, so ist

$$0 = \cos p' \cos v + \sin p' \sin v \cos (\mu - \bar{t}).$$

Aus der Differenz dieser beiden Beziehungen erhält man mit

$$\bar{p} = \frac{1}{2} (p + p')$$

leicht:

$$2 \sin \frac{p' - p}{2} = - \sin F \, / \, \big(\cos v \sin \bar{p} - \sin v \cos \bar{p} \cos (\mu - \bar{t}) \big). \tag{66}$$

Man wird meist p auf p' umrechnen können mit Hilfe der Beziehung

$$p' - p = - F \, / \, \big(\cos v \sin p - \sin v \cos p \cos (\mu - \bar{t}) \big);$$

sie läßt sich wegen der Näherungsbeziehung

$$\sin q = \cos v \sin p - \sin v \cos p \cos (\mu - \bar{t})$$

in der Form

$$p' = p - F \operatorname{cosec} q$$

schreiben. Einen ausreichend genauen Wert von q erhält man meist schon aus

$$\sin q = \sin \Phi \sin \bar{t} \operatorname{cosec} z.$$

Mit dem Wert von p' an Stelle des Wertes von p für den Nordstern darf man jetzt die abgeleiteten Reduktionsformeln zur Berechnung des Instrumentenazimutes benützen.

5. *Ermittlung der Unbekannten in den beiden direkten Verfahren durch eine Ausgleichung.* Hat man nicht nur je *einen* Stern zu beiden Seiten des Zenites beobachtet, sondern eine Reihe von Sternen, so wird man, insofern man sich auf die Konstanz des Instrumentenazimutes verlassen kann, die Unbekannten aus der Gesamtheit der Beobachtungen nach den Vorschriften der Ausgleichungsrechnung ermitteln. Um die zur Ausgleichung erforderlichen linearen Beziehungen aufzustellen, führen wir Näherungswerte der Unbekannten ein und berechnen deren Verbesserungen; wir setzen

$$u = u_0 + du,$$
$$\Phi = \Phi_0 + d\Phi$$

und berechnen die zu den Näherungswerten u_0 und Φ_0 gehörigen Azimutwerte a_i aus der Beziehung

$$\operatorname{tg} a_i = \frac{\operatorname{tg} p_i \operatorname{cosec} \Phi_0 \sin (U_i + u_0 - \alpha_i)}{1 - \operatorname{tg} p_i \operatorname{cotg} \Phi_0 \cos (U_i + u_0 - \alpha_i)} \qquad (i = 1, 2, \ldots, n).$$

An den Werten a_i hat man eine Verbesserung da_i anzubringen, durch die sie in die wahren Werte des Azimutes a des Instrumentenvertikales im Süden oder des Azimutes $a + 180°$ im Norden übergeführt werden; diese Verbesserungen da_i werden durch die Beziehungen

$$\sin z_i\, da_i = -\sin q_i\, dp_i + \cos q_i \sin p_i\, d(U_i + u - \alpha_i) + \cos z_i \sin a_i\, d\Phi$$

gegeben, in welchen zu setzen ist:

$$da_i = a - a_i.$$

Führt man auch einen Näherungswert a_0 des wahren Azimutwertes a ein:

$$a = a_0 + da$$

und setzt in

$$da_i = da - (a_i - a_0)$$
$$a_i - a_0 = l_i,$$

so lauten die linearen Beziehungen, durch welche die gesuchten Verbesserungen der Unbekannten mit den fingierten Beobachtungsgrößen l_i und mit den wahren Fehlern dU_i, $d\alpha_i$ und dp_i verbunden werden:

$$\sin z_i\, da - \cos q_i \sin p_i\, du - \cos z_i \sin a_i\, d\Phi = \qquad\qquad (67)$$
$$= l_i \sin z_i + \cos q_i \sin p_i\, d(U_i - \alpha_i) - \sin q_i\, dp_i.$$

Setzt man hierin

$$a_i = a \quad\text{oder}\quad a_i = a + 180°,$$

je nachdem der Stern im Süden oder im Norden beobachtet wird, und berücksichtigt die Beziehung

$$\cos q_i \sin p_i = \cos \Phi \sin z_i \pm \sin \Phi \cos z_i \cos a \quad \left\{ \begin{array}{l} *\,\text{Süd,} \\ *\,\text{Nord,} \end{array} \right.$$

so nimmt die linke Seite die Form an:

$$\sin z_i\, da - (\cos \Phi \sin z_i \pm \sin \Phi \cos z_i \cos a)\, du \mp \cos z_i \sin a\, d\Phi$$
$$\equiv \sin z_i (da - \cos \Phi\, du) \mp \cos z_i (du \sin \Phi \cos a + d\Phi \sin a).$$

Führt man zur Abkürzung ein:

$$\left. \begin{array}{l} x = da - du \cos \Phi, \\ y = du \sin \Phi \cos a + d\Phi \sin a, \end{array} \right\} \quad (68)$$
$$\varepsilon_i \sin z_i = \cos q_i \sin p_i\, dU_i - (\cos q_i \sin p_i\, d\alpha_i + \sin q_i\, dp_i),$$

so nehmen die gesuchten linearen Beziehungen die Form an:

$$x \mp y \cotg z_i = l_i + \varepsilon_i \quad \left\{ \begin{array}{l} *\,\text{Süd,} \\ *\,\text{Nord,} \end{array} \right.$$

in welcher den fingierten Beobachtungsgrößen l_i die wahren Fehler ε_i zuzuschreiben sind.

Um die *Gewichte der fingierten Beobachtungsgrößen l_i* anzugeben, gehen wir von den wahren Fehlern ε_i zu den mittleren Fehlern m_i über; es ist, wenn man vom Fehler der Reduktion auf den Achsenäquator und auf den Instrumentenvertikal absieht:

$$\sin^2 z_i \cdot m_i^2 = \cos^2 q_i \sin^2 p_i \cdot m_{U_i}^2 + m^{*2},$$

also bei $2\,n_i$ Faden- oder Kontaktbeobachtungen:

$$\sin^2 z_i \cdot m_i^2 = \frac{1}{2\,n_i}\left(a_0^2 \cos^2 q_i \sin^2 p_i + \frac{b_0^2}{V^2} \right) + m^{*2}.$$

Wir nehmen an, der Beobachter habe die Zahl $2\,n_i$ der einzelnen Durchgangsbeobachtungen oder die Zahl der Pointierungen so gewählt, daß das erste Glied rechter Hand einen konstanten Wert annimmt; es wird dann

$$\sin^2 z_i \cdot m_i^2 = \text{constans},$$

und die Gewichte g_i, die den Quadraten der mittleren Fehler umgekehrt proportional sind, werden gleich

$$g_i = \text{constans} \cdot \sin^2 z_i.$$

Die auf gleiches Gewicht reduzierten Fehlergleichungen lauten dann mit λ_i als scheinbaren Fehlern an Stelle der wahren Fehler:

$$x \sin z_i \mp y \cos z_i = l_i \sin z_i + \lambda_i \left\{ \begin{array}{l} *\,\text{Süd,} \\ *\,\text{Nord.} \end{array} \right. \tag{69}$$

Sind x und y berechnet, so erhält man im Fall der direkten Methode A die Unbekannten aus den Beziehungen:

$$\begin{aligned} du &= y \cosec \boldsymbol{\Phi}_0 \sec a; & u &= u_0 + du, \\ da &= x + du \cos \boldsymbol{\Phi}; & a &= a_0 + da, \end{aligned}$$

und im Fall der Methode B aus den Beziehungen:

$$\begin{aligned} da &= x; & a &= a_0 + da, \\ d\boldsymbol{\Phi} &= y \cosec a; & \boldsymbol{\Phi} &= \boldsymbol{\Phi}_0 + d\boldsymbol{\Phi}. \end{aligned}$$

Der Einfluß der *täglichen Aberration* kann dadurch berücksichtigt werden, daß die fingierten Beobachtungsgrößen $l_i \sin z_i$ um den Betrag

$$- 0\rlap{.}{''}322 \sin \boldsymbol{\Phi} \cos a^*$$

korrigiert werden.

Die *mittleren Fehler* des Azimutes a, der Uhrkorrektion u oder der Poldistanz $\boldsymbol{\Phi}$ erhält man aus dem mittleren Fehler m der Gewichtseinheit

$$m = \sqrt{\frac{[\lambda\lambda]}{n-2}}$$

in folgender Weise.

Schreibt man die Fehlergleichungen (69) in der Form

$$a'x + b'y = l + \lambda \quad \text{(Gewicht 1)}$$

und die reduzierten Normalgleichungen in der Form

$$[a'a']\,x + [a'b']\,y = [a'l'] \quad \text{oder} \quad x + \alpha_2'y = \chi_1,$$
$$[b'b_1']\,y = [b'l_1'] \qquad\qquad\qquad y = \chi_2,$$

so wird der mittlere Fehler m_F einer Funktion $F = F(x, y)$ gegeben durch den Ausdruck

$$m_F^2 = m^2 \left(\frac{F_1^2}{[a'a']} + \frac{F_{21}^2}{[b'b_1']} \right),$$

worin

$$F_1 = \frac{\partial F}{\partial x}, \quad F_2 = \frac{\partial F}{\partial y}, \quad F_{21} = F_2 - \alpha_2'\,F_1$$

bedeutet.

In der *direkten Methode A* ist

$$da = x + y \cotg \Phi \sec a, \quad F_1 = 1, \quad F_2 = \cotg \Phi \sec a,$$
$$du = \qquad y \cosec \Phi \sec a, \quad F_1 = 0, \quad F_2 = \cosec \Phi \sec a;$$

somit wird

$$m_a^2 = m^2 \left(\frac{1}{[a'a']} + \frac{(\cotg \Phi \sec a - \alpha_2')^2}{[b'b_1']} \right),$$
$$m_u^2 = m^2 \, \frac{(\cosec \Phi \sec a)^2}{[b'b_1']}.$$

In der *direkten Methode B* ist

$$da = x, \qquad\qquad F_1 = 1, \quad F_2 = 0,$$
$$d\Phi = y \cosec a, \quad F_1 = 0, \quad F_2 = \cosec a;$$

somit wird

$$m_a^2 = m^2 \left(\frac{1}{[a'a']} + \frac{\alpha_2'^2}{[b'b_1']} \right),$$
$$m_\Phi^2 = m^2 \, \frac{\cosec^2 a}{[b'b_1']}.$$

Das Azimut des irdischen Objektes

Der bewegliche Vertikalfaden wird in beiden Lagen auf das Objekt eingestellt. Es seien M' und M'' die beiden Ablesungen an der Trommel vor und nach dem Umlegen; es sei $M' > M''$ und der Faden soll sich im Sinn zunehmenden Azimutes bewegen, wenn er von der Stellung der Ablesung M'' zur Stellung der Ablesung M' gebracht wird. Dann ist

$$f = \frac{1}{2}\,(M' - M'') \times \text{Revolutionswert}$$

der Abstand des Objektes vom Achsenäquator, positiv genommen im Sinn zunehmenden Azimutes. Ist Δa der Unterschied «Azimut des Objektes minus Azimut des Instrumentenvertikales» und i die mittlere Neigung der Achse, positiv, wenn das dem Objekt um 90^0 im Azimut vorangehende Achsenende über dem Horizont liegt, so besteht im Dreieck, dessen Eckpunkte dieses Achsenende, das Zenit und das Objekt bilden, die Beziehung

$$\sin f = \sin i \cos z_0 + \cos i \sin z_0 \sin \Delta a,$$

in welcher z_0 die Zenitdistanz des Objektes bedeutet. Mit $\cos i = 1$ und $\sin i = i$ wird

$$\Delta a = (f - i \cos z_0)\,\operatorname{cosec} z_0.$$

Bedeutet a_V das Azimut des in der Richtung des Objektes liegenden Instrumentenvertikales, so wird das Azimut A des Objektes gleich

$$A = a_V + (f - i \cos z_0)\,\operatorname{cosec} z_0.$$

6. *Die Reduktionsformeln der indirekten Methode.* Ist a^* das Azimut des Polarsternes und a_{Obj} das Azimut des Objektes, so wird

$$a_{Obj} = a^* + (a_{Obj} - a^*). \tag{70}$$

Die Differenz $(a_{Obj} - a^*)$ kann auf die Differenz der Kreisablesungen bei den Einstellungen auf das Objekt und auf den Polarstern zurückgeführt werden. Es sei a_0 das Azimut des Instrumentenvertikales bei der Einstellung auf das Objekt und a das Azimut des Instrumentenvertikales bei der Einstellung auf den Polarstern.

Sind A_{Obj} und A^* die Kreisablesungen bei den beiden Einstellungen, so ist

$$a_0 - a = \pm\,(A_{Obj} - A^*),$$

worin das obere oder untere Zeichen zu nehmen ist, je nachdem die Kreislesungen mit wachsendem Azimut zu- oder abnehmen.

Die Differenz $(a_{Obj} - a^*)$ läßt sich auf die Differenz $(a_0 - a)$ zurückführen mit Hilfe der Abstände F_0 und F^* des Objektes respektive des Sternes vom zugehörigen Instrumentenvertikal; es ist

$$\sin (a^* - a) \;= \sin F^* \operatorname{cosec} z^*,$$
$$\sin (a_{Obj} - a_0) = \sin F_0 \operatorname{cosec} z_0$$

oder

$$a^* - a \;= F^* \operatorname{cosec} z^* = (i^* \cos z^* \pm c)\,\operatorname{cosec} z^*,$$
$$a_{Obj} - a_0 = F_0 \operatorname{cosec} z_0 = (i_0 \cos z_0 \pm c)\,\operatorname{cosec} z_0.$$

Hierin sind die Neigungen i^* und i_0 auf das westliche respektive linke Achsenende zu beziehen; c ist die Kollimation. Es wird also

$$a_{Obj} = a^* \pm (A_{Obj} - A^*) + (i_0 \cos z_0 \pm c)\,\operatorname{cosec} z_0 - (i^* \cos z^* \pm c)\,\operatorname{cosec} z^*. \tag{71a}$$

Das von Norden nach Osten genommene Azimut $a_N = a^* - 180^0$ des Polarsterns folgt aus der Beziehung

$$\operatorname{tg} a_N = -\,\frac{\operatorname{tg} p \,\operatorname{cosec} \Phi \sin t}{1 - \operatorname{tg} p \operatorname{cotg} \Phi \cos t}\,. \tag{71b}$$

Wird der scheinbare Ort nicht wegen der täglichen Aberration verbessert, so ist am Azimut des Objektes, das nach der Beziehung (71a) berechnet wird, noch die Verbesserung

$$+ 0{.}{''}322 \sin \Phi \, \mathrm{cosec}\, z^* \cos a_N \sim + 0{.}{''}322 \sin \Phi \, \mathrm{cosec}\, z^*$$

anzubringen, wie sich aus der Beziehung (63, 2), Seite 130, ergibt.

7. *Die Laplacesche Kontrollgleichung*[8]). Es sei (vergleiche Figur 18) Λ die astronomisch bestimmte Länge eines Punktes und Φ die Poldistanz seines Zenites Z. Durch eine trigonometrische Vermessung habe sich in bezug auf denselben Anfangsmeridian als geodätische Länge des Punktes der Wert Λ' und als Poldistanz des geodätischen Zenites Z' der Wert Φ' ergeben. ZO sei der Vertikal eines irdischen Objektes und a dessen Azimut. $Z'O$ bildet dann mit

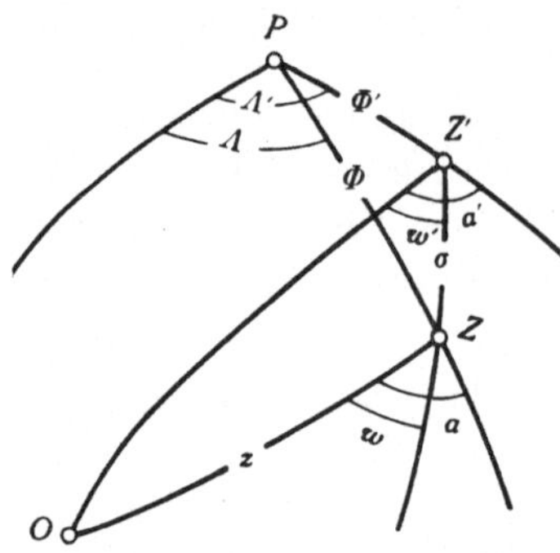

Fig. 18

dem geodätischen Meridian PZ' das geodätische Azimut a'. Da durch die Triangulation die Lage des geodätischen Zenites Z' gegenüber dem astronomischen Zenit Z festgelegt ist, muß zwischen a und a' eine Beziehung bestehen; diese Beziehung, die als Laplacesche Gleichung bekannt ist, kann auf folgendem Weg abgeleitet werden.

Es ist

$$ZZ' = \sigma$$

die Lotablenkung des Zenites. Der Großkreis ZZ' bilde mit dem Vertikal ZO den Winkel w und mit dem geodätischen Vertikal $Z'O$ den Winkel w'. Dann gibt das Dreieck PZZ' die Beziehung:

$$\sin(\Lambda' - \Lambda)\cos\Phi = -\cos(a' - w')\sin(a - w) + \sin(a' - w')\cos(a - w)\cos\sigma,$$

oder, da σ ein kleiner Winkel ist, dessen Cosinus gleich 1 gesetzt werden darf:

$$\sin(\Lambda' - \Lambda)\cos\Phi = \sin\big((a' - a) - (w' - w)\big). \tag{72}$$

Im Dreieck OZZ' ist

$$\mathrm{cotg}\, z \sin\sigma = -\cos\sigma\cos w + \sin w \,\mathrm{cotg}\, w';$$

setzt man hierin $\sin\sigma = \sigma$ und $\cos\sigma = 1$, so erhält man

$$\sigma \sin w' \,\mathrm{cotg}\, z = -\sin(w' - w).$$

Ist $z = 90^0$, das heißt liegt das Objekt im Horizont, so ist $w' - w = 0$; ist z nahe gleich 90^0, so ist $w' - w$ eine kleine Größe höherer Ordnung gegenüber σ und darf in der Beziehung (72) neben $a' - a$ vernachlässigt werden. Man erhält dann, wenn die Sinus der kleinen Winkel durch ihre Argumente ersetzt werden, aus (72):

$$(\Lambda' - \Lambda)\cos\Phi = a' - a$$

oder

$$(a - \Lambda\cos\Phi) - (a' - \Lambda'\cos\Phi) = 0.$$

Das ist die gesuchte Beziehung; sie gestattet, die Lotabweichung $(\Lambda' - \Lambda)$ in Länge auf die Lotabweichung $(a' - a)$ in Azimut zurückzuführen.

Von dieser Möglichkeit macht man heute kaum mehr Gebrauch, da die direkte Bestimmung der Lotabweichung in Länge keine Schwierigkeiten bietet. Die Laplacesche Gleichung wird aber als Kontrollgleichung immer von Bedeutung sein; denn bei fehlerfreien astronomischen und geodätischen Messungen stellt sie eine Bedingungsgleichung dar, die auf jedem Triangulationspunkt, auf dem die Lotabweichungen in Länge und Azimut bestimmt worden sind, erfüllt sein muß.

Führt man die astronomische Länge Λ auf die Differenz der Sternzeiten an der Station und am Ausgangsmeridian zurück:

$$\Lambda = \Theta - \Theta_0,$$

und ersetzt die Sternzeit Θ durch die Uhrzeit U und die Uhrkorrektion u:

$$\Theta = U + u,$$

so erscheinen in der Differenz

$$a - \Lambda \cos \Phi \equiv a - (U + u - \Theta_0) \cos \Phi$$

die aus astronomischen Beobachtungen zu ermittelnden Größen a und u in der Verbindung

$$a - u \cos \Phi,$$

oder, wenn a und u auf die Näherungswerte a_0 und u_0 und deren Verbesserungen da und du zurückgeführt werden, in der Verbindung

$$x = da - du \cos \Phi.$$

Diese lineare Funktion der beiden Verbesserungen da und du tritt aber als Unbekannte auf, wenn aus den Durchgängen von 2 oder mehr Sternen die Lage eines ganz beliebigen Vertikales gegenüber dem Pol des Äquators festgelegt wird.

Sind z_1 und z_2 die Zenitdistanzen zweier Sterne, deren Durchgänge durch einen beliebigen Vertikal beobachtet worden sind, so bestehen zwischen den Unbekannten x und y und den fingierten Beobachtungsgrößen l_1 und l_2 die Beziehungen

$$x - y \cot z_1 = l_1,$$
$$x \mp y \cot z_2 = l_2;$$

in der zweiten Gleichung ist das obere oder untere Zeichen zu nehmen, je nachdem der zweite Stern auf derselben Seite des Zenites beobachtet worden ist wie der erste oder auf der entgegengesetzten Seite. Diese Beziehungen sagen aber aus, daß sich die Unbekannte x bestimmen läßt schon aus der Beobachtung eines *einzelnen* Sternes, wenn sein Durchgang durch den Instrumentenvertikal in der Zenitdistanz $z = 90^0$, das heißt im Horizont, entweder im Azimut a oder im Azimut $a + 180^0$ beobachtet wird.

Praktisch kommt die Wahl $z = 90^0$, wenn man Azimut und Uhrkorrektion nicht getrennt, sondern nur in der Verbindung, in der diese Größen in der Laplaceschen Gleichung vorkommen, ermitteln will, nicht in Frage wegen der großen Luftunruhe, unter der Beobachtungen im Horizont leiden. Beobachtet man in kleineren Zenitdistanzen, so wird zwar die Genauigkeit, mit der x bestimmt wird, kleiner, doch wird der Verlust an Genauigkeit zum Teil kompensiert durch die größere Sicherheit, mit der sich die Durchgänge in kleineren Zenitdistanzen beobachten lassen. Der mittlere Fehler, der in diesem Fall x zuzuschreiben ist, ergibt sich auf folgendem Weg.

Eliminiert man aus den Beziehungen

$$x \sin z_1 - y \cos z_2 = (l_1 + \varepsilon_1) \sin z_1,$$
$$x \sin z_2 + y \cos z_2 = (l_2 + \varepsilon_2) \sin z_2$$

die Unbekannte y, so erhält man den wahren Wert von x aus der Gleichung

$$x \sin (z_1 + z_2) = (l_1 + \varepsilon_1) \sin z_1 \cos z_2 + (l_2 + \varepsilon_2) \sin z_2 \cos z_1,$$

so daß der wahre Fehler ε_x von x gegeben wird durch

$$\varepsilon_x = (\varepsilon_1 \sin z_1 \cdot \cos z_2 + \varepsilon_2 \sin z_2 \cdot \cos z_1) \operatorname{cosec} (z_1 + z_2).$$

Sind m_1 und m_2 die mittleren Fehler, die den wahren Fehlern $\varepsilon_1 \sin z_1$ und $\varepsilon_2 \sin z_2$ entsprechen, so wird der mittlere Fehler m_x gleich:

$$m_x^2 = \frac{m_1^2 \cos^2 z_2 + m_2^2 \cos^2 z_1}{\sin^2 (z_1 + z_2)}. \tag{73}$$

Wir nehmen wieder an, es sei die Zahl der Faden- oder Kontaktbeobachtungen so bemessen worden, daß $m_1^2 = m_2^2 \equiv m^2$ ist; es wird dann

$$m_x^2 = m^2 \frac{\cos^2 z_1 + \cos^2 z_2}{\sin^2 (z_1 + z_2)} \tag{74a}$$

oder, wenn man statt der Zenitdistanzen die Höhen $h = 90^0 - z$ einführt:

$$m_x^2 = m^2 \frac{\sin^2 h_1 + \sin^2 h_2}{\sin^2 (h_1 + h_2)}. \tag{74b}$$

Aus der letzten Form ist ersichtlich, daß m_x^2 von den Höhen der beiden Sterne in derselben Weise abhängig ist wie m_u^2 in der Meridianzeitbestimmung von den Zenitdistanzen oder m_k^2 von den Poldistanzen oder wie m_Φ^2 bei der Bestimmung der Polhöhe aus Durchgängen durch den ersten Vertikal von den Zenitdistanzen. Im besonderen ergibt sich nun:

Den kleinsten Wert nimmt m_x an, wenn man $h_1 = h_2$ gegen Null gehen läßt; es wird dann

$$m_x^2 = \frac{1}{2} m^2;$$

man kann auch h_1 gegen Null und h_2 gegen 180^0 gehen lassen. Die eine oder andere Wahl kommt wegen der ungünstigen atmosphärischen Verhältnisse nicht in Betracht.

Wählt man die beiden Sterne so, daß sie im Vertikal 90^0 Abstand haben, so wird

$$m_x^2 = m^2.$$

Hält man h_2 fest, so nimmt

$$F(h_1, h_2) = \frac{\sin^2 h_1 + \sin^2 h_2}{\sin^2 (h_1 + h_2)}$$

einen Minimalwert an für einen Wert $h_1 = h_0$, der durch die Beziehung

$$\operatorname{tg}(h_0 + h_2) = 2 \operatorname{tg} h_2$$

gegeben wird; es ist dann

$$F(h_0, h_2) = \frac{1}{2}(1 + \sin^2 h_2).$$

Zusammengehörige Werte von h_0, h_2 und $F(h_0, h_2)$ sind:

h_2	90^0	80^0	70^0	60^0	50^0	40^0	$35\overset{0}{.}3$	30^0	20^0	10^0	0^0
h_0	0^0	$5\overset{0}{.}0$	$9\overset{0}{.}7$	$13\overset{0}{.}9$	$17\overset{0}{.}2$	$19\overset{0}{.}2$	$19\overset{0}{.}5$	$19\overset{0}{.}1$	$16\overset{0}{.}1$	$9\overset{0}{.}4$	0^0
$F(h_0, h_2)$	1,00	0,98	0,94	0,88	0,79	0,71	0,67	0,62	0,56	0,52	0,50

Wenn man nicht unter ungünstigen atmosphärischen Verhältnissen beobachten will, so wird man sich auf Sterne beschränken, deren Zenitdistanzen kleiner als 50^0 bis 60^0 bleiben. Der Bereich, aus dem die Sterne zu beiden Seiten des Zenites ausgewählt werden können, ist immer noch so groß, daß leicht ein gedrängtes Beobachtungsprogramm aufgestellt werden kann, ohne daß man auf Sterne greifen müßte, deren Abstand beim Durchgang durch den Vertikal erheblich unter 90^0 sinkt.

ERSTES ZAHLENBEISPIEL

(Direkte Azimutbestimmung nach der Methode A)

Ort: Astronomische Anstalt der Universität Basel in Binningen, Pfeiler der Passagenhütte.

Instrument: Bambergsches Passageninstrument mit unpersönlichem Mikrometer; Vergrößerung 86fach.

Beobachter: Dr. J. O. FLECKENSTEIN.

Zeit: 30. Juni 1941.

Der Stern 9H Drac wurde in der Nähe seiner westlichen größten Digression in beiden Lagen an den Instrumentenvertikal mikrometrisch angeschlossen; unmittelbar darauf wurde der Durchgang des Sternes γ Herc mit dem unpersönlichen Mikrometer beobachtet.

Die Beobachtungsdaten sind nachstehend zusammengestellt.

9H Drac	Okular E		Okular W	
	Uhrzeit U'	Trommelablesung	Uhrzeit U''	Trommelablesung
	$15^{h}25^{m}14^{s}$	$2{,}^{R}990$	$15^{h}27^{m}42^{s}$	$3{,}^{R}970$
	25 56	,980	28 04	,978
	26 08	,968	28 18	,978
	26 20	,964	28 46	,986
Mittel	15 25 56	2,9755	15 28 12,5	6,978
Neigung der Achse: $i = -\,0{,}''60$				

γ Drac	Okular W U'	Okular E U''	$\dfrac{U' + U''}{2}$	$\dfrac{U'' - U'}{2}$	m''
$1{,}^{R}0$	$15^{h}37^{m}32{,}^{s}30$	$39^{m}04{,}^{s}30$	$38^{m}18{,}^{s}30$	$46{,}^{s}00$	$1{,}''15$
1,1	33,30	03,18	,24	44,94	1,10
1,2	34,42	01,80	,11	43,69	1,04
1,3	35,52	39 00,62	,07	42,55	0,99
1,4	36,82	38 59,70	,26	41,44	0,93
1,5	37,82	58,42	,12	40,30	0,88
1,6	39,10	57,10	,10	39,00	0,83
1,7	40,30	56,00	,15	37,85	0,78
1,8	41,52	54,70	,11	36,59	0,73
1,9	42,60	53,60	,10	35,50	0,69
Mittel: $\overline{U} = 15^{h}38^{m}18{,}^{s}156$				$\overline{m}'' = 0{,}''912$	
Neigung der Achse: $i = +\,0{,}''68$					

Das genäherte Azimut des Instrumentenvertikales beträgt

$$a_0 = -\,20^0 50{,}'5.$$

In Verbindung mit $\Phi = 42^0 27' 33{,}''0$ folgen die nachstehenden Werte von μ und ν:

Stern	Achsenende im Azimut	μ	ν
9H Drac	$159^0 + 90^0$	$16^{h}47^{m}15^{s}$	$76^0 06{,}'1$
γ Herc	$-\,21^0 + 90^0$	4 47 15	103 53,9

Der Uhrfehler beträgt angenähert

$$u = -\,1^{m}47{,}^{s}7,$$

der Revolutionswert der Schraube

$$1^{R} = 10{,}^{s}540.$$

Die scheinbaren Örter ohne Korrektion wegen täglicher Aberration sind:

Stern	Rektaszension	Poldistanz	$\sin z$	$\cos z$
9H Drac	$10^{h}30^{m}09{,}^{s}99$	$13^0 59' 07{,}''31$	0,648	0,762
γ Herc	16 19 23,287	70 42 28,68	0,494	0,869

Berechnung des Abstandes F und der Poldistanz p' von $9H$ Drac

Es ist (vergleiche Formel 8a, Seite 38) in

$$\bar{f} = \tfrac{1}{2}\,(f' + f'') - \sin p \,\sin v \,\cos(\mu - \bar{t}) \cdot m''$$

zu setzen

$$p = 13^0 59{,}1; \quad \bar{t} = \overline{U} + u - \alpha = \quad 4^h 55^m 07^s; \quad \tfrac{1}{2}\,\vartheta = 68^s\!,\!25$$

$$v = 76\ 06{,}1; \qquad\qquad \mu = 16\ 57\ 15\ ; \quad m'' = 2\sin^2\frac{\vartheta}{2}\big/ \sin 1'',$$

$$\mu - \bar{t} = 12\ 02\ 08\ ; \qquad = 2''\!,\!54.$$

In Bogensekunden ist

$$\tfrac{1}{2}\,(f' + f'') = \quad 15 \cdot (6{,}9780 - 2{,}9755) \cdot 5{,}270 = 316''\!,\!40$$
$$= \quad 5' 16''\!,\!40$$
$$\sin p \,\sin v \,\cos(\mu - \bar{t}) = -\ 0{,}235$$
$$\bar{f} - \tfrac{1}{2}\,(f' + f'') = +\ 0''\!,\!60$$
$$\bar{f} = 5' 17''\!,\!00$$
$$i \cos z = -\ 0{,}46$$
$$F = 5' 16''\!,\!54.$$

Da

$$\sin q = \sin \Phi \,\sin \bar{t}\,\operatorname{cosec} z = 0{,}999\,98$$

ist, wird genähert

$$p' - p = -\ F \operatorname{cosec} q = -\ 5' 16''\!,\!54$$

und

$$p' = 13^0 53' 50''\!,\!77$$
$$\bar{p} = \tfrac{1}{2}\,(p + p') = 13\ 56\ 29.$$

Die Berechnung nach der Beziehung (66), Seite 131, führt nun zu

$$p' - p = -\ 5' 16''\!,\!41,$$

so daß

$$p' = 13^0 53' 50''\!,\!90$$

wird.

Berechnung der Durchgangszeit von γ Herc durch den Instrumentenvertikal

In der Beziehung (9c), Seite 40:

$$t_0 - \bar{t} = -\ \frac{m''}{15}\,\operatorname{cotg}(\mu - \bar{t}) + (e\,b + i \cos z)\,\operatorname{cosec} p \,\sec q$$

$$\text{mit } \sec q = \operatorname{cosec} v \,\operatorname{cosec}(\mu - \bar{t})$$

ist zu setzen:

$$e = +\ 1$$

und für b, die Summe von halber Kontaktbreite und totem Gang:

$$b = 0^s\!,\!047.$$

Ferner ist

$$\bar{t} = \overline{U} + u - \alpha; \qquad\qquad i = +\ 0''\!,\!68 = +\ 0^s\!,\!045;$$
$$= -\ 0^h 42^m 53^s;$$
$$\mu = +\ 4\ 57\ 15\ ; \frac{1}{15}\,\overline{m}'' = \frac{1}{15}\,0''\!,\!912 = 0^s\!,\!061;$$
$$\mu - \bar{t} = +\ 5\ 40\ 08\ ;$$
$$\operatorname{cotg}(\mu - \bar{t}) = 0{,}087; \qquad \sin(\mu - \bar{t}) = 0{,}996;$$
$$\sin p = 0{,}944; \qquad\qquad \sin v = 0{,}971; \quad \cos z = 0{,}869.$$

Somit wird

$$-\frac{\overline{m}''}{15}\,\mathrm{cotg}\,(\mu-\overline{t}) = \qquad\qquad -0{,}^{\!s}005$$
$$+\,(b+i\cos z)\,\mathrm{cosec}\,p\,\sec q = \qquad +0{,}094$$
$$t_0-i = \qquad +0{,}089$$
$$\overline{U} = 15^{\mathrm h}38^{\mathrm m}18{,}156$$
$$U_0 = 15\ \ 38\ \ 18{,}245$$

Berechnung des Instrumentenazimutes

In den Reduktionsformeln der Methode A:

$$\mathrm{cotg}\,t_{10} = \frac{\mathrm{cotg}\,p_1\,\mathrm{tg}\,p_2\,\sin t_{12}}{1-\mathrm{cotg}\,p_1\,\mathrm{tg}\,p_2\,\cos t_{12}}\,,$$
$$t_{20} = t_{10}-t_{12},$$
$$\mathrm{tg}\,p_0 = \cos t_{10}\,\mathrm{tg}\,p_1 = \cos t_{20}\,\mathrm{tg}\,p_2,$$
$$\sin a = \sin p_0\,\mathrm{cosec}\,\Phi$$

identifizieren wir den Stern 1 mit 9H Drac, den Stern 2 mit γ Herc und setzen

$$U_1 = \ 15^{\mathrm h}27^{\mathrm m}04{,}^{\!s}25;\qquad U_2 = \ 15^{\mathrm h}38^{\mathrm m}18{,}^{\!s}245;\qquad p_1 = \ 13^{0}53'50{,}''90 = p';$$
$$\alpha_1 = \ 10\ \ 30\ \ 09{,}99;\qquad \alpha_2 = \ 16\ \ 19\ \ 23{,}287;\qquad p_2 = \ 70\ \ 42\ \ 28{,}68;$$
$$U_1-\alpha_1 = +\,4\ \ 56\ \ 54{,}26;\quad U_2-\alpha_2 = -\,0\,.41\ \ 05{,}042;\quad t_{12} = +\,5^{\mathrm h}37^{\mathrm m}59{,}^{\!s}30.$$

<table>
<tr><td>

$\mathrm{cotg}\,p_1$ 0,606 551

$\mathrm{tg}\,p_2$ 0,455 884

$\sin t_{12}$ 9,997 994

$\mathrm{cotg}\,p_1\,\mathrm{tg}\,p_2$ 1,062 435

$\cos t_{12}$ 8,981 803

$\mathrm{cotg}\,p_1\,\mathrm{tg}\,p_2\,\cos t_{12} = N$. 0,044 238

$1-N$ . . . . 9,030 327$_n$

$\mathrm{cotg}\,p_1\,\mathrm{tg}\,p_2\,\sin t_{12}$ . . . 1,060 429

$\mathrm{cotg}\,t_{10}$ . . . . 2,030 102$_n$

Reduktion auf den Bogen 4,685 587

$t_{10} = $ . . . . 3,284 311$_n$

</td><td>

$\cos t_{10}$ 9,999 981

$\mathrm{tg}\,p_1$ 9,393 448

$\mathrm{tg}\,p_0$ 9,393 429

$\cos t_{20}$ 8,937 544

$\mathrm{tg}\,p_2$ 0,455 884

$\mathrm{tg}\,p_0$ 9,393 428

$\sin p_0$ 9,380 528

$\sin \Phi$ 9,829 345

$\sin a$ 9,551 183

$a = 180^0 - 20^0 50'28{,}''7$

</td></tr>
</table>

$$t_{10} = -\,0^0 32'04{,}''47 = -\,0^{\mathrm h}02^{\mathrm m}08{,}^{\!s}30$$
$$t_{20} = t_{10}-t_{12} \qquad = -\,5\ \ 40\ \ 07{,}60.$$

Die Korrektion dieses Wertes von a wegen der täglichen Aberration beträgt

$$a = 0{,}''322\,\cos\Phi\,\frac{\sin z_1 + \sin z_2}{\sin(z_1+z_2)}$$
$$= 0{,}''322\cdot 0{,}738\,\frac{0{,}648+0{,}494}{0{,}940} = +\,0{,}''29.$$

Der definitive Wert des Instrumentenazimutes beträgt somit

$$159^0 09'31{,}''6 \text{ respektive } -20^0 50'28{,}''4.$$

Der Uhrfehler u kann mit Hilfe der Formeln der Döllenmethode ermittelt werden; es wird

$$\mathrm{tg}\,x_0 = \frac{\mathrm{tg}\,p_1\,\mathrm{cotg}\,p_2\,\sin t_{12}}{1-\mathrm{tg}\,p_1\,\mathrm{cotg}\,p_2\,\cos t_{12}}$$

und

$$\sin m_0 = \sin x_0\,\mathrm{tg}\,p_2\,\mathrm{cotg}\,\Phi$$
$$u = \alpha_1 - U_1 + x_0 - m_0.$$

Die Zahlenwerte geben:

$$x_0 = \quad 4^0 58' 06''04$$
$$m_0 = \quad 15\ 41\ 15,87$$

$$x_0 - m_0 = -\ 10^0 43' 09''83$$
$$= -\ 0^h 42^m 52^s\!655$$
$$\alpha_1 - U_1 = +\ 0\ 41\ 05,042$$

$$u = -\quad 1\ 47^s\!61$$

––––––

ZWEITES ZAHLENBEISPIEL

(Direkte Azimutbestimmung nach der Methode B)

Ort: Astronomische Anstalt der Universität Basel in Binningen, Pfeiler auf der Dachterrasse.

Objekt: Trigonometrisches Signal des Triangulationspunktes Rämel.

Instrument: Repsoldsches Universalinstrument; 70fache Vergrößerung.

Beobachter: TH. NIETHAMMER.

Datum: 7. Juni 1940.

Während der Dämmerung wurde der Objektvertikal an den Instrumentenvertikal mikrometrisch angeschlossen; es ergab sich:

$$f = -\ 3^s\!276 = -49''\!1.$$

Da die Zenitdistanz des Objektes sehr nahe gleich 90^0 ist, wird

$$\Delta A = (f - i \cos z_0) = -49''\!1.$$

Im Norden wurde der Durchgang des Sternes $\varkappa$ Cyg, im Süden der Durchgang des Sternes β Leo durch je drei Fäden des festen Netzes vor und nach dem Umlegen nach der Aug- und Ohrmethode beobachtet; es haben sich die nachstehenden Mittelwerte von $\overline{U}$ und $\overline{\vartheta}$:

$$\overline{U} = \frac{1}{3}\left[\frac{U_i' + U_i''}{2}\right], \quad \overline{\vartheta} = \frac{1}{3}\left[\frac{U_i'' - U_i'}{2}\right]$$
$$i = 1, 2, 3.$$

ergeben; ferner sind angegeben die Neigungen, sowie die Rektaszensionen und Poldistanzen der beiden Sterne.

	$\varkappa$ Cyg	β Leo
$\overline{U}$	$13^h 27^m 34^s\!58$	$13^h 51^m 58^s\!78$
$\overline{\vartheta}$	124,2	55,5
Neigung i	$-\ 0^s\!739$	$+\ 0^s\!703$
α	$19^h 15^m 45^s\!89$	$11^h 46^m 01^s\!69$
p	$36^0\ 44'\ 31''69$	$75^0\ 05'\ 40''70$

Der Uhrfehler ist auf Grund der Zeitsignale der Neuenburger Sternwarte zu

$$u = -\ 1^m 06^s\!54$$

angenommen worden.

Die Beziehungen 7, Seite 37, führen mit

$$a_0 = 48^0 57', \quad \Phi = 42^0 27'\!.5$$

zu folgenden Werten der Koordinaten μ und ν:

Stern	Achsenrichtung im Azimut	μ	ν
β Leo	$a_0 + \ \ 90^0$	$8^h 41^m 05^s$	$59^0 23' 50''$
$\varkappa$ Cyg	$a_0 + 270^0$	$20\ \ 41\ \ \ 05$	$120\ \ 36\ \ 10$

Die Reduktion der Uhrzeiten $\overline{U}$ auf den Instrumentenvertikal nach der Beziehung (9c), Seite 40 ist nachstehend dargestellt:

	$\varkappa$ Cyg	β Leo
$\overline{U} - \alpha$	$- 5^h 48^m 11^s\!.31$	$+ 2^h 05^m 57^s\!.09$
$\bar{t} = \overline{U} - \alpha + u$	$- 5\ \ 49\ \ 17,85$	$+ 2\ \ 04\ \ 50,55$
μ	$20\ \ 41\ \ 05$	$8\ \ 41\ \ 05$
$\mu - \bar{t}$	$+ 2\ \ 30\ \ 23$	$+ 6\ \ 36\ \ 14$
$\operatorname{cotg}(\mu - \bar{t})$	$+ 1{,}299$	$- 0{,}159$
$\dfrac{1}{15} m'' = \dfrac{1}{15} 2 \sin^2 \dfrac{\vartheta}{2} \big/ \sin 1''$.	$0^s\!.598$	$0^s\!.112$
$t - \bar{t}$	$- 0{,}725$	$+ 0{,}018$
$\sin \nu$	$0{,}861$	$0{,}861$
$\sin p$	$0{,}598$	$0{,}966$
$\sin (\mu - \bar{t})$	$0{,}610$	$0{,}988$
$\sin \nu \sin p \sin (\mu - \bar{t})$	$0{,}314$	$0{,}821$
$\cos z$	$0{,}610$	$0{,}748$
$i \cos z$	$- 0^s\!.450$	$+ 0^s\!.525$
$t_0 - t$	$- 1{,}435$	$+ 0{,}640$
$t_0 - \bar{t}$	$- 2{,}16$	$+ 0{,}66$
t_0	$- 5^h 49^m 20^s\!.01$	$+ 2^h 04^m 51^s\!.21$

Wir setzen zur Berechnung der Polhöhe und des Azimutes nach den Formeln (58), (59), (61), (62), Seiten 129/130:

$$t_1 = + \ 2^h 04^m 51^s\!.21,$$
$$t_2 = - \ 5 \ 49 \ 20,01,$$
$$t_{12} = + \ 7 \ 54 \ 11,22;$$

es wird dann:

$$\sin t_{12} \ldots \ldots \ldots \ 9{,}943\,706 \qquad \operatorname{cotg} p_1 \ldots \ldots \ldots \ 9{,}425\,175$$
$$\cos t_{12} \ldots \ldots \ldots \ 9{,}679\,315_n \qquad \operatorname{tg} p_2 \ldots \ldots \ldots \ 9{,}873\,042$$

$$\operatorname{cotg} p_1 \operatorname{tg} p_2 \ldots \ldots \ldots \ 9{,}298\,217$$
$$\operatorname{cotg} p_1 \operatorname{tg} p_2 \cos t_{12} = N \ldots \ldots \ 8{,}977\,532_n$$
$$1 : (1 - N) \ldots \ldots \ldots \ - \ 39\,398$$
$$\operatorname{cotg} p_1 \operatorname{tg} p_2 \sin t_{12} \ldots \ldots \ 9{,}241\,923$$
$$\operatorname{cotg} t_{10} \ldots \ldots \ldots \ldots \ 9{,}202\,525$$

$$t_{10} = 5^{\mathrm{h}}23^{\mathrm{m}}46^{\mathrm{s}}{,}20$$
$$t_{20} = -\;2\;\;30\;\;25{,}02$$
$$t_{0} = -\;3\;\;18\;\;54{,}99$$

$\cos t_{10}$	9,197076	$\cos t_{20}$	9,898859
$\operatorname{tg} p_{1}$	0,574825	$\operatorname{tg} p_{2}$	9,873042
$\operatorname{tg} p_{0}$	9,771901	$\operatorname{tg} p_{0}$	9,771901

$\sec t_{0}$ 0,189497

$\operatorname{tg} \varPhi$ . . . . 9,961398 $\varPhi = 42^{0}27'25''{,}2$

$\sec \varPhi$ 0,132071

$\operatorname{cotg} t_{0}$ . . . . $9{,}927980_{n}$

$\operatorname{tg} a$ . . . . 0,060051 $a = 48^{0}56'55''{,}1$

$$\varDelta A = \phantom{48^{0}56'}-\;49{,}1$$

$$A = 48^{0}56'06''{,}0$$

DRITTES ZAHLENBEISPIEL

(Berechnung der Unbekannten durch eine Ausgleichung)

Die Beobachtungsdaten zu diesem Beispiel entnehmen wir der Azimutbestimmung, welche das militärgeographische Institut Rumäniens im Jahre 1938 auf dem Triangulationspunkt erster Ordnung Trifesti hat ausführen lassen[*]). Die Richtung des Objektes, des Triangulationspunktes Sabaoani, weicht nur um 8^{0} von N gegen E von der Meridianrichtung ab. Die Beobachtungen wurden auf sechs Nächte erstreckt; in der einzelnen Nacht wurden bis zu 16 Sterndurchgänge beobachtet.

Befürchtet man den Einfluß von systematischen Fehlern, die der Zeit proportional zu- oder abnehmen, so empfiehlt es sich, vier aufeinanderfolgende Sterne in der Anordnung NSSN oder SNNS zu beobachten; die Nord- und Südsterne sind in solchen Zenitdistanzen zu wählen, daß ihr durchschnittlicher Abstand nicht erheblich von 90^{0} abweicht. In mittleren Breiten hat diese Vorschrift zur Folge, daß auf der Nordseite auch Sterne in das Programm aufgenommen werden müssen, die in der Nähe der größten Digression zu beobachten sind. Wenn man die Beobachtung der Durchgangszeiten durch Einstellungen des beweglichen Fadens ersetzen kann, so entstehen daraus keine Schwierigkeiten. Will man aber in der Nähe der größten Digression die Durchgänge mit dem unpersönlichen Mikrometer registrieren, so muß das Instrument wegen der schiefen Bewegungsrichtung des Sternes mit einer Vorrichtung versehen sein, die das Fernrohr dem Stern in Zenitdistanz automatisch nachführt. Das zur Azimutbestimmung benützte Bambergsche Passageninstrument war nicht mit einer solchen Vorrichtung ausgerüstet; der Beobachter hat deshalb darauf verzichtet, Sterne in der Nähe der größten Digression heranzuziehen, und beschränkte auf der Nordseite seine Auswahl auf Sterne, deren Zenitdistanz kleiner als 34^{0} ist. In der Regel wurden gleichviel Nord- und Südsterne beobachtet, dagegen wurde auf eine symmetrische Anordnung der Sterne kein Bedacht genommen.

Die Messungen sind nicht nach den hier entwickelten Formeln reduziert worden insofern, als der Uhrfehler nicht als zweite Unbekannte neben dem Instru-

---

[*]) Azimut astronomique direct (avec une application) par le Capitaine JOAN STAMATIN. Imprimerie de l'Institut géographique militaire (Roumanie), 1941.

mentenazimut aus den Beobachtungen abgeleitet wurde; der Uhrfehler wurde vielmehr aus Aufnahmen der drahtlosen Zeitzeichen in Verbindung mit der bekannten Länge der Beobachtungsstation ermittelt, und mit dem so bestimmten Wert wurde das Azimut der Sterne berechnet. Es soll am Schluß unserer Durchrechnung die Frage beantwortet werden, wie die doppelte Bestimmung des Uhrfehlers, nämlich der aus den Beobachtungen selber abgeleitete Wert und der aus den drahtlosen Zeichen ermittelte, in korrekter Weise zur Azimutbestimmung verwertet werden kann.

Der zitierten Veröffentlichung entnehmen wir die in der Tabelle 1 vereinigten Daten von vier Sternen, die am 26. August 1938 innerhalb einer Stunde in der Reihenfolge NSSN beobachtet worden sind. Die aufeinanderfolgenden Zeilen enthalten:

1. die arithmetischen Mittel $\bar{U}$ der an je 10 Kontakten vor und nach dem Umlegen beobachteten Uhrzeiten;

2. die beobachteten Neigungen i, bezogen auf das dem Stern im Azimut um 90⁰ vorangehende Achsenende;

3. die mikrometrisch gemessenen Azimutunterschiede ΔA des Instrumenten- und Objektvertikales.

Es folgen weiter die zur Reduktion erforderlichen Werte von

$$eb + i \cos z$$

mit $e = + 1$ (* S), $e = - 1$ (* N), $b = 0\overset{s}{,}050$ und die scheinbaren Örter der Sterne (ohne Berücksichtigung der täglichen Aberration).

Tabelle 1

	ε Drac N	ε Aqu S	ζ Aqu S	98 H Ceph N
$\bar{U}$	$19^h09^m32\overset{s}{,}81$	$19^h15^m02\overset{s}{,}910$	$19^h21^m18\overset{s}{,}594$	$19^h42^m02\overset{s}{,}66$
i	$- 0{,}''18$	$+ 0{,}''30$	$+ 0{,}''33$	$+ 0{,}''42$
ΔA	$- 4{,}13$	$- 4{,}13$	$- 4{,}13$	$- 4{,}16$
$eb + i \cos z$.	$- 0\overset{s}{,}061$	$+ 0\overset{s}{,}067$	$+ 0\overset{s}{,}068$	$- 0\overset{s}{,}026$
$\cos z$	$0{,}916$	$0{,}847$	$0{,}835$	$0{,}848$
$\sin z$	$0{,}402$	$0{,}532$	$0{,}550$	$0{,}530$
α	$19^h48^m26\overset{s}{,}85$	$18^h56^m51\overset{s}{,}917$	$19^h02^m37\overset{s}{,}100$	$21^h06^m52\overset{s}{,}33$
p	$19^0 52' 57{,}''73$	$75^0 00' 41{,}''51$	$76^0 13' 27{,}''49$	$12^0 07' 05{,}01$

Die Ableitung der auf den Instrumentenvertikal reduzierten Durchgangszeiten ist in der Tabelle 2 dargestellt. Die Kenntnis eines Näherungswertes der Uhrkorrektion verschaffen wir uns auf folgendem Weg. Sieht man die Uhrzeiten $\bar{U}$ als Näherungswerte der Zeiten des Durchganges durch den Instrumentenvertikal an, so kann die Uhrkorrektion mit Hilfe der Reduktionsformeln der Döllenmethode ermittelt werden; sie lauten, wenn sich der Index 1 auf den Nordstern, der Index 2 auf den Südstern bezieht:

$$\mathrm{tg}\ x = \frac{\mathrm{tg}\ p_1\ \mathrm{cotg}\ p_2\ \sin(t_1 - t_2)}{1 - \mathrm{tg}\ p_1\ \mathrm{cotg}\ p_2\ \cos(t_1 - t_2)}\ ,$$

$$\sin m = \mathrm{cotg}\ \Phi\ \mathrm{tg}\ p_2\ \sin x,$$

$$u = (\alpha_2 - U_2) + (x - m).$$

Wir benützen die Sterne ε Drac und ε Aqu zu dieser Rechnung und erhalten:

$$U_1 - \alpha_1 = 23^h 21^m 05\overset{s}{,}96 \qquad \Phi = 43^0 05\overset{'}{,}0$$
$$U_2 - \alpha_2 = 01810,99 \qquad \text{tg}\, p_1 \ldots\ldots\ 9,55829$$
$$t_1 - t_2 = 230255,0 \qquad \text{cotg}\, p_2 \ldots\ldots\ 9,42770$$
$$\text{cotg}\, \Phi \ldots\ldots\ 0,02908$$

Unter Verwendung von Subtraktionslogarithmen ergibt sich die folgende Berechnung:

$$\sin(t_1 - t_2) \ldots\ldots\ldots\ldots\ 9,39183_n$$
$$\text{tg}\, p_1 \,\text{cotg}\, p_2 \ldots\ldots\ldots\ 8,98599$$
$$\cos(t_1 - t_2) \ldots\ldots\ldots\ 9,98639$$

$$\text{tg}\, p_1 \,\text{cotg}\, p_2 \cos(t_1 - t_2) \ldots\ldots\ 8,97238$$
$$\lg(a) - \lg(b) = B \ldots\ldots\ 1,02762$$
$$A \ldots\ldots\ 0,98482$$
$$\lg(a-b) = \lg(b) + A \ldots\ldots\ 9,95720$$

$$\text{tg}\, p_1 \,\text{cotg}\, p_2 \sin(t_1 - t_2) \ldots\ldots\ 8,37782_n$$
$$\text{tg}\, x \ldots\ldots\ldots\ldots\ 8,42062_n$$

$$\sin x \ldots\ldots\ldots\ldots\ 8,42046_n$$
$$\text{cotg}\, \Phi \,\text{tg}\, p_2 \ldots\ldots\ldots\ 0,60138$$
$$\sin m \ldots\ldots\ldots\ldots\ 9,02184_n$$

$$x = -\,06^m 02\overset{s}{,}12, \qquad x - m = +\,18^m 06\overset{s}{,}5,$$
$$m = -\,2408,66, \qquad \alpha_2 - U_2 = -\,1811,0,$$
$$u = -4,5.$$

Das genäherte Azimut des Instrumentenvertikals beträgt

$$8^0 14\overset{'}{,}3 \text{ respektive } 188^0 14\overset{'}{,}3.$$

Damit erhält man für die Koordinaten μ und v der Achsenenden die folgenden Werte:

Achsenende im Azimut	μ	v
$98^0 14'$	$6^h 24^m 08^s$	$84^0 23\overset{'}{,}2$
18814	182408	$9536,8$

In der Tabelle 2 ist die von $m'' = 2\sin^2 \dfrac{\vartheta}{2} / \sin 1''$ abhängige Korrektion nach den Angaben STAMATINS angesetzt worden, da in der Publikation die Werte von $\vartheta = \tfrac{1}{2}(U'' - U')$ nicht angegeben werden. Der Koeffizient von $(eb + i\cos z)$ ist mit C bezeichnet; es ist

$$C = \text{cosec}\, p \,\text{cosec}\, v \,\text{cosec}(\mu - \bar{t}).$$

In der letzten Zeile der Tabelle 2 sind die mit den Werten

$$u_0 = -\,4\overset{s}{,}500$$

berechneten Stundenwinkel t_{0i} der Sterne angegeben.

In der Tabelle 3 ist ausführlich die Berechnung der Azimutwerte a_i dargestellt, die der Ausgleichung zugrunde gelegt werden; sie sind logarithmisch siebenstellig unter Verwendung von Subtraktionslogarithmen nach der Formel

$$\text{tg}\, a_i = -\,\frac{\text{tg}\, p_i \,\text{cosec}\, \Phi \sin t_{0i}}{1 - \text{tg}\, p_i \,\text{cotg}\, \Phi \cos t_{0i}}$$

berechnet worden; zur Kontrolle sind sie auch in sechsstelliger Rechnung mit Hilfe des folgenden Systemes ermittelt worden:

$$\operatorname{tg} \Psi_i = \cos t_{0i} \operatorname{tg} p_i,$$
$$\operatorname{tg} a_i = \sin \Psi_i \operatorname{cosec}(\Psi_i - \Phi) \operatorname{tg} t_{0i}.$$

Der genaue Wert von Φ ist
$$\Phi = 43^0 05' 0''11.$$

Tabelle 2

	ε Drac	ε Aqu	ζ Aqu	98 H Ceph
$\bar{t} = \bar{U} + u_0 - \alpha$ . . .	$- 0^h 38^m 58^s\!5$	$+ 0^h 18^m 06^s\!5$	$+ 0^h 18^m 37^s\!0$	$- 1^h 24^m 54^s\!2$
$\mu - \bar{t}$	19 03 06	6 06 02	6 05 31	19 49 02
$\operatorname{cosec}(\mu - \bar{t}) / \sin v \sin p$	$- 3,07$	$+ 1,04$	$+ 1,04$	$- 5,38$
$\operatorname{cotg}(\mu - \bar{t}) \cdot \dfrac{m''}{15}$ . .	$+ 0^s\!02$	$+ 0^s\!001$	$+ 0^s\!001$	$+ 0^s\!10$
$(e\,b + i \cos z) \cdot C$ . . .	$+ 0,19$	$+ 0,070$	$+ 0,071$	$+ 0,14$
$t_0 - \bar{t}$	$+ 0,21$	$+ 0,071$	$+ 0,072$	$+ 0,24$
U_0	$19^h 09^m 33^s\!02$	$19^h 15^m 02^s\!981$	$19^h 21^m 18^s\!666$	$19^h 42^m 02^s\!90$
$\alpha - u_0$	19 48 31,35	18 56 56,417	19 02 41,600	21 06 56,83
t_{0i}	$- 0$ 38 58,33	$+0$ 18 06,56	$+0$ 18 37,07	-1 24 53,93

Die Korrektion, die an den Werten a_i wegen der täglichen Aberration anzubringen ist, beträgt (vergleiche Seite 130):

$$* \text{ Nord } - 0''322 \sin \Phi \cos a_N = + 0''218,$$
$$* \text{ Süd } - 0\ 322 \sin \Phi \cos a_S = - 0,218.$$

Als Näherungswert a_0 des unbekannten Azimutes a des Instrumentenvertikales ist eingeführt
$$a_0 = 8^0 \text{ respektive } 188^0 14' 16''00.$$

Tabelle 3

	ε Drac	ε Aqu	ζ Aqu	98 H Ceph
$\operatorname{tg} p_i$	9,558 2928	0,572 2972	0,610 5259	9,331 8545
$\sin t_{0i}$	$9,228 4768_n$	8,897 2678	8,909 2688	$9,558 7405_n$
$\operatorname{tg} p_i \operatorname{cosec} \Phi$	9,723 8329	0,737 8373	0,776 0660	9,497 3946
$\operatorname{tg} p_i \operatorname{cotg} \Phi$	9,587 3702	0,601 3746	0,639 6033	9,360 9319
$\cos t_{0i}$	9,993 6904	9,998 6428	9,998 5654	9,969 4941
$\operatorname{tg} p_i \operatorname{cotg} \Phi \cos t_{0i}$ . .	9,581 0606	0,600 0174	0,638 1687	9,330 4260
$\lg(a) - \lg(b)$	0,418 9393	0,600 0174	0,638 1687	0,669 5740
(A) resp. (C)	0,208 3929	0,125 6217	0,113 5402	0,104 5808
$\lg(a{-}b)$	9,791 6071	$0,474 3957_n$	$0,524 6285_n$	9,895 4192
$\operatorname{tg} p_i \operatorname{cosec} \Phi \sin t_{0i}$.	$8,952 3097_n$	9,635 1051	9,685 3348	$9,056 1351_n$
$\operatorname{tg} a_i =$	9,160 7026	9,160 7094	9,160 7063	9,160 7159
$a_i =$	$188^0 14' 16''54$	$8^0 14' 17''00$	$8^0 14' 16''79$	$188^0 14' 17''44$
$a_i - a_0 =$	$+ 0''54$	$+ 1''00$	$+ 0''79$	$+ 1''44$
$\sin z_i =$	0,402	0,532	0,550	0,530
$(a_i - a_0) \sin z_i =$ . .	$+ 0,217$	$+ 0,532$	$+ 0,434$	$+ 0,763$
$- 0''322 \sin \Phi \cos a_i =$	$+ 0,218$	$- 0,218$	$- 0,218$	$+ 0,218$
$l_i =$	$+ 0,435$	$+ 0,314$	$+ 0,216$	$+ 0,981$

Die Fehlergleichungen, die der Ausgleichung zugrunde zu legen sind, können entweder in der Form

$$x \sin z_i \mp y \cos z_i = l_i \sin z_i + \lambda_i$$

mit

$$du = y \operatorname{cosec} \Phi \sec a,$$
$$da = x + du \cos \Phi$$

oder in der Form (vergleiche Beziehung (67), Seite 132):

$$da \sin z_i - du \sin p_i \cos q_i = l_i \sin z_i + \lambda_i$$

angesetzt werden. Wir wählen die zweite Form, trotzdem sie wegen der Berechnung des Koeffizienten $\sin p \cos q$ eine Mehrarbeit erfordert, weil die dieser Form zugehörigen Normalgleichungen in einfacher Weise erlauben, den Einfluß des Uhrfehlers, der aus den Aufnahmen der Zeitzeichen abgeleitet worden ist, zu berücksichtigen.

Die Koeffizienten $\sin p_i \cos q_i$ berechnen wir mit Hilfe der Beziehung

$$\sin p_i \cos q_i = \cos \Phi \sin z_i + \sin \Phi \cos z_i \cos a_i,$$

worin für a_i der in der Richtung des Sternes liegende Wert des Instrumentenazimutes einzuführen ist. Die Fehlergleichungen lauten dann, wenn die Gewichte von l_i proportional $\sin^2 z_i$ angenommen werden:

$$0{,}402\ da + 0{,}326\ du = +\ 0{,}''435 + \lambda_1,$$
$$0{,}532\ da - 0{,}961\ du = +\ 0{,}314 + \lambda_2,$$
$$0{,}550\ da - 0{,}967\ du = +\ 0{,}216 + \lambda_3,$$
$$0{,}530\ da + 0{,}186\ du = +\ 0{,}981 + \lambda_4.$$

Die Normalgleichungen in der reduzierten Form sind:

$$1{,}028\ da - 0{,}813\ du = +\ 0{,}''981,$$
$$1{,}358\ du = +\ 0{,}589,$$
$$[\lambda\lambda] = +\ 0{,}1041;$$

sie führen zu den folgenden Werten der unbekannten Verbesserungen und ihrer mittleren Fehler:

$$du = +\ 0{,}''434 \pm 0{,}''195,$$
$$da = +\ 1{,}297 \pm 0{,}274.$$

Schreibt man die reduzierten Normalgleichungen in der Form:

$$da + \alpha'_2\ du = \chi_1, \quad \text{Gew. } [aa],$$
$$du = \chi_2, \quad \text{Gew. } [bb_1],$$

so sind χ_1 und χ_2 fingierte, voneinander unabhängige Beobachtungswerte, welche den ursprünglichen Beobachtungsgrößen l_i in bezug auf die Unbekannten da und du vollständig äquivalent sind, wenn ihnen die Gewichte

$$[aa] = 1{,}028$$

und

$$[bb_1] = 1{,}358$$

beigelegt werden.

Liegt nun für du ein zweiter, auf anderem Weg gewonnener Wert vor:

$$du = \chi'_2,$$

so kann χ'_2 mit dem Wert $du = \chi_2$ nach Maßgabe der Gewichte zu einem Mittel vereinigt werden. Ist m'_2 der mittlere Fehler von χ'_2 und m der mittlere Fehler des Gewichtes 1 in der Ausgleichung, so wird das Gewicht g' von χ'_2 gleich

$$g' = m^2/m_2'^2.$$

Der definitive Wert von du wird also gleich

$$du = \frac{[bb_1]\,\chi_2 + g'\,\chi_2'}{[bb_1] + g'}\,,$$

und das Quadrat des mittleren Fehlers m_u von du wird gleich

$$m_u^2 = \frac{m^2}{[bb_1] + g'}\,.$$

Infolge der Änderung des Wertes von du ändert sich auch der Wert von da; es wird

$$da = \chi_1 - \alpha_2'\,\frac{[bb_1]\,\chi_2 + g'\,\chi_2'}{[bb_1] + g'}\,,$$

und der mittlere Fehler m_a von da wird gegeben durch den Ausdruck:

$$m_a^2 = m^2\left(\frac{1}{[aa]} + \frac{\alpha_2'\,\alpha_2'}{[bb_1] + g'}\right)\,.$$

Der Publikation STAMATINS entnehmen wir nun den aus den Zeitsignal-aufnahmen abgeleiteten Wert des Uhrfehlers für die mittlere Epoche $u_0 = 19^{\mathrm{h}}37$:

$$u = -\,4{\overset{s}{.}}488 = -\,4{\overset{s}{.}}500 + 0{\overset{s}{.}}012.$$

Es ist somit zu setzen

$$\chi_2' = +\,0{\overset{s}{.}}012 = 0{\overset{''}{.}}180.$$

Über den mittleren Fehler dieses Wertes von χ_2' werden keine Angaben gemacht. Wir nehmen willkürlich das Gewicht von χ_2' gleich groß an wie das Gewicht von χ_2, setzen also

$$du = \frac{1}{2}\,(0{\overset{''}{.}}434 + 0{\overset{''}{.}}180) = 0{\overset{''}{.}}307.$$

Es wird dann mit $\alpha_2' = -\,0{,}790$:

$$da = 0{\overset{''}{.}}954 + 0{,}790 \cdot 0{\overset{''}{.}}307 = 1{\overset{''}{.}}20.$$

Das reziproke Gewicht dieses Wertes wird gleich $1{,}20$; somit ist

$$m_a = \pm\,\sqrt{\frac{0{,}1041}{4 - 2}\,1{,}20} = \pm\,0{\overset{''}{.}}25.$$

Das Schlußresultat lautet also:

$$a = 188^0 14' 16{\overset{''}{.}}00 + 1{\overset{''}{.}}20 = 188^0 14' 17{\overset{''}{.}}20 \pm 0{\overset{''}{.}}25,$$
$$A = a + \Delta A = 188\ 14\ 17{,}20 - 4{,}14 = 188\ 14\ 13{,}05 \pm 0{,}25$$
$$\pm\,0{,}25 \pm 0{,}01.$$

VI. KAPITEL

Simultane Bestimmungen

a) Die simultane Bestimmung der Zeit und der Polhöhe mit Hilfe von Almukantaratdurchgängen

1. *Die Funktionaldeterminante.* Soll die Uhrkorrektion und die Polhöhe neben der Instrumentalzenitdistanz aus den Durchgängen dreier Sterne durch denselben Almukantarat berechnet werden können, so darf die Funktionaldeterminante der drei Funktionen

$$y_i = \cos z - \cos p_i \cos \Phi - \sin p_i \sin \Phi \cos (U_i - u - \alpha_i) \qquad (i = 1, 2, 3)$$

in bezug auf die Unbekannten u, Φ und z nicht verschwinden. Setzt man

$$A_i = \frac{\partial y_i}{\partial u} = \quad \sin \Phi \sin z \sin a_i,$$

$$B_i = \frac{\partial y_i}{\partial \Phi} = - \sin z \cos a_i,$$

$$C_i = \frac{\partial y_i}{\partial z} = - \sin z,$$

so wird die Funktionaldeterminante J gleich:

$$J = S A_1 (B_2 C_3 - B_3 C_2),$$

worin S die durch zyklische Vertauschung entstehende Summe bezeichnet. Es ist

$$J = \sin \Phi \sin^3 z \, S \sin a_1 (\cos a_2 - \cos a_3).$$

Da aber

$$S \sin a_1 (\cos a_2 - \cos a_3) = \sin a_1 (\cos a_2 - \cos a_3) + \sin a_2 (\cos a_3 - \cos a_1)$$
$$+ \sin a_3 (\cos a_1 - \cos a_2)$$
$$= \sin a_1 (\cos a_2 - \cos a_3) - \cos a_1 (\sin a_2 - \sin a_3)$$
$$+ \sin (a_2 - a_3)$$

ist, verschwindet J nur, wenn von den 3 Azimuten 2 einander gleich werden.

Es sind zwei strenge Lösungen der Aufgabe, u und Φ aus den Gleichungen

$$y_2 - y_1 = 0$$
$$y_3 - y_2 = 0,$$

zu berechnen, bekannt; die eine geht auf CAGNOLI zurück, die andere stammt von GAUSS. Wir behandeln diese Lösungen nicht, sondern besprechen nur die Lösung, die von bekannten Näherungswerten ausgeht. Zur Berechnung der unbekannten Verbesserungen der Näherungswerte liegen dann lineare Beziehungen vor; diese vermitteln die Lösung auch dann, wenn die Durchgänge von mehr als 3 Sternen beobachtet worden sind.

2. *Allgemeine Bemerkungen; das Prismenastrolab.* Zur Beobachtung der Durchgänge durch einen bestimmten Almukantarat hat man besondere Instrumente konstruiert; das bekannteste ist das Prismenastrolab von CLAUDE und DRIENCOURT. Das Fernrohr dieses Instrumentes wird nur in horizontaler Stellung benützt und kann durch Drehung um eine vertikale Achse in jedes beliebige Azimut gebracht werden. Vor dem Objektiv ist ein gleichseitiges Prisma befestigt; eine Fläche desselben kann durch Autokollimation senkrecht zur optischen Achse des Fernrohres gestellt werden. Liegen die Kanten des Prismas horizontal, so dringen die Strahlen eines Sternes in 30^0 Zenitdistanz senkrecht durch die obere Fläche in das Prisma ein und werden von der unteren in horizontaler Richtung in das Fernrohr geworfen. Vor dem Prisma wird ein Quecksilberhorizont aufgestellt; er wirft die vom Stern kommenden Strahlen auf die untere Fläche des Prismas, sie durchdringen diese in senkrechter Richtung und werden von der oberen Fläche ebenfalls in horizontaler Richtung in das Fernrohr geworfen. Im Gesichtsfeld bewegen sich die beiden Sternbilder in entgegengesetzter Richtung. Das Fernrohr wird durch Korrektionsschrauben so gestellt, daß die beiden Sternbilder in unmittelbarer Nähe der optischen Achse aneinander vorbeigehen. Im Moment der Koinzidenz befindet sich dann der Stern in einer bestimmten, durch die Prismenwinkel bestimmten scheinbaren Zenitdistanz; sie ist nur dann genau gleich 30^0, wenn die drei Prismenwinkel genau gleich 60^0 sind. Das Instrument gestattet also, die Durchgänge der Sterne durch einen Almukantarat von bestimmter Zenitdistanz zu beobachten, ohne daß die Hilfe eines Niveaus in Anspruch genommen werden muß. Es ist nur notwendig, die Änderungen, welche die wahren Zenitdistanzen infolge von Änderungen der meteorologischen Verhältnisse erleiden, in Rechnung zu stellen.

3. *Die Reduktionsformeln.* Die linearen Beziehungen, welche die Kenntnis der unbekannten Verbesserungen der Näherungswerte vermitteln, erhält man auf folgendem Weg. Es sei Z der konstante Wert der Instrumentalzenitdistanz, in der die Durchgänge beobachtet werden, und

$$dr_i = r_i - r_0$$

die Änderung, welche die Refraktion r_i gegenüber einem durchschnittlichen konstanten Wert r_0 während der Beobachtungsdauer erleidet. Die wahre Zenitdistanz ζ_{i0} ist dann gleich

$$\zeta_{i0} = Z + r_0 + dr_i$$

oder, wenn

$$Z + r_0 = z$$

gesetzt wird, gleich

$$\zeta_{i0} = z + dr_i.$$

Sind nun z_0, u_0 und Φ_0 Näherungswerte der Unbekannten z, u und Φ, und dz, du und $d\Phi$ deren Verbesserungen, so daß

$$\begin{aligned}
\zeta_{i0} &= z_0 \;\; + dz + dr_i, \\
u &= u_0 \;\; + du, \\
\Phi &= \Phi_0 + d\Phi
\end{aligned}$$

wird, so erhält man durch Entwicklung der Gleichung

$$\begin{aligned}
\cos(z_0 + dz + dr_i) &- \cos(\Phi_0 + d\Phi)\cos p_i \\
&- \sin(\Phi_0 + d\Phi)\sin p_i \cos(U_i + u_0 + du - \alpha_i) = 0
\end{aligned}$$

unter Vernachlässigung kleiner Größen höherer Ordnung die Beziehung

$$\begin{aligned}
\cos z_0 &- \cos\Phi_0 \cos p_i - \sin\Phi_0 \sin p_i \cos(U_i + u_0 - \alpha_i) \\
&+ du \sin\Phi_0 \sin z_0 \sin a_i - d\Phi \sin z_0 \cos a_i - (dz + dr_i)\sin z_0 = 0.
\end{aligned}$$

Definiert man nun den Winkel ζ_i durch die Gleichung

$$\cos \zeta_i = \cos\Phi_0 \cos p_i + \sin\Phi_0 \sin p_i \cos(U_i + u_0 - \alpha_i), \qquad (75\,\mathrm{a})$$

und setzt

$$\begin{aligned}
\cos z_0 - \cos\zeta_i &= -2\sin\frac{z_0 + \zeta_i}{2}\sin\frac{z_0 - \zeta_i}{2} \\
&= \sin z_0 \cdot (\zeta_i - z_0) + \cdots,
\end{aligned}$$

so erhält man die Beziehung

$$(dz + dr_i) - du \sin\Phi_0 \sin a_i + d\Phi \cos a_i = \zeta_i - z_0$$

oder, wenn man als fingierte Beobachtungsgrößen einführt

$$l_i = \zeta_i - z_0 - dr_i: \qquad (75\,\mathrm{b})$$

$$dz - du \sin\Phi_0 \sin a_i + d\Phi \cos a_i = l_i + \lambda_i, \qquad (75\,\mathrm{c})$$

worin λ_i die scheinbaren Fehler sind, deren Quadratsumme zu einem Minimum zu machen ist, wenn überschüssige Beobachtungen vorhanden sind.

4. *Die Berücksichtigung der täglichen Aberration.* Der Einfluß der täglichen Aberration kann leicht nachträglich in Rechnung gestellt werden.

Die Korrektion δl_i, die an den fingierten Beobachtungsgrößen l_i anzubringen ist, wenn zu deren Berechnung die scheinbaren Örter nicht wegen der täglichen Aberration verbessert worden sind, wird durch den Ausdruck

$$\delta l_i = - (\sin q_i \, d\alpha_i \sin p_i - \cos q_i \, dp_i)$$

gegeben, in welchem zu setzen ist

$$d\alpha_i \sin p_i = + 0{,}''322 \sin \Phi \cos t_i,$$
$$dp_i = - 0{,}''322 \sin \Phi \sin t_i \cos p_i.$$

Da aber

$$\cos t_i \sin q_i + \sin t_i \cos q_i \cos p_i = \sin a_i \cos z$$

ist, wird

$$\delta l_i = - 0{,}''322 \sin \Phi \cos z \sin a_i.$$

Verbessert man um diesen Betrag die Werte von l_i in den Fehlergleichungen, so lassen sie sich, wenn

$$du' = du - 0{,}''322 \cos z$$

gesetzt wird, in der alten Form schreiben:

$$dz - du' \sin \Phi_0 \sin a_i + d\Phi \cos a_i = l_i + \lambda_i.$$

Daraus ist ersichtlich, daß man an dem Wert du, der ohne Rücksicht auf den Einfluß der täglichen Aberration ermittelt wird, die Korrektion

$$\delta u = + 0{,}''322 \cos z = + 0{,}^s021 \cos z$$

anzubringen hat. Die andern Unbekannten, dz und $d\Phi$, bedürfen keiner Verbesserung.

5. *Die mittleren Fehler der Unbekannten.* Im Differentialausdruck des Cosinussatzes:

$$dz + d\Phi \cos a_i - du \sin \Phi \sin a_i$$
$$= dU_i \sin p_i \sin q_i - (d\alpha_i \sin p_i \sin q_i - dp_i \cos q_i)$$

identifizieren wir dU_i, $d\alpha_i$, dp_i mit den wahren Fehlern der Größen U_i, α_i, p_i und setzen

$$\varepsilon_i = \varepsilon_{U_i} \sin p_i \sin q_i - (\varepsilon_{\alpha_i} \sin p_i \sin q_i - \varepsilon_{p_i} \cos q_i);$$

mittels der Beziehungen

$$\varepsilon_z + \varepsilon_\Phi \cos a_1 - \varepsilon_u \sin \Phi \sin a_1 = \varepsilon_1,$$
$$\varepsilon_z + \varepsilon_\Phi \cos a_2 - \varepsilon_u \sin \Phi \sin a_2 = \varepsilon_2,$$
$$\varepsilon_z + \varepsilon_\Phi \cos a_3 - \varepsilon_u \sin \Phi \sin a_3 = \varepsilon_3$$

führen wir die wahren Fehler ε_Φ und ε_u auf die wahren Fehler ε_{U_i}, ε_{α_i} und

ε_{p_i} zurück, indem wir diese Beziehungen nach den Unbekannten ε_Φ und ε_u auflösen. Setzt man zur Abkürzung

$$c_{ik} = \cos a_i - \cos a_k,$$
$$s_{ik} = \sin a_i - \sin a_k,$$

so führt die Elimination von dz zunächst zu den beiden Gleichungen

$$c_{21}\,\varepsilon_\Phi - s_{21}\,\varepsilon_u \sin \Phi = \varepsilon_2 - \varepsilon_1,$$
$$c_{32}\,\varepsilon_\Phi - s_{32}\,\varepsilon_u \sin \Phi = \varepsilon_3 - \varepsilon_2;$$

somit wird

$$(s_{21}\,c_{32} - s_{32}\,c_{21})\,\varepsilon_u \sin \Phi = \varepsilon_1\,c_{32} - \varepsilon_2(c_{32} + c_{21}) + \varepsilon_3\,c_{21},$$
$$(s_{21}\,c_{32} - s_{32}\,c_{21})\,\varepsilon_\Phi = \varepsilon_1\,s_{32} - \varepsilon_2(s_{32} + s_{21}) + \varepsilon_3\,s_{21}.$$

Geht man von den wahren Fehlern ε zu den mittleren Fehlern m über, so erhält man:

$$(s_{21}\,c_{32} - s_{32}\,c_{21})^2\,m_u^2 \sin^2 \Phi = m_1^2\,c_{32}^2 + m_2^2\,(c_{32} + c_{21})^2 + m_3^2\,c_{21}^2,$$
$$(s_{21}\,c_{32} - s_{32}\,c_{21})^2\,m_\Phi^2 = m_1^2\,s_{32}^2 + m_2^2\,(s_{32} + s_{21})^2 + m_3^2\,s_{21}^2.$$

Die rechter Hand auftretenden mittleren Fehler m_i führen wir auf ihre Komponenten zurück; es ist

$$m_i^2 = m_{U_i}^2 \sin^2 p_i \sin^2 q_i + m^{*2},$$

worin m^* die aus der Unsicherheit des Sternortes entspringende Fehlerkomponente bezeichnet. Führt man m_{U_i} auf die beiden Komponenten a_0 und b_0 zurück (vergleiche Seite 46) und auf den Winkel (q), den die Bewegungsrichtung des Sternes mit der Normalen zum Almukantarat bildet: $(q) = 90^0 - q$, so erhält man, wenn n Fadendurchgänge oder Kontaktbeobachtungen vorliegen:

$$m_i^2 = \frac{1}{n} \sin^2 p_i \sin^2 q_i \left(a_0^2 + \frac{b_0^2 \cosec^2 p_i}{V^2 \sin^2 q_i} \right) + m^{*2}. \tag{76a}$$

Wir nehmen wieder an, die Zahl n der Durchgänge werde so gewählt, daß m_i^2 gleich dem konstanten Wert m^2 wird. Die Ausdrücke für die Quadrate der mittleren Fehler von u und Φ nehmen dann die Form an:

$$(s_{21}\,c_{32} - s_{32}\,c_{21})^2\,m_u^2 \sin^2 \Phi = 2\,m^2\,(c_{32}^2 + c_{32}\,c_{21} + c_{21}^2),$$
$$(s_{21}\,c_{32} - s_{32}\,c_{21})^2\,m_\Phi^2 = 2\,m^2\,(s_{32}^2 + s_{32}\,s_{21} + s_{21}^2).$$

Nimmt man nun an, die drei Sterne seien in drei um je 120^0 verschiedenen Azimuten beobachtet worden, so daß

$$s_{21} = -\frac{3}{2} \sin a_1 + \frac{\sqrt{3}}{2} \cos a_1; \quad s_{32} = -\sqrt{3} \cos a_1$$

$$c_{21} = -\frac{3}{2} \cos a_1 - \frac{\sqrt{3}}{2} \sin a_1; \quad c_{32} = -\sqrt{3} \sin a_1$$

wird, so findet man leicht, daß

$$2\,(c_{32}^2 + c_{32}\,c_{21} + c_{21}^2) = 2\,(s_{32}^2 + s_{32}\,s_{21} + s_{21}^2) = \frac{2}{3}\,(s_{21}\,c_{32} - s_{32}\,c_{21})^2 = \frac{9}{2}$$

ist. Somit erhält man die Beziehung

$$m_u^2\,\sin^2\varPhi = m_\varPhi^2 = \frac{2}{3}\,m^2. \tag{76b}$$

Ist nicht nur *eine* Gruppe von drei Sternen in Azimutunterschieden von 120^0 beobachtet worden, sondern liegen N' solcher Gruppen vor, so daß das arithmetische Mittel der Gruppenwerte von u und von $\varPhi$ als Endresultat aller Beobachtungen anzunehmen ist, so sind diesen Mittelwerten mittlere Fehler M_u und $M_\varPhi$ beizulegen, die durch die Beziehung

$$M_u^2\,\sin^2\varPhi = M_\varPhi^2 = \frac{2\,m^2}{3\,N'}$$

gegeben werden. Da aber die Gesamtzahl aller einzelnen Beobachtungen gleich $3\,N'$ ist, so erhält man, wenn

$$3\,N' = N$$

gesetzt wird:

$$M_u\,\sin\varPhi = M_\varPhi = \pm\,\sqrt{\frac{2}{N}}\,m.$$

6. *Das Gewicht der Fehlergleichung* (74c). In den vorangehenden Ausführungen haben wir angenommen, daß Fadendurchgänge oder Kontaktbeobachtungen gemacht worden seien. Die Reduktion auf die Zeit des Durchganges durch den Almukantarat des Mittelfadens ist nach der Beziehung (4) respektive (5b), Seite 33, zu berechnen. Das Prismenastrolab enthält in der vom Hersteller gelieferten Form kein Fadennetz, so daß nur der Moment der Koinzidenz der beiden Bilder beobachtet werden kann. Es besteht dann nicht die Möglichkeit, die mittleren Fehler in verschiedenen Azimuten durch die Zahl der beobachteten Fadendurchgänge — wenigstens angenähert — gleich groß zu machen.

Bei der Ableitung des Gewichtes, das der Fehlergleichung (75c) beizulegen ist, behalten wir die Annahme, daß die Zahl der Faden- oder Kontaktbeobachtungen gleich n sei, bei; die resultierende Gewichtsformel ist leicht auf den Fall, daß als Beobachtungszeiten nur Koinzidenzmomente vorliegen, zu spezialisieren; man hat nur $n = 1$ zu setzen und an Stelle der Vergrößerungszahl V den doppelten Betrag $2\,V$ einzuführen, weil die Relativgeschwindigkeit der beiden Sternbilder gegeneinander doppelt so groß ist als die Geschwindigkeit der Bewegung des einzelnen Bildes gegenüber einem festen Faden.

Es sei ε_i der wahre Fehler der fingierten Beobachtungsgrößen in den Fehlergleichungen (75c). Da l_i durch die Beziehung

$$l_i = \zeta_i - z_0 - d\varkappa_i$$

definiert ist, wird ε_l gleich dem wahren ε_ζ von ζ_i minus dem wahren Fehler von dr_i. Diesen dürfen wir vernachlässigen, da die Änderungen dr_i der Refraktion sehr klein sind. Dagegen führen wir einen Fehler ein, der anomale Refraktionsverhältnisse als Folge einer Zenitablenkung erfaßt, und bezeichnen diesen Fehler mit ε_r, so daß

$$\varepsilon_l = \varepsilon_\zeta + \varepsilon_r$$

wird.

Führt man den wahren Fehler ε_ζ auf die wahren Fehler ε_{U_i}, ε_{α_i}, ε_{p_i} zurück, so erhält man

$$\varepsilon_l = \varepsilon_{U_i} \sin p_i \sin q_i - (\varepsilon_{\alpha_i} \sin p_i \sin q_i - \varepsilon_{p_i} \cos q_i) + \varepsilon_r.$$

Der ε_l entsprechende mittlere Fehler wird also gleich

$$m_l^2 = m_{U_i}^2 \sin^2 p_i \sin^2 q_i + m^{*2} + m_r^2.$$

Führt man hierin m_{U_i} auf die Komponenten a_0 und b_0 sowie auf die Zahl n zurück, so wird

$$m_l^2 = \frac{1}{n} \left(\frac{b_0^2}{V^2} + a_0^2 \sin^2 p_i \sin^2 q_i \right) + m^{*2} + m_r^2. \tag{77a}$$

Faßt man die vom Sternort unabhängigen Glieder zusammen und setzt

$$m_0^2 = \frac{b_0^2}{nV^2} + m^{*2} + m_r^2$$

und führt für den Faktor von a_0^2 das gleichwertige Produkt $\sin^2 a_i \sin^2 \Phi_0$ ein, so erhält man als Gewicht g_i von l_i den Ausdruck:

$$g_i = \frac{\text{constans}}{m_0^2 + \dfrac{1}{n} a_0^2 \sin^2 \Phi_0 \sin^2 a_i}. \tag{77b}$$

Wird nur die Koinzidenz des reflektierten Bildes mit dem direkten beobachtet, so ist zu setzen

$$m_0^2 = \frac{b_0^2}{(2V)^2} + m^{*2} + m_r^2 \tag{78a}$$

und

$$g_i = \frac{\text{constans}}{m_0^2 + a_0^2 \sin^2 \Phi_0 \sin^2 a_i}. \tag{78b}$$

Für die Konstanten der Formel (78b) hat Dr. E. HUNZIKER*) aus seinen nach der Aug- und Ohrmethode angestellten Beobachtungen die folgenden Zahlenwerte abgeleitet:

$$m_0^2 = (0{,}''867)^2 = 0{,}75,$$
$$a_0^2 = (1{,}''421)^2 = 2{,}02.$$

Der Wert von $a_0 = 1{,}''412 = 0{,}^s094$ stimmt mit dem für diese Fehlerkomponente aus Meridianbeobachtungen abgeleiteten Wert $0{,}^s10$ gut überein. Über-

---

*) Band 19 der «Astronomisch-geodätischen Arbeiten in der Schweiz», Seite 45.

nimmt man aus Meridianbeobachtungen den Wert von $b_0 = 4{,}7$, so wird mit $2V = 140$

$$\left(\frac{b_0}{2V}\right)^2 = (0{,}0336)^2 = (0{,}50)^2.$$

Setzt man den Wert von m^{*2} zu $(0{,}30)^2$ an, so läßt sich der Wert von m_r^2 abschätzen; die Beziehung (78a) gibt

$$m_r^2 = 0{,}75 - 0{,}25 - 0{,}09 = 0{,}41,$$

also

$$m_r = \pm\, 0{,}64.$$

Dieser große Betrag ist nicht sehr wahrscheinlich, wenn er ausschließlich der anomalen Refraktion zur Last gelegt werden müßte. Doch erfaßt die Beziehung (78a) sicher nicht alle systematischen Einflüsse, wie zum Beispiel Änderungen des Prismenwinkels infolge von Temperaturänderungen. Nimmt man m^* und m_r gleich groß an, nämlich zu $\pm 0{,}30$, so folgt aus der Beziehung (78a) der Wert

$$b_0 = 7{,}05.$$

Da man die Koinzidenz zweier Sternbilder nicht so genau auffassen kann wie den Moment der Bisektion beim Durchgang des Sternbildes durch einen festen Faden, so ist zu erwarten, daß man aus Astrolabbeobachtungen einen größeren Wert der Komponente b_0 erhält als aus Meridiandurchgängen; doch wird man die Vergrößerung vom Wert $4{,}7$ auf $7{,}05$ nicht ausschließlich diesem Umstand zur Last legen dürfen; man wird bei der Verteilung des Wertes $0{,}75$ von m_0^2 auf einzelne Komponenten neben b_0, m^* und m_r noch nach weiteren Fehlerquellen suchen müssen.

ZAHLENBEISPIEL

Ort: Astronomische Anstalt der Universität Basel, Bernoullianum.
Instrument: Prismenastrolab.
Beobachter: TH. NIETHAMMER.
Zeit: 17. Juli 1919.

Das verwendete Prismenastrolab besitzt kein Fadennetz, so daß die einzelne Durchgangszeit nur auf der Beobachtung des Koinzidenzmomentes beruht. Die beobachteten Uhrzeiten, die Azimute der Sterne und die scheinbaren Sternörter sind in der Tabelle 1 zusammengestellt. Die Uhrzeiten sind nach der Aug- und Ohrmethode beobachtet und angenähert auf Sternzeit reduziert worden.

Tabelle 1

	τ Drac	δ Boot	110 Herc
Beobachtete Uhrzeit U_i . .	$16^{\mathrm{h}}56^{\mathrm{m}}37{,}78$	$17^{\mathrm{h}}34^{\mathrm{m}}22{,}36$	$17^{\mathrm{h}}38^{\mathrm{m}}25{,}51$
Rektaszension α_i	19 17 11,17	15 12 16,88	18 42 14,17
Poldistanz p_i	$16^0\,47'\,27{,}87$	$56^0\,22'\,56{,}63$	$69^0\,31'\,43{,}51$
Azimut a	$199{,}5$	$75{,}4$	$329^0 0$

Die Berechnung der fingierten Beobachtungsgrößen nach der Beziehung (75a) ist in der zweiten Tabelle gegeben; es sind folgende Näherungswerte verwendet worden:

$$u_0 = \quad 0,$$
$$\Phi_0 = 42^0 26' 22'',00,$$
$$z_0 = 30\ 00\ 32,00.$$

Die Korrektion dr_i wegen der Änderung der Refraktion ist nicht angebracht worden.

Tabelle 2

	τ Drac	δ Boot	110 Herc
$U + u_0 - \alpha_i =$	$- 2^\mathrm{h}20^\mathrm{m}33^\mathrm{s}\!,39$	$+ 2^\mathrm{h}22^\mathrm{m}05^\mathrm{s}\!,48$	$- 1^\mathrm{h}03^\mathrm{m}48^\mathrm{s}\!,66$
$\cos p_i$	9,9810773	9,7432333	9,5437419
$\sin p_i$	9,4607215	9,9205153	9,9716690
$\cos p_i \cos \Phi$	9,8491283	9,6112843	9,4117929
$\cos (U_i + u_0 - \alpha_i)$	9,9126242	9,9105626	9,9829442
$\sin p_i \sin \Phi$	9,2899034	9,7496972	9,8008509
$\sin p_i \sin \Phi \cos (U + u_0 - \alpha)$.	9,2025276	9,6602598	9,7837951
$\log (a) - \log (b) =$	0,6466007	0,0489755	0,3720022
Add.-log.	0,0883599	0,2772323	0,1536983
$\cos \zeta_i$	9,9374882	9,9374921	9,9374934
$\zeta_i =$	$30^0 00' 34'',\!92$	$30^0 00' 31'',\!73$	$30^0 00' 30'',\!66$

Die unbekannten Verbesserungen folgen aus den Gleichungen:

$$dz - 0,943\,d\Phi + 0,334\,du \sin \Phi = +\ 2'',\!92,$$
$$dz + 0,252\,d\Phi - 0,968\,du \sin \Phi = -\ 0,27,$$
$$dz + 0,857\,d\Phi + 0,515\,du \sin \Phi = -\ 1,34;$$

die Auflösung führt zu folgenden Werten der Unbekannten z, Φ und u:

$$z = 30^0 00' 32'',\!00 + dz\ \ = \ 30^0 00' 32'',\!58$$
$$\Phi = 42\ 26\ 22,00 + d\Phi\ = \ 42\ 26\ 19,61$$
$$u = \qquad\quad 0 + du\ \ = \qquad + 0^\mathrm{s}\!,026.$$

Der Wert von u ist wegen der täglichen Aberration noch um

$$\delta u = +\ 0^\mathrm{s}\!,021 \cos z = +\ 0^\mathrm{s}\!,018$$

zu verbessern.

Die mittleren Fehler von u und von Φ können wir mit Hilfe der Beziehung (76b) abschätzen, da die drei Sterne sehr nahe in Azimutunterschieden von 120^0 beobachtet sind. Die Formel (77a) gibt mit $n = 1$ und mit $2\,V$ an Stelle von V

$$m_l^2 = \left(\frac{b_0}{2V}\right)^2 + a_0^2 \sin^2 p_i \sin^2 q_i + m^{*\,2} + m_r^2.$$

Als Faktor von a_0^2 führen wir den Mittelwert der drei Sterne, das ist 0,41, ein; es wird dann

$$m_l^2 = \left(\frac{b_0}{2V}\right)^2 + 0,41\,a_0^2 + m^{*\,2} + m_r^2.$$

Übernehmen wir die Zahlenwerte

$$\left(\frac{b_0}{2V}\right)^2 + m^{*2} + m_r^2 = 0,75,$$
$$a_0^2 = 2,02,$$

so erhält man

$$m_l^2 = 0,75 + 0,41 \cdot 2,02 = 1,58 = (1{,}''26)^2;$$

es wird also $(\sin \Phi = 0,675)$:

$$m_u \sin \Phi = m_\Phi = \sqrt{\frac{2}{3}}\, 1{,}''26 = \pm\, 1{,}''03,$$
$$m_u = \pm\, 0{,}^{\mathrm{s}}10.$$

---

b) Die simultane Bestimmung der Zeit, der Polhöhe und des Azimutes zweier Richtungen mit Hilfe von Vertikaldurchgängen [9a]

1. *Die Funktionaldeterminante.* Es seien A_i, B_i, C_i die partiellen Ableitungen der Funktion

$$y_i = \cotg a \sin(U_i + u - \alpha_i) + \cotg p_i \sin \Phi - \cos \Phi \cos(U_i + u - \alpha_i) \qquad (79)$$

nach u, a und Φ:

$$A_i = \frac{\partial y_i}{\partial u} = \frac{\cos \Phi \sin z_i + \sin \Phi \cos z_i \cos a}{\sin a \sin p_i}\,,$$
$$B_i = \frac{\partial y_i}{\partial a} = -\frac{\sin z_i}{\sin a \sin p_i}\,,$$
$$C_i = \frac{\partial y_i}{\partial \Phi} = \frac{\cos z_i}{\sin a}\,.$$

Die Funktionaldeterminante J der drei Funktionen y_i $(i = 1, 2, 3)$ in bezug auf u, a und Φ als Unbekannte kann dann in der folgenden Form geschrieben werden:

$$J = S A_1 (B_2 C_3 - B_3 C_2),$$

worin S die durch zyklische Vertauschung entstehende Summe bezeichnet. Da

$$B_2 C_3 - B_3 C_2 = -\frac{\sin(z_2 - z_3)}{\sin^2 a \sin p_2 \sin p_3}$$

ist, wird

$$J \cdot \sin^3 a \sin p_1 \sin p_2 \sin p_3 = - S (\cos \Phi \sin z_1 + \sin \Phi \cos z_1) \sin(z_2 - z_3).$$

Da aber

$$S \sin z_1 \sin(z_2 - z_3) = 0,$$
$$S \cos z_1 \sin(z_2 - z_3) = 0$$

ist, wird J identisch gleich null; es besteht also eine Abhängigkeit zwischen den drei Unbekannten u, a und Φ.

Es sei Z' ein beliebig gewählter Punkt des Instrumentenvertikales und $\Phi' = P Z'$ seine Poldistanz. Ist a' das Azimut, unter welchem der Meridian

PZ' den Vertikal schneidet, und t_i' der Stundenwinkel des Sternes (α_i, p_i) von diesem willkürlich gewählten Meridian aus, so besteht die Beziehung

$$y_i' = \operatorname{cotg} a' \sin t_i' + \operatorname{cotg} p_i \sin \Phi - \cos \Phi \cos t_i' = 0.$$

Da die Funktionaldeterminante von y_i' $(i = 1, 2)$ in bezug auf a' und Φ' als Unbekannte nicht verschwindet, wenn $z_1 \neq z_2$ ist, so gibt es unendlich viele zusammengehörige Wertepaare a' und Φ', von denen jedes die Lage des Instrumentenvertikales gegenüber dem Pol P bestimmt; die Lage des Zenites Z im Vertikal bleibt aber unbestimmt, auch wenn die Durchgangszeiten U_i von mehr als 2 Sternen beobachtet werden.

Unter den unendlich vielen Wertepaaren von a' und Φ' sind zwei durch spezielle Werte ausgezeichnet, nämlich:

1. das Paar, in dem $a' = 90^0$ ist, so daß der Meridian PZ' senkrecht zum Vertikal steht, und

2. das Paar, in dem $\Phi' = 90^0$ ist.

Im ersten Fall sei $Z' = Z_0$ der Fußpunkt des von P auf den Vertikal gefällten Lotes, der über dem Horizont des Beobachtungspunktes liegt; es sei t_0 der Stundenwinkel und $p_0 = PZ_0$ die Poldistanz von Z_0. Es wird dann

$$t_1' = t_1 - t_0,$$
$$t_2' = t_2 - t_0.$$

Da $a' = 90^0$ ist, lauten die Beziehungen $y_i' = 0$ $(i = 1, 2)$:

$$\operatorname{cotg} p_1 \sin p_0 - \cos p_0 \cos (t_1 - t_0) = 0,$$
$$\operatorname{cotg} p_2 \sin p_0 - \cos p_0 \cos (t_2 - t_0) = 0.$$

Eliminiert man hieraus p_0, so wird

$$\operatorname{tg} p_0 \equiv \operatorname{tg} p_1 \cos (t_1 - t_0) = \operatorname{tg} p_2 \cos (t_2 - t_0), \tag{80}$$

und wenn man hierin $(t_2 - t_0)$ mittels

$$t_2 - t_0 = (t_1 - t_0) - (t_1 - t_2)$$

auf $(t_1 - t_0)$ zurückführt, so erhält man die Beziehung

$$\operatorname{cotg} (t_1 - t_0) = \frac{\operatorname{cotg} p_1 \operatorname{tg} p_2 \sin (t_1 - t_2)}{1 - \operatorname{cotg} p_1 \operatorname{tg} p_2 \cos (t_1 - t_2)}. \tag{81}$$

Im zweiten Fall, wo $\Phi' = 90^0$ ist, ist $Z' = Z_0'$ der Schnittpunkt des Vertikals mit dem Äquator. Ist t_0' der Stundenwinkel von Z_0', so wird

$$t_1' = t_1 - t_0',$$
$$t_2' = t_2 - t_0',$$

und die Beziehungen $y_i' = 0$ lauten mit $a' = a_0'$:

$$\operatorname{cotg} a_0' \sin (t_1 - t_0') + \operatorname{cotg} p_1 = 0,$$
$$\operatorname{cotg} a_0' \sin (t_2 - t_0') + \operatorname{cotg} p_2 = 0.$$

Die Elimination von a_0' führt zu

$$- \operatorname{tg} a_0' \equiv \operatorname{tg} p_1 \sin (t_1 - t_0') = \operatorname{tg} p_2 \sin (t_2 - t_0').$$

Setzt man in diesen Beziehungen

$$t_1 - t_0' = 90^0 + (t_1 - t_0),$$
$$t_2 - t_0' = 90^0 + (t_2 - t_0),$$

so geht sie über in die Beziehung (80); es ist aber

$$t_0 - t_0' = 90^0,$$

denn es steht der Stundenkreis des Punktes $(a' = 90^0,\ \Phi' = p_0)$ senkrecht auf dem Stundenkreis des Punktes $(a' = a_0',\ \Phi' = 90^0)$, weil Z_0' Pol zu PZ_0 als Polare ist.

2. *Die Reduktionsformeln.* Werden die Durchgänge von je zwei Sternen durch zwei *verschiedene* Vertikale mit derselben Uhr beobachtet, so wird das Zenit des Beobachtungsortes als Schnittpunkt der beiden Vertikale bestimmt.

Es seien

$U_1,\ U_2$ die Uhrzeiten, zu welchen sich die Sterne $(\alpha_1,\ p_1)$, $(\alpha_2,\ p_2)$ im Vertikal des Azimutes a respektive $a + 180^0$ und

$U_3,\ U_4$ die Uhrzeiten, zu welchen sich die Sterne $(\alpha_3,\ p_3)$, $(\alpha_4,\ p_4)$ im Vertikal des Azimutes b respektive $b + 180^0$ befunden haben.

Wir fällen von P die Lote auf die beiden Vertikale; es seien

$t_a,\ t_b$ die Stundenwinkel der Fußpunkte dieser Lote und

$p_a,\ p_b$ ihre Poldistanzen.

$t_i\ (i = 1, 2, 3, 4)$ seien die Stundenwinkel der vier Sterne im Moment des Durchganges durch den Vertikal a respektive b.

Zur Abkürzung setzen wir

$$t_{12} = t_1 - t_2; \quad t_{34} = t_3 - t_4$$

und

$$t_i - t_a = t_{ia} \quad (i = 1, 2),$$
$$t_i - t_b = t_{ib} \quad (i = 3, 4).$$

Die Uhrkorrektion u, die Poldistanz Φ des Zenites und die Azimute a und b der beiden Vertikale lassen sich dann in folgender Weise ermitteln. Die Differenzen t_{ia} und t_{ib} ergeben sich gemäß (81) aus den folgenden Beziehungen:

$$\left.\begin{aligned}
\cotg t_{1a} &= \frac{\cotg p_1 \operatorname{tg} p_2 \sin t_{12}}{1 - \cotg p_1 \operatorname{tg} p_2 \cos t_{12}}, \quad t_{2a} = t_{1a} - t_{12}, \\
\cotg t_{3b} &= \frac{\cotg p_3 \operatorname{tg} p_4 \sin t_{34}}{1 - \cotg p_3 \operatorname{tg} p_4 \cos t_{34}}, \quad t_{4b} = t_{3b} - t_{34}.
\end{aligned}\right\} \tag{82}$$

Die Längen der Lote p_a und p_b folgen dann aus

$$\left.\begin{array}{l} \operatorname{tg} p_a = \operatorname{tg} p_1 \cos t_{1a} \equiv \operatorname{tg} p_2 \cos t_{2a}, \\ \operatorname{tg} p_b = \operatorname{tg} p_3 \cos t_{3b} \equiv \operatorname{tg} p_4 \cos t_{4b}. \end{array}\right\} \quad (83)$$

Eliminiert man Φ aus den Beziehungen

$$\cos t_a = \operatorname{tg} p_a \operatorname{cotg} \Phi,$$
$$\cos t_b = \operatorname{tg} p_b \operatorname{cotg} \Phi,$$

so folgt

$$\cos t_a \operatorname{cotg} p_a = \cos t_b \operatorname{cotg} p_b.$$

Führt man hierin t_b auf t_a zurück mittels

und

$$\left.\begin{array}{l} t_b = t_a - t_{ab} \\ t_{ab} = (t_a - t_1) + (t_1 - t_3) + (t_3 - t_b), \end{array}\right\} \quad (84\,\text{a})$$

so erhält man

$$\operatorname{cotg} t_a = \frac{\operatorname{cotg} p_b \operatorname{tg} p_a \sin t_{ab}}{1 - \operatorname{cotg} p_b \operatorname{tg} p_a \cos t_{ab}}. \qquad (84\,\text{b})$$

Der Uhrfehler wird dann gleich:

$$u = t_a + t_{1a} - (U_1 - \alpha_1) = t_a + t_{2a} - (U_2 - \alpha_2)$$
$$= t_b + t_{3b} - (U_3 - \alpha_3) = t_b + t_{4b} - (U_4 - \alpha_4).$$

Die Poldistanz Φ des Zenites folgt aus

$$\operatorname{cotg} \Phi = \operatorname{cotg} p_a \cos t_a = \operatorname{cotg} p_b \cos t_b. \qquad (85)$$

Die beiden Azimute werden gegeben durch die Beziehungen:

$$\left.\begin{array}{l} \operatorname{cotg} a = - \cos \Phi \operatorname{tg} t_a, \\ \operatorname{cotg} b = - \cos \Phi \operatorname{tg} t_b. \end{array}\right\} \quad (86)$$

Die Lösung der Aufgabe, u, Φ, a und b zu ermitteln, erfordert die Durchrechnung der Gleichungen (82), (83), (84), (85) und (86).

Sind mehr als 2 Sterne in jedem der beiden Vertikale beobachtet worden, so daß zur Berechnung der Unbekannten die Vorschriften der Ausgleichsrechnung angewendet werden müssen, so hat man das Seite 131 auseinandergesetzte Verfahren sowohl auf den Vertikal a als auf den Vertikal b anzuwenden. Mit Hilfe der Näherungswerte u_0 und Φ_0 berechnet man Näherungswerte a_i und b_i der Azimute:

$$\operatorname{tg} a_i \text{ respektive } \operatorname{tg} b_i = - \frac{\operatorname{tg} p_i \operatorname{cosec} \Phi_0 \sin (U_i + u_0 - \alpha_i)}{1 - \operatorname{tg} p_i \operatorname{cotg} \Phi_0 \cos (U_i + u_0 - \alpha_i)}.$$

Die fingierten Beobachtungsgrößen werden, wenn a_0 und b_0, respektive $a_0 + 180^0$ und $b_0 + 180^0$ Näherungswerte der Azimute der beiden Vertikale sind, gleich:

$$l_{ai} = a_i - a_0 \quad \text{respektive} \quad a_i - (a_0 + 180^0), \quad (i = 1, 2, \ldots, n),$$
$$l_{bi} = b_i - b_0 \quad \text{respektive} \quad b_i - (b_0 + 180^0), \quad (i = 1, 2, \ldots, n').$$

Setzt man

$$x_a = da - du \cos \Phi_0, \tag{87}$$
$$y_a = \qquad du \sin \Phi_0 \cos a_0 + d\Phi \sin a_0$$

und

$$x_b = db - du \cos \Phi_0, \tag{88}$$
$$y_b = \qquad du \sin \Phi_0 \cos b_0 + d\Phi \sin b_0,$$

so erhält man die folgenden Fehlergleichungen

$$\left.\begin{aligned}
x_a \sin z_i \mp y_a \cos z_i &= l_{ai} \sin z_i + \lambda_{ai}, & (i = 1, 2, \ldots, n)\\
x_b \sin z_i \mp y_b \cos z_i &= l_{bi} \sin z_i + \lambda_{bi}, & (i = 1, 2, \ldots, n').
\end{aligned}\right\} \tag{89}$$

Die Gewichte dieser Gleichungen sind gleich 1 zu setzen, wenn die Durchgangsbeobachtungen an soviel Fäden oder Kontakten gemacht werden, daß die Quadrate der mittleren Fehler der fingierten Beobachtungsgrößen $\operatorname{cosec}^2 z_i$ proportional werden.

Sind durch 2 getrennte Ausgleichungen die Unbekannten x und y berechnet, so folgen die gesuchten Verbesserungen der Näherungswerte aus den Beziehungen:

$$\left.\begin{aligned}
du \sin \Phi_0 \cdot \sin (a_0 - b_0) &= - y_a \sin b_0 + y_b \sin a_0,\\
d\Phi \cdot \sin (a_0 - b_0) &= + y_a \cos b_0 - y_b \cos a_0,\\
da &= + x_a + du \cos \Phi_0,\\
db &= + x_b + du \cos \Phi_0.
\end{aligned}\right\} \tag{90}$$

Statt daß *ein* Beobachter mit demselben Instrument die Durchgänge in den beiden Vertikalen vom gleichen Stationspunkt aus beobachtet, kann man auch *zwei* Beobachter nebeneinander arbeiten lassen, indem der eine sein Instrument im Vertikal a, der andere sein Instrument im Vertikal b aufstellt. Wegen der unmittelbaren Nähe der beiden Aufstellungsorte kann derselbe Näherungswert Φ_0 und, wenn beide Beobachter dieselbe Uhr benützen, auch derselbe Näherungswert u_0 in die beiden Ausgleichungen eingeführt werden. Man hat dann aber in den Beziehungen (87/88) zwischen du_a und du_b einerseits und zwischen $d\Phi_a$ und $d\Phi_b$ andrerseits zu unterscheiden und hat vor der Auflösung du_b auf du_a und $d\Phi_b$ auf $d\Phi_a$ mittels der linearen Breiten- und Längenunterschiede der beiden Aufstellungsorte zurückzuführen.

3. *Berücksichtigung der täglichen Aberration.* Sind die scheinbaren Örter, die der Berechnung der fingierten Beobachtungsgrößen zugrunde gelegt werden, wegen der täglichen Aberration nicht verbessert worden, so hat man die auf gleiches Gewicht reduzierten Beobachtungsgrößen $l_{ai} \sin z_i$ respektive $l_{bi} \sin z_i$ zu verbessern um den Betrag

$$- 0{,}322'' \sin \Phi \cos a^* \quad \text{respektive} \quad - 0{,}322'' \sin \Phi \cos b^*,$$

wobei für a^* respektive b^* die in die Richtung des Sternes fallenden Azimute des Instrumentenvertikales einzuführen sind.

4. *Die mittleren Fehler von du, dΦ, da und db.* Die reduzierten Normalgleichungen, zu welchen die Fehlergleichungen (89) führen, schreiben wir in der Form:

$$x_a + \alpha_2' \, y_a = \chi_1'; \quad \text{Gewicht } [a' a']$$
$$y_a = \chi_2'; \quad \text{Gewicht } [b' b_1']$$

mit

$$\alpha_2' = \frac{[a' b']}{[a' a']},$$

und

$$x_b + \beta_2' \, y_b = \chi_1''; \quad \text{Gewicht } [a'' a''],$$
$$y_b = \chi_2''; \quad \text{Gewicht } [b'' b_1'']$$

mit

$$\beta_2' = \frac{[a'' b'']}{[a'' a'']}.$$

Die mit Hilfe der Beziehungen (90) berechneten Verbesserungen du, $d\Phi$, da und db sind lineare Funktionen der Unbekannten x_a, y_a, x_b, y_b; bezeichnen wir mit F irgendeine dieser Funktionen, so ist

$$F = F_1' \, x_a + F_2' \, y_a + F_1'' x_b + F_2'' y_b. \tag{A}$$

Hierin führen wir die Werte der Ausgleichungsunbekannten auf die voneinander unabhängigen, den ursprünglichen fingierten Beobachtungsgrößen vollständig äquivalenten Größen χ' und χ'' zurück; es ist

$$x_a = \chi_1' - \alpha_2' \chi_2'; \quad x_b = \chi_1'' - \beta_2' \chi_2'';$$
$$y_a = \chi_2'; \quad y_b = \chi_2''.$$

Führt man diese Werte in die Beziehung (A) ein und setzt zur Abkürzung

$$F_{21}' = F_2' - \alpha_2' F_1'; \quad F_{21}'' = F_2'' - \beta_2' F_1'',$$

so erhält man

$$F = F_1' \chi_1' + F_{21}' \chi_2' + F_1'' \chi_1'' + F_{21}'' \chi_2''.$$

Sind nun m_1', m_2', m_1'', m_2'' der Reihe nach die mittleren Fehler von χ_1', χ_2', χ_1'', χ_2'', so wird der mittlere Fehler m_F von F gegeben durch den Ausdruck:

$$m_F^2 = F_1'^2 \, m_1'^2 + F_{21}'^2 \, m_2'^2 + F_1''^2 \, m_1''^2 + F_{21}''^2 \, m_2''^2.$$

Die mittleren Fehler der Größen χ lassen sich aber zurückführen auf die mittleren Fehler des Gewichtes 1 in den beiden Ausgleichungen. Sind m' und m'' diese mittleren Fehler des Gewichtes 1, so ist

$$m_1'^2 = m'^2 / [a' a'], \quad m_1''^2 = m''^2 / [a'' a''],$$
$$m_2'^2 = m'^2 / [b' b_1'], \quad m_2''^2 = m''^2 / [b'' b_1''].$$

Mithin erhält man die folgenden Ausdrücke für m_F^2:

$$m_F^2 = m'^2 \left(\frac{F_1'^2}{[a' a']} + \frac{F_{21}'^2}{[b' b_1']} \right) + m''^2 \left(\frac{F_1''^2}{[a'' a'']} + \frac{F_{21}''^2}{[b'' b_1'']} \right).$$

Die Koeffizienten F_1', F_2', F_1'', F_2'' nehmen in den einzelnen Fällen die folgenden Werte an:

F	F_1'	F_2'	F_1''	F_2''
du	0	$-\dfrac{\sin b}{\sin \Phi \, \sin (a-b)}$	0	$+\dfrac{\sin a}{\sin \Phi \, \sin (a-b)}$
$d\Phi$	0	$+\dfrac{\cos b}{\sin (a-b)}$	0	$-\dfrac{\cos a}{\sin (a-b)}$
da	1	$-\dfrac{\sin b}{\sin (a-b)}\,\mathrm{cotg}\,\Phi$	0	$+\dfrac{\sin a}{\sin (a-b)}\,\mathrm{cotg}\,\Phi$
db	0	$+\dfrac{\sin b}{\sin (b-a)}\,\mathrm{cotg}\,\Phi$	1	$-\dfrac{\sin a}{\sin (b-a)}\,\mathrm{cotg}\,\Phi$

Man erhält damit die folgenden Ausdrücke für die Quadrate der mittleren Fehler von du, $d\Phi$, da und db:

1. *Mittlerer Fehler m_u von du:*

$$m_u^2 = \left(\frac{m'^2}{[b'\,b_1']} \sin^2 b + \frac{m''^2}{[b''\,b_1'']} \sin^2 a \right) \operatorname{cosec}^2 \Phi \operatorname{cosec}^2 (a - b).$$

2. *Mittlerer Fehler m_Φ von $d\Phi$:*

$$m_\Phi^2 = \left(\frac{m'^2}{[b'\,b_1']} \cos^2 b + \frac{m''^2}{[b''\,b_1'']} \cos^2 a \right) \operatorname{cosec}^2 (a - b).$$

3. *Mittlerer Fehler m_a von da:*

$$m_a^2 = m'^2 \left(\frac{1}{[a'\,a']} + \frac{1}{[b'\,b_1']} \left(\frac{\sin b \, \mathrm{cotg}\,\Phi}{\sin (a - b)} + \alpha_2' \right)^2 \right) + \frac{m''^2}{[b''\,b_1'']} \frac{\mathrm{cotg}^2\,\Phi \, \sin^2 a}{\sin^2 (a - b)}.$$

4. *Mittlerer Fehler m_b von db:*

$$m_b^2 = \frac{m'^2}{[b'\,b_1']} \frac{\mathrm{cotg}^2\,\Phi \, \sin^2 b}{\sin^2 (b - a)} + m''^2 \left(\frac{1}{[a''\,a'']} + \frac{1}{[b''\,b_1'']} \left(\frac{\sin a \, \mathrm{cotg}\,\Phi}{\sin (b - a)} + \beta_2' \right)^2 \right).$$

5. *Die günstigsten Beobachtungsumstände.* Es seien ε_i $(i = 1, 2, 3, 4)$ die wahren Fehler der 4 fingierten Beobachtungsgrößen l_i, von welchen sich die beiden ersten auf den Vertikal a und die beiden letzten auf den Vertikal b beziehen; die Sterne seien zu verschiedenen Seiten des Zenites beobachtet.

Die wahren Fehler der 4 unbekannten Verbesserungen du, $d\Phi$, da und db seien ε_u, ε_Φ, ε_a und ε_b; sie werden durch die folgenden Beziehungen mit den voneinander unabhängigen wahren Fehlern ε_i verbunden:

$$\sin z_1 (\varepsilon_a - \varepsilon_u \cos \Phi) - \cos z_1 (\varepsilon_u \sin \Phi \cos a + \varepsilon_\Phi \sin a) = \varepsilon_1 \sin z_1,$$
$$\sin z_2 (\varepsilon_a - \varepsilon_u \cos \Phi) + \cos z_2 (\varepsilon_u \sin \Phi \cos a + \varepsilon_\Phi \sin a) = \varepsilon_2 \sin z_2,$$
$$\sin z_3 (\varepsilon_b - \varepsilon_u \cos \Phi) - \cos z_3 (\varepsilon_u \sin \Phi \cos b + \varepsilon_\Phi \sin b) = \varepsilon_3 \sin z_3,$$
$$\sin z_4 (\varepsilon_b - \varepsilon_u \cos \Phi) + \cos z_4 (\varepsilon_u \sin \Phi \cos b + \varepsilon_\Phi \sin b) = \varepsilon_4 \sin z_4.$$

Durch Auflösung dieser Gleichungen nach ε_u, ε_Φ, ε_a und ε_b als Unbekannten erhält man folgende Darstellung:

$$\varepsilon_u \sin \Phi \sin (a-b) = + (\varepsilon_1 - \varepsilon_2) \frac{\sin z_1 \sin z_2}{\sin (z_1 + z_2)} \sin b - (\varepsilon_3 - \varepsilon_4) \frac{\sin z_3 \sin z_4}{\sin (z_3 + z_4)} \sin a,$$

$$\varepsilon_\Phi \sin (a-b) = - (\varepsilon_1 - \varepsilon_2) \frac{\sin z_1 \sin z_2}{\sin (z_1 + z_2)} \cos b + (\varepsilon_3 - \varepsilon_4) \frac{\sin z_3 \sin z_4}{\sin (z_3 + z_4)} \cos a,$$

$$\begin{aligned}
\varepsilon_a = \Big\{ &\varepsilon_1 \sin z_1 \left(\cos z_2 + \sin z_2 \frac{\sin b}{\sin (a-b)} \cotg \Phi \right) \\
&+ \varepsilon_2 \sin z_2 (\cos z_1 - \sin z_1) \frac{\sin b}{\sin (a-b)} \cotg \Phi \Big\} \cdot \cosec (z_1 + z_2) \\
&- (\varepsilon_3 - \varepsilon_4) \frac{\sin z_3 \sin z_4}{\sin (z_3 + z_4)} \frac{\sin a}{\sin (a-b)} \cotg \Phi,
\end{aligned}$$

$$\begin{aligned}
\varepsilon_b = \;&- (\varepsilon_1 - \varepsilon_2) \frac{\sin z_1 \sin z_2}{\sin (z_1 + z_2)} \frac{\sin b}{\sin (b-a)} \cotg \Phi \\
&+ \Big\{ \varepsilon_3 \sin z_3 \left(\cos z_4 + \sin z_4 \frac{\sin a}{\sin (b-a)} \cotg \Phi \right) \\
&\quad + \varepsilon_4 \sin z_4 (\cos z_3 - \sin z_3) \frac{\sin a}{\sin (b-a)} \cotg \Phi \Big\} \cdot \cosec (z_3 + z_4).
\end{aligned}$$

Von den wahren Fehlern ε gehen wir zu den mittleren Fehlern m über. Dabei machen wir wieder die Annahme, es seien die Durchgangsbeobachtungen an soviel Fäden oder Kontakten angestellt oder beruhen auf soviel Pointierungen, daß die mittleren Fehler m_i, die den wahren Fehlern ε_i entsprechen, $\cosec z_i$ proportional werden; dieser Annahme entsprechend setzen wir

$$m_i^2 \sin^2 z_i = m^2 = \text{constans}.$$

Zur Vereinfachung der Schreibweise führen wir die folgenden Abkürzungen ein:

$$f(a, b) = \frac{\sin^2 a}{\sin^2 (a-b)}, \qquad g(a, b) = \frac{\cos^2 a}{\sin^2 (a-b)},$$

$$F(z_i, z_k) = \frac{\sin^2 z_i + \sin^2 z_k}{\sin^2 (z_i + z_k)}, \qquad G(z_i, z_k) = \frac{\cos^2 z_i + \cos^2 z_k}{\sin^2 (z_i + z_k)}.$$

Die Quadrate der mittleren Fehler von du, $d\Phi$, da und db lassen sich dann in folgender Form schreiben:

$$\left.\begin{aligned}
m_u^2 \sin^2 \Phi &= m^2 \left\{ F(z_1, z_2) f(b, a) + F(z_3, z_4) f(a, b) \right\}, \\
m_\Phi^2 &= m^2 \left\{ F(z_1, z_2) g(b, a) + F(z_3, z_4) g(a, b) \right\}, \\
m_a^2 &= m^2 \Big\{ G(z_1, z_2) + \big(F(z_1, z_2) f(b, a) + F(z_3, z_4) f(a, b) \big) \cotg^2 \Phi \\
&\quad + 2 \frac{\sin z_2 \cos z_2 - \sin z_1 \cos z_1}{\sin (z_1 + z_2)} \frac{\sin b}{\sin (a-b)} \cotg \Phi \Big\}, \\
m_b^2 &= m^2 \Big\{ G(z_3, z_4) + \big(F(z_3, z_4) f(a, b) + F(z_1, z_2) f(b, a) \big) \cotg^2 \Phi \\
&\quad + 2 \frac{\sin z_4 \cos z_4 - \sin z_3 \cos z_3}{\sin (z_3 + z_4)} \frac{\sin a}{\sin (b-a)} \cotg \Phi \Big\}.
\end{aligned}\right\} \quad (91)$$

In den beiden letzten Beziehungen verschwinden rechter Hand die Glieder, welche den Faktor

$$2 \left(\sin z_k \cos z_k - \sin z_i \cos z_i \right) \equiv \sin 2\,z_k - \sin 2\,z_i$$

enthalten in 2 Fällen, nämlich

a) wenn in jedem der beiden Vertikale die Sterne symmetrisch zum Zenit beobachtet werden, so daß

$$z_k = z_i$$

ist, und

b) wenn die Summe der Zenitdistanzen gleich 90^0 ist:

$$z_k + z_i = 90^0.$$

Im Falle a) setzen wir

$$z_1 = z_2 = z_a, \qquad z_3 = z_4 = z_b.$$

Die Ausdrücke für die Quadrate der mittleren Fehler lauten dann:

$$\left.\begin{aligned}
m_u^2 \sin^2 \Phi &= \frac{m^2}{2} \left\{ \sec^2 z_a \, f(b, a) + \sec^2 z_b \, f(a, b) \right\}, \\[1mm]
m_\Phi^2 &= \frac{m^2}{2} \left\{ \sec^2 z_a \, g(b, a) + \sec^2 z_b \, g(a, b) \right\}, \\[1mm]
m_a^2 &= \frac{m^2}{2} \operatorname{cosec}^2 z_a + m_u^2 \cos^2 \Phi, \\[1mm]
m_b^2 &= \frac{m^2}{2} \operatorname{cosec}^2 z_b + m_u^2 \cos^2 \Phi.
\end{aligned}\right\} \tag{92}$$

Die Uhrkorrektion und die Polhöhe werden somit am genauesten bestimmt, wenn man in jedem Vertikal die beiden Sterne ins Zenit rücken läßt, so daß $\sec z = 1$ wird; das Azimut bleibt dann aber unbestimmt, denn es wird $m_a = m_b = \pm \infty$.

Stehen die beiden Vertikale senkrecht zueinander, so ist

$$f(a, b) + f(b, a) = g(a, b) + g(b, a) = 1. \tag{93}$$

Sind ferner die Zenitdistanzen in beiden Vertikalen gleich groß, so daß

$$z_a = z_b = z$$

zu setzen ist, so wird:

$$\begin{aligned}
m_u^2 \sin^2 \Phi = m_\Phi^2 &= \frac{m^2}{2} \sec^2 z, \\[1mm]
m_a^2 = m_b^2 &= \frac{m^2}{2} \left(\operatorname{cosec}^2 z + \sec^2 z \operatorname{cotg}^2 \Phi \right).
\end{aligned}$$

In der letzten Beziehung nimmt der Klammerausdruck den kleinstmöglichen Wert an für den Wert $z = z_0$, der die Bedingung

$$\operatorname{tg} z_0 = \sqrt{\operatorname{tg} \Phi}$$

erfüllt; es wird dann

$$m_a^2 = m_b^2 = \frac{m^2}{2} \operatorname{cosec}^2 \Phi.$$

In mittleren Breiten wird mit tg $\Phi = 1$:

$$z_0 = 45^0,$$

also

$$m_u^2 = 2\,m_\Phi^2 = m_a^2 = m_b^2 = 2\,m^2.$$

Im Falle b), wo $z_k + z_i = 90^0$ ist, wird

$$F(z_i, z_k) = G(z_i, z_k) = 1.$$

Somit lauten nun die Ausdrücke für die Quadrate der mittleren Fehler:

$$\left.\begin{array}{c} m_u^2 \sin^2 \Phi = m^2 \{\, f(b, a) + f(a, b)\,\}, \\ m_\Phi^2 = m^2 \{\, g(b, a) + g(a, b)\,\}, \\ m_a^2 = m_b^2 = m^2 + m_u^2 \cos^2 \Phi. \end{array}\right\} \quad (94)$$

Legt man jetzt die beiden Vertikale senkrecht zueinander, so erhält man wegen der Beziehungen (93):

$$m_u^2 \sin^2 \Phi = m_\Phi^2 = m_a^2 \sin^2 \Phi = m_b^2 \sin^2 \Phi = m^2.$$

Es werden also, ganz unabhängig davon, in welche Richtungen die zueinander senkrecht stehenden Vertikale fallen, die Uhrkorrektion und die beiden Azimute mit derselben Genauigkeit bestimmt; der mittlere Fehler dieser drei Größen verhält sich zum mittleren Fehler der Polhöhe wie cosec Φ zu 1.

Nach unseren Voraussetzungen ist es gleichgültig, an welcher Stelle des Vertikals die beiden Sterne beobachtet werden; es darf zum Beispiel $z_1 = 0^0$ und $z_2 = 90^0$ gewählt werden; bei der praktischen Durchführung wird man von dieser Wahl absehen und sich auf Sterne beschränken, die nicht zu nahe am Horizont den Vertikal passieren, um lateralen Refraktionsanomalien nicht einen zu starken Einfluß einzuräumen.

Will man auf einer Station nur das Azimut *einer* Richtung bestimmen und legt auf die gleichzeitige Bestimmung der Polhöhe keinen Wert, so kann man die Frage stellen, in welches Azimut der zweite Vertikal zu legen sei, damit das Azimut der Objektrichtung aus den Beobachtungen in beiden Vertikalen so genau als möglich hervorgehe. Wenn die Objektrichtung in den Meridian fällt, ist offenbar der zweite Vertikal ebenfalls in den Meridian zu legen. Fällt die Objektrichtung in den ersten Vertikal, so hat man den zweiten Vertikal wieder in den Meridian fallen zu lassen; denn aus Meridianbeobachtungen geht die Uhrkorrektion, deren Kenntnis zur Berechnung des Azimutes des im ersten Vertikal aufgestellten Instrumentes erforderlich ist, am genauesten hervor. Bei beliebiger Orientierung des Objektvertikales hat man den zweiten Vertikal aber nicht in den Meridian zu legen, wie aus Folgendem ersichtlich ist. Die Funktion

$$F(a, b) = f(a, b) + f(b, a) = \frac{\sin^2 a + \sin^2 b}{\sin^2 (a - b)},$$

von der die mittleren Fehler der Azimute der beiden Instrumentenvertikale abhängen, ist formal identisch mit der Funktion $F(v, v')$, welche die mittleren Fehler der Uhrkorrektion und des Instrumentenazimutes in der Meridianzeitbestimmungsmethode bestimmt (vergleiche Seite 83/84). Die dort gegebene Diskussion läßt sich auf $F(a, b)$ übertragen. Bei festgehaltenem Wert von a nimmt $F(a, b)$ einen Minimalwert an für einen Wert $b = b_0$, der die Bedingung

$$\operatorname{tg} b_0 = - \frac{\operatorname{tg} a}{1 + \operatorname{tg}^2 a}$$

oder die Bedingung

$$\operatorname{tg}(b_0 - a) = - 2 \operatorname{tg} a$$

erfüllt. Es wird dann

$$F(a, b_0) = \frac{1}{2} (1 + \sin^2 a) < 1,$$

und die Funktion

$$G(a, b) = g(a, b) + g(b, a) = \frac{\cos^2 a + \cos^2 b}{\sin^2(a - b)},$$

von welcher der mittlere Fehler m_φ der Polhöhe abhängt, wird gleich

$$G(a, b_0) = \frac{1}{2} (1 + \cos^2 a + \operatorname{cosec}^2 a).$$

Am stärksten weicht der zweite Vertikal vom Meridian ab, wenn $a = a_m$ die Bedingung

$$\sin^2 a_m = \frac{1}{3}$$

erfüllt; es wird dann der a_m entsprechende Wert $b = b_m$ gegeben durch die Beziehung

$$\operatorname{tg} b_m = - \frac{1}{2\sqrt{2}}.$$

Es ist

$$a_m = 35^0 16' \quad \text{und} \quad b_m = - 19^0 28'.$$

Ferner wird

$$F(a_m, b_m) = \frac{2}{3},$$

$$G(a_m, b_m) = 2\frac{1}{3}.$$

In der nachstehenden Tabelle sind zusammengehörige Werte von a, b_0, $F(a, b_0)$ und $G(a, b_0)$ angegeben.

a	b_0	$F(a, b_0)$	$G(a, b_0)$
$0^0 00'$	$0^0 00'$	0,500	∞
15 00	$- 13\ 11$	0,534	8,43
30 00	$- 19\ 06$	0,625	2,88
35 16	$- 19\ 28$	0,666..	2,333..
45 00	$- 19\ 26$	0,750	1,75
60 00	$- 13\ 15$	0,875	1,29
75 00	$-\ 7\ 22$	0,967	1,07
90 00	0 00	1,000	1,00

Die Quadrate der mittleren Fehler von du, $d\Phi$, da und db nehmen in den 3 Fällen

$$a = 0^0, \quad 35^016', \quad 90^0$$

die folgenden Werte an:

$(\text{m. F.})^2$	$a = 0^0$	$a = 35^016'$	$a = 90^0$
m_u^2	$\dfrac{1}{2}\, m^2 \operatorname{cosec}^2 \Phi$	$\dfrac{2}{3}\, m^2 \operatorname{cosec}^2 \Phi$	$m^2 \operatorname{cosec}^2 \Phi$
m_Φ^2	∞	$\dfrac{7}{3}\, m^2$	m^2
$m_a^2 = m_b^2$	$m^2 \left(1 + \dfrac{1}{2}\operatorname{cotg}^2 \Phi\right)$	$m^2 \left(1 + \dfrac{2}{3}\operatorname{cotg}^2 \Phi\right)$	$m^2 \operatorname{cosec}^2 \Phi$

Da $\operatorname{cosec}^2 \Phi = 1 + \operatorname{cotg}^2 \Phi$ ist, ist im Falle $a = 90^0$ der mittlere Fehler m_a oder m_b größer als im Falle $a = 0^0$ und $a = 35^016'$. Der Gewinn an Genauigkeit, der im Falle $a < 90^0$ erzielt wird dadurch, daß der zweite Vertikal mit dem ersten den Winkel $a - b_0$ und nicht den Winkel $a - b = 90^0$ bildet, ist relativ bescheiden; denn es verhält sich der Faktor $(1 + \frac{1}{2} \operatorname{cotg}^2 \Phi)$ im Falle $a = 0^0$ zum Faktor $\operatorname{cosec}^2 \Phi = 1 + \operatorname{cotg}^2 \Phi$ im Falle $a = 90^0$ in mittleren Breiten $(\operatorname{cotg} \Phi = 1)$ wie 3 zu 4. Diese geringe Steigerung der Genauigkeit wird erkauft durch den Verzicht auf die gleichzeitige Bestimmung des Azimutes einer zweiten Objektrichtung.

Der Ausdruck für m_a^2, der im Falle $a = 0^0$ gilt, kann dem Ausdruck für m_a^2 gegenübergestellt werden, der im Kapitel V, Seite 124, unter der Annahme abgeleitet worden ist, daß bei Verwendung der Methode B ergänzende Beobachtungen im Meridian oder nach der Zingerschen Methode im ersten Vertikal zum Zweck der Ermittlung der Uhrkorrektion gemacht werden. Es ist dort angenommen worden, daß die beiden im Meridian beobachteten Sterne sehr nahe Zenitsterne seien; es ist dann

$$m_u^2 = \frac{m^2}{2}\, \operatorname{cosec}^2 \Phi.$$

Hier ist vorausgesetzt worden, daß die im Azimut b beobachteten Sterne die Bedingung

$$z_3 + z_4 = 90^0$$

erfüllen, so daß, wenn $a - b = 90^0$ ist,

$$m_u^2 = m^2 \operatorname{cosec}^2 \Phi$$

wird. Trotzdem ist der mittlere Fehler des aus den Beobachtungen in den Vertikalen a und b_0 abgeleiteten Azimutes nicht größer, sondern gleich groß wie in der Methode B der direkten Azimutbestimmung, nämlich gleich

$$m_a^2 = m^2 \left(1 + \frac{1}{2}\operatorname{cotg}^2 \Phi\right).$$

Der scheinbare Widerspruch löst sich, wenn man beachtet, daß bei der Azimutbestimmung nach der Methode B des Kapitels V die Durchgangsbeobachtungen
zum Zweck der Azimutbestimmung, auch wenn sie im Meridian stattfinden,
völlig unabhängig sind von den Beobachtungen zum Zweck der Zeitbestimmung,
daß aber hier, bei der simultanen Bestimmung, die Beobachtungen in beiden
Vertikalen zusammenwirken; im Falle $a = b_0 = 0^0$ tragen alle Beobachtungen
zur Bestimmung des gemeinsamen Azimutes *und* der Uhrkorrektion bei.

6. *Die Laplacesche Kontrollgleichung.* Soll die Laplacesche Gleichung in den
beiden Vertikalen aufgestellt werden, so kommt es nur auf die beiden Unbekannten

$$x_a = da - du \cos \varPhi,$$
$$x_b = db - du \cos \varPhi$$

an. Die mittleren Fehler m_a' und m_b' von x_a und x_b sind gegeben durch die Ausdrücke (vergleiche Beziehung (74a), Seite 138):

$$m_a'^2 = m^2 \cdot G(z_1, z_2),$$
$$m_b'^2 = m^2 \cdot G(z_3, z_4).$$

Die Unbekannten x_a und x_b werden also am genauesten bestimmt, wenn man
die Sterne am Horizont beobachtet (vergleiche Seite 139). Man wird aber in
der praktischen Durchführung nicht unnötig über 60^0 Zenitdistanz hinausgehen,
um anormale Refraktionsverhältnisse nicht einen starken Einfluß gewinnen zu
lassen.

7. *Historische Bemerkungen.* Das hier behandelte Problem der simultanen
Bestimmung ist schon von DANIEL BERNOULLI[9b]) gestellt und gelöst worden;
seine Formulierung lautet:

> Connoissant les déclinaisons et les ascensions droites de quatre astres
> E, E', ε, ε', et l'intervalle de tems entre les momens où E se trouve dans
> un même vertical avec E', et où ε se trouve dans un même vertical avec ε',
> trouver l'heure de l'une des observations (et la hauteur du pole).

BERNOULLI hat sich mit den Aufgaben der astronomisch-geographischen
Ortsbestimmung abgegeben, als er sich um den Preis bewarb, den die Akademie
der Wissenschaften zu Paris ausgeschrieben hatte für die beste Lösung des
Problemes, die Länge eines Punktes auf dem Meere zu bestimmen. Um an-
zudeuten, daß es ihm mehr auf die zur Längenbestimmung erforderliche Zeit
ankomme als auf die Polhöhe, hat er offenbar die letzten Worte der Formulierung in Klammern gesetzt.

Um das Jahr 1890 hat sich mit dieser Aufgabe W. F. WISLICENUS[9c]), um
1935 F. KEPINSKI[9d]) und um 1940 E. GUYOT[9e]) beschäftigt. WISLICENUS
und GUYOT scheinen von der Behandlung der Aufgabe durch BERNOULLI keine

Kenntnis gehabt zu haben; ob auch KEPINSKI nicht, steht dahin, da uns seine Abhandlung nicht zugänglich ist. WISLICENUS und GUYOT gehen nur auf die Bestimmung der Zeit und der Polhöhe ein und legen auf die gleichzeitige Ermittlung des Azimutes keinen Wert.

Die Frage der günstigsten Beobachtungsumstände wird schon von BERNOULLI aufgeworfen und besprochen; doch waren die Voraussetzungen, diese Frage einwandfrei zu behandeln, zu seiner Zeit noch nicht gegeben. WISLICENUS geht auch darauf ein; doch ist seine Behandlung unvollständig und nicht erschöpfend.

VII. KAPITEL

Die Bestimmung einer Längendifferenz

1. *Formulierung der Aufgabe.* Wir unterscheiden die beiden Stationen, deren Längendifferenz bestimmt werden soll, durch die Indizes E (Ost) und W (West). Ist an der Oststation die Uhrzeit gleich U_E im Moment, wo sie an der Weststation U_W ist, so ist die Längendifferenz Λ gleich

$$\Lambda = (U_E - U_W) + (u_E - u_W),$$

oder wenn ΔU die Differenz der Uhrzeiten und Δu die Differenz der Uhrkorrektionen bezeichnet, gleich

$$\Lambda = \Delta U + \Delta u. \tag{95}$$

Die Bestimmung von ΔU, das heißt die Vergleichung der beiden Stationsuhren, begegnet heute keiner Schwierigkeit dank den Zeitzeichen, die von einer größeren Zahl kräftiger TSF.-Stationen ausgesendet werden. Sind U_{Ei} und U_{Wi} die einem bestimmten Zeitzeichen R_i entsprechenden Uhrzeiten, so daß

$$U_{Ei} = R_i + \Delta R_{Ei},$$
$$U_{Wi} = R_i + \Delta R_{Wi}$$

ist, so wird

$$\Delta U_i = U_{Ei} - U_{Wi} = \Delta R_{Ei} - \Delta R_{Wi}.$$

Von den verschiedenen Werten ΔU_i, die man sich im Lauf einer Beobachtungsnacht verschafft hat, wird man zum Wert ΔU übergehen, der in die Beziehung (95) einzuführen ist. Wir betrachten zunächst die Fehler, die in der Differenz Δu der Uhrkorrektionen der beiden Beobachter auftreten können.

2. *Elimination systematischer Fehler.* Wenn zwei verschiedene Beobachter mit vollkommen gleichartigen Instrumenten arbeiten, so erhalten sie *ceteris paribus* nicht dasselbe Resultat; man nennt den Fehler, der ausschließlich von der Person des Beobachters abhängt, die persönliche Gleichung. Wenn zwei Beobachter, welche dieselbe persönliche Gleichung haben, mit verschiedenen oder gleichartigen Instrumenten arbeiten, so erhalten sie wieder nicht das

gleiche Resultat; man spricht in diesem Falle von einer instrumentellen Gleichung. Wird zur Beobachtung der Sterndurchgänge das selbstregistrierende Mikrometer benützt, so wird die persönliche Gleichung stark herabgesetzt, verschwindet aber nicht ganz; die Bezeichnung «unpersönliches Mikrometer» für dieses Hilfsmittel ist deshalb nicht völlig gerechtfertigt.

Der Einfluß der persönlichen und instrumentellen Gleichung wird dadurch eliminiert, daß die beiden Beobachter inmitten der Operationen einer Längenbestimmung mit ihren Instrumenten die Stationen wechseln. Sind ε_A und ε_B die Beträge, um welche die beiden Beobachter ihre Uhrkorrektionen wegen dieser beiden Fehlerquellen zu verbessern haben, so ist, wenn der Beobachter A auf der Oststation, der Beobachter B auf des Weststation beobachtet, die verbesserte Differenz der Uhrkorrektion gleich

$$\Delta u_{AB} = (u_A + \varepsilon_A)_E - (u_B + \varepsilon_B)_W;$$

nach dem Stationswechsel wird sie gleich

$$\Delta u_{BA} = (u_B + \varepsilon_B)_E - (u_A + \varepsilon_A)_W;$$

im Mittel

$$\Delta u = \frac{1}{2} (\Delta u_{AB} + \Delta u_{BA})$$

hebt sich der Einfluß der persönlichen und instrumentellen Gleichung, wenn diese konstant bleibt.

Werden an den beiden Stationen die gleichen Sterne beobachtet, so heben sich in der Differenz $(u_E - u_W)$ auch die Rektaszensionsfehler.

3. *Die Uhrvergleichungen.* Die Differenzen ΔR der Uhrsekunden (US.) gegenüber den Zeitzeichen können entweder bestimmt werden dadurch, daß man auf einem Chronographen neben den Uhrsekunden die Zeitzeichen registriert, oder dadurch, daß Koinzidenzen der Uhrsekunden mit den Zeitzeichen beobachtet werden. Das letztere Verfahren wird dadurch möglich gemacht, daß die Zeitzeichen in einem von den Uhrsekunden abweichenden Rhythmus ausgesendet werden.

Bei beiden Arten der Vergleichung hat man mit Fehlern systematischer Natur zu rechnen; insofern sie konstant sind, werden sie, einschließlich der Fehler, die eine Folge der endlichen Ausbreitungsgeschwindigkeit der elektromagnetischen Wellen sind, durch den Stationswechsel der Beobachter und Instrumente unschädlich gemacht.

Werden die Zeitzeichen neben den Uhrsekunden auf einem Chronographen registriert, so kann man eine untere Grenze des Fehlers der Vergleichung angeben; er ist diejenige Komponente im Gesamtfehler, die nur abhängt von der Genauigkeit, mit der die Zeitmarken auf dem Chronographenstreifen abgelesen werden, und nicht von der Zahl der Zeitmarken, die zur Mittelbildung bei der

Ableitung des Endresultates verwendet werden. Es ist üblich, die Sekundenmarken auf die hundertstel Sekunde abzulesen, wobei mit Hilfe einer Unterteilung von 10 Intervallen pro Sekundenlänge die letzte Einheit von Auge geschätzt wird. Es liegen dann die wahren Fehler, die aus der Ablesung allein entspringen, zwischen $-$ 0,005 und $+$ 0,005 Uhrsekunden. Da aber alle Fehler in diesem Bereich gleich häufig auftreten, ist, wie sich aus der Beziehung

$$\frac{1}{n}\,(1^2 + 2^2 + 3^2 + \cdots + n^2) = \frac{n^2}{3}\left(1 + \frac{1}{n}\right)\left(1 + \frac{1}{2n}\right)$$

ersehen läßt, als untere Grenze des mittleren Fehlers einer Vergleichung anzusetzen

$$\pm\,\frac{0,005}{\sqrt{3}} = \pm\,0,0029 \text{ US.}$$

Berücksichtigt man die übrigen Fehler, welche die Genauigkeit der Vergleichung beeinträchtigen, wie die falsche Schätzung der Zehntel im Intervall und Unregelmässigkeiten in der elektrischen Registrierung, so wird man kaum geneigt sein, den Gesamtfehler der Vergleichung auf weniger als

$$\pm\,0,004 \text{ US.}$$

anzusetzen.

Die Genauigkeit, mit der die Uhren beim Koinzidenzverfahren miteinander verglichen werden können, hängt davon ab, wie genau bei einem gegebenen Koinzidenzintervall der Koinzidenzmoment aufgefaßt werden kann. Fallen auf $N = 86400$ mittlere Sekunden $(N - g)$ Uhrsekunden und $(N + r)$ Zeitzeichenintervalle (ZI.), so ist

$$\left.\begin{aligned}
1 \text{ ZI.} &= \frac{N - g}{N + r}\ \text{US.} = \left(1 - \frac{r + g}{N + r}\right)\text{US.,}\\[2mm]
1 \text{ US.} &= \frac{N + r}{N - g}\ \text{ZI.} = \left(1 + \frac{r + g}{N - g}\right)\text{ZI.}
\end{aligned}\right\} \qquad (96)$$

Sind r und g positiv, so ist

$$1 \text{ ZI.} < 1 \text{ mittlere Sekunde} < 1 \text{ US.}$$

Die Uhr geht dann gegen mittlere Zeit nach.

Die Intervalle zwischen zwei aufeinanderfolgenden Koinzidenzen können entweder in ZI. oder in US. ausgedrückt werden. Beträgt das Koinzidenzintervall c ZI. und c' US., so ist, wenn 1 ZI. $<$ 1 US. ist:

$$c = c' + 1;$$

somit sind

$$c \text{ ZI.} = (c - 1)\text{ US.;} \quad 1 \text{ ZI.} = \left(1 - \frac{1}{c}\right)\text{US.;}$$

$$(c' + 1)\text{ ZI.} = c' \text{ US.;} \quad 1 \text{ US.} = \left(1 + \frac{1}{c'}\right)\text{ZI.}$$

Vergleicht man diese Beziehungen mit den Beziehungen (96), so folgt

$$\left.\begin{aligned} c &= \frac{N+r}{r+g}, \\ c' &= \frac{N-g}{r+g}, \\ g &= \frac{N-rc'}{c}. \end{aligned}\right\} \quad (97)$$

und

Ist die Beobachtungsuhr genau nach mittlerer Zeit reguliert, so daß $g = 0$ zu setzen ist, so wird

$$c' = c - 1 = \frac{N}{r}.$$

Da man zwei scharfe Schläge als getrennt oder wenigstens nicht als zusammenfallend auffaßt, wenn ihre Mitten um $^1/_{50}$ bis $^1/_{60}$ auseinanderliegen, hat man als Koinzidenzintervall gewählt

$$c' = c - 1 = 60,$$

sodaß $r = 1440$ wird. Da die Zeitzeichen während 300 mittleren Sekunden ausgesendet werden, können mit einer nach mittlerer Zeit regulierten Uhr 5 aufeinanderfolgende Koinzidenzen beobachtet werden. Wird eine nach Sternzeit regulierte Uhr benützt, so ist in den Beziehungen (97)

$$g = -236{,}^{s}55,$$
$$r = 1440$$

zu setzen; es wird dann

$$c' = c - 1 = 71{,}99 \sim 72.$$

Sowohl wenn die Koinzidenzen mit einer nach mittlerer Zeit als wenn sie mit einer nach Sternzeit regulierten Uhr beobachtet werden, ist das Koinzidenzintervall gleich oder sehr nahe gleich einer ganzen Zahl von Uhrsekunden. Da es Mittel gibt, die Koinzidenzmomente mit Sicherheit auf die Sekunde genau festzulegen, beträgt der Fehler der Vergleichung der Uhrsekunden mit der Zeitzeichenreihe im Maximum

$$\frac{1}{2c} \text{ Uhrsekunden,}$$

also, wenn $g = 0$ ist: $\pm 0{,}0082$ mittlere Sekunden,
und wenn $g = -236{,}55$ ist: $\pm 0{,}0069$ Sternzeitsekunden.

Geht man von den Maximalfehlern zu den mittleren Fehlern über, so ist,

wenn $g = 0$, der mittlere Fehler gleich $\pm 0{,}^{s}0082 / \sqrt{3} = \pm 0{,}^{s}0047$,
wenn $g = -236{,}^{s}55$, $\pm 0{,}0069 / \sqrt{3} = \pm 0{,}0040$.

Im zweiten Fall wird der mittlere Fehler kleiner, weil wir angenommen haben, daß trotz dem größeren Koinzidenzintervall sich der Koinzidenzmoment auf eine Uhrsekunde genau beobachten lasse.

12 Niethammer

Benützt man zur Koinzidenzbeobachtung das sogenannte Hännische Verfahren, so lassen sich die Koinzidenzmomente mühelos auf eine Uhrsekunde genau feststellen. Dieses Verfahren beruht darauf, daß man über die Anschlußklemmen des Kopfhörers T eine Leitung legt und in diese den Sekundenkontakt der Beobachtungsuhr U einschaltet (vergleiche Figur 19). Da die Dauer der Zeitzeichen sehr kurz ist, so werden sie, solange als sie in das Intervall des Kontaktschlusses der Uhr von $^1/_{10}$ bis $^2/_{10}$ sec Dauer fallen, ausgelöscht; sie werden erst wieder hörbar, wenn der Beginn des Zeitzeichens vor den Moment des Kontaktschlusses fällt. Als Koinzidenzmoment definiert man die dem ersten wieder hörbaren Zeichen vorausgehende Uhrsekunde; als Beginn der Uhrsekunde hat

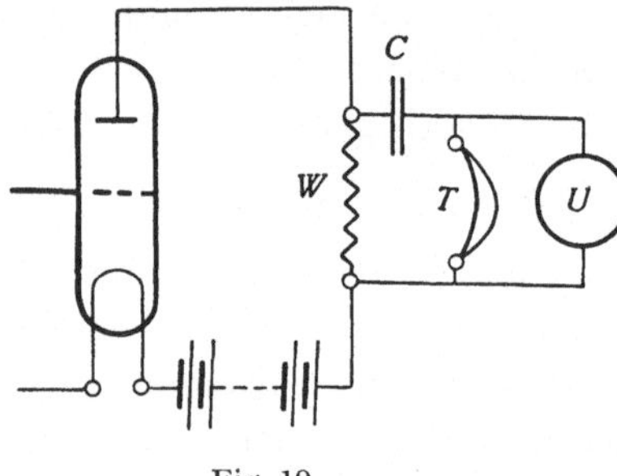

Fig. 19

man dann beim Registrieren auf dem Chronographen den Moment des Kontaktschlusses, und nicht den Moment der Kontaktöffnung zu nehmen.

Das in der Figur 19 dargestellte Schaltschema ist von J. RYBNER angegeben worden in den Verhandlungen der Baltischen geodätischen Kommission 1930 («Untersuchungen über die Reaktionszeit von Relais»); es hat vor anderen möglichen Schaltanordnungen den Vorzug, daß störende Geräusche, die von Öffnungs- oder Schließungsfunken herrühren, vermieden werden. Bei 4000 Ω Widerstand des Kopfhörers wählt man $W = 10000\ \Omega$ und $C = 0,5\ MF$.

Stellt man dem mittleren Fehler der Vergleichung, den man bei der Anwendung des Hännischen Verfahrens begeht, den mittleren Fehler, der bei der Registrierung der Uhrsekunden und der Zeitzeichen auf einem Chronographen auftritt, gegenüber, so erweisen sich die beiden Verfahren als gleichwertig.

Nun kann man die Genauigkeit des Koinzidenzverfahrens dadurch steigern, daß man durch Änderung des Ganges der Beobachtungsuhr dafür sorgt, daß das Koinzidenzintervall nicht gleich einer ganzen Zahl von Uhrsekunden ist, sondern daß wenigstens einmal ein Sprung von 1 Sekunde im Koinzidenzintervall während der Sendedauer der Zeitzeichen auftritt; es ist das dann der Fall, wenn das Koinzidenzintervall um 0,2 oder 0,4 abweicht von der nächsten ganzen Zahl. Bei Benützung einer Sternzeituhr wird $c' = 71,\underline{80}$ (statt 71,99), wenn sie in 24^h mittlere Zeit um $233^s_.41$ (statt 236,55) vorgeht und somit gegen Sternzeit einen Gang von $+ 3^s_.14$ hat. Es kommt aber nur dann sicher ein

Sprung von 72 auf 71 vor, wenn 5 aufeinanderfolgende Koinzidenzen beobachtet werden, wozu die Zeitzeichen während 360 Sekunden ausgesendet werden müßten. Mit einem Sekundensprung während der üblichen Sendedauer von 300 mittleren Sekunden kann man sicher rechnen, wenn der Gang einer nach mittlerer Zeit regulierten Uhr so verstimmt wird, daß das Koinzidenzintervall von 60 auf 59,80 heruntergeht. Da es aber in diesem Fall vorkommen kann, daß die Koinzidenzen auf die Uhrsekunde 0 oder 1 fallen, wo zur Kennzeichnung der Minute oft der Kontakt fehlt, oder auf die Zeitzeichen der Ordnungszahlen 1, 62, 123, 184, 245, 306, bei welchen das Zeichen eine Dauer von ungefähr einer halben Sekunde hat, so empfiehlt es sich, als Koinzidenzdauer 58,80 zu wählen; die Uhr muß dann auf einen Gang von $+ 28{,}90$ gegen mittlere Zeit eingestellt werden.

Bei den Längenbestimmungen, welche die Schweizerische geodätische Kommission in den Jahren 1934 bis 1935 auf Stationen zweiter Ordnung hat ausführen lassen[10]), wurde zur Vergleichung mit den Zeitzeichen ein ungefähr auf den Gang $g = + 28{,}90$ eingestelltes Chronometer benützt. Die Zeitbestimmungen sind aber mit einem nach Sternzeit regulierten Chronometer gemacht worden. Die beiden Chronometer mußten deshalb auf dem Chronographen miteinander verglichen werden, wobei eine Ablesegenauigkeit von $0{,}01$ eingehalten wurde. Der Gesamtfehler der Vergleichung der Uhrzeit U mit den Zeitzeichen R setzt sich in diesem Fall zusammen aus:

1. dem mittleren Fehler der Koinzidenzbeobachtung, der auf

$$\pm \frac{1}{5} \cdot 0{,}0047 = \pm 0{,}0009$$

anzusetzen ist, und

2. dem mittleren Fehler der chronographischen Vergleichung der beiden Uhren, der ungefähr

$$\pm 0{,}0040$$

beträgt. Vergleicht man die Resultante aus diesen beiden mittleren Fehlern mit dem mittleren Fehler, der der Vergleichung zuzuschreiben ist, wenn die genau nach Sternzeit regulierte und mit Sekundenkontakt versehene astronomische Beobachtungsuhr direkt mit den Zeitzeichen durch Koinzidenzen verglichen wird, das ist $\pm 0{,}0040$, so erweist sich dieses letztere Verfahren als ebenso leistungsfähig, trotzdem die Koinzidenzen nur auf ganze Sekunden genau beobachtet werden. Der Vorteil, den die Verwertung eines Sekundensprunges zur Erzielung einer höheren Genauigkeit bietet, wird durch die mit der chronographischen Vergleichung verbundenen Fehler wieder aufgehoben.

LITERATURVERZEICHNIS

1. ZINGER, N., Die Zeitbestimmung aus correspondierenden Höhen verschiedener Sterne. Aus dem Russischen übersetzt von H. Kelchner. Leipzig 1877.

2. PEWZOW, M., Über die Bestimmung der geographischen Breite durch korrespondierende Höhen. Schriften der Kaiserlichen russischen geographischen Gesellschaft, Teil XVII, Nr. 5, 1888, und Teil XXXII, Nr. 2, 1899. St. Petersburg.

   KAMIEŃSKI, M., Determination of Latitude by the method of equal altitudes of different stars (Pewzow's method), ... Publications of the Astronomical Observatory of the Warszaw University, Vol. I, 1927.

3a. NIETHAMMER, TH., Zur Auswahl der Sterne in der Bestimmung der Zeit und des Azimutes mit Hilfe von Meridiandurchgängen. A. N. 252, 1934.

  b. NIETHAMMER, TH., Die Auswahl der Sterne in der Bestimmung der Zeit und des Azimutes mit Hilfe von Meridiandurchgängen. Bulletin géodésique. Année 1937, N⁰ 56.

  c. NIETHAMMER, TH., Die Genauigkeit der verschiedenen Zeitbestimmungsmethoden. Verhandlungen der Naturforschenden Gesellschaft in Basel, Band LI, 1940.

4. DOELLEN, W., Die Zeitbestimmung vermittelst des tragbaren Durchgangsinstrumentes im Verticale des Polarsternes. St. Petersburg 1863.

   DOELLEN, A., Zweite Abhandlung unter demselben Titel. St. Petersburg 1874.

   HARZER, P., Über die Zeitbestimmung im Verticale des Polarsternes. Publikation der Sternwarte in Kiel, X, Leipzig 1899.

   SEARES, F., The Polaris Vertical Circle method of determining Time and Azimuth, Columbia, Missouri 1905. Laws Observatory University of Missouri, Bulletin No. 5.

   NIETHAMMER, TH., Zur Döllenschen Methode der Zeitbestimmung. Verhandlungen der Naturforschenden Gesellschaft in Basel, Bd. XXXV, 2. Teil, 1924.

5. NIETHAMMER, TH., Die günstigste Wahl der Zeitsterne in der Döllenmethode. A. N. 270, 1939.

6. NIETHAMMER, TH., und FLECKENSTEIN, J. O., Bestimmung der Polhöhe von Basel und ihrer Schwankungen aus Durchgangsbeobachtungen im ersten Vertikal. Verhandlungen der Naturforschenden Gesellschaft in Basel, Bd. LII, 1941.

FLECKENSTEIN, J. O., Durchgangsbeobachtungen im ersten Vertikal mit dem Repsoldschen Mikrometer. A. N. 269, 1940.

NIETHAMMER, TH., und FLECKENSTEIN, J. O., Die Bestimmung der Polhöhe durch die Beobachtung der Durchgangszeiten verschiedener Sterne im ersten Vertikal. Verhandlungen der Naturforschenden Gesellschaft in Basel, Bd. LIII, 1942.

7. NIETHAMMER, TH., Die direkte Bestimmung des Azimutes eines irdischen Objektes. Annexe au Procès-verbal de la 86e séance de la Commission géodésique suisse, 20 avril 1940.

8. NIETHAMMER, TH., Die Bestimmung der in der Laplaceschen Gleichung auftretenden Größen astronomischer Natur. Annexe au Procès-verbal de la 87e séance de la Commission géodésique suisse, 2 mai 1942.

9a. NIETHAMMER, TH., Die simultane Bestimmung der Zeit, der Polhöhe und des Azimutes zweier Richtungen. Verhandlungen der Naturforschenden Gesellschaft in Basel, Bd. LIV, 1945.

b. BERNOULLI, DANIEL, Essai d'Horolepse nautique. Receuil des Pièces qui ont remporté les Prix de l'Académie Royale des Sciences. Tome sixième. Contenant les Pièces de 1745, 1747 et 1748. Paris 1750.

c. WISLICENUS, W. F., Über einige einfache Methoden der Zeit- und Breitenbestimmung. A. N. 124, 1890.

d. KEPINSKI, F., Zeit-, Polhöhen- und Azimutbestimmung auf Grund von Sternpaardurchgängen durch zueinander senkrechte Vertikale. Wiad. Sb. Geogr., Warszawa 1935.

e. GUYOT, E., Une nouvelle Méthode de détermination de l'Heure. Annales Guébhard-Séverine, 14e et 15e années, 1940.

10. HUNZIKER, E., Die Aufnahme rhythmischer Zeitzeichen mit Hilfe der Methode des Koinzidenzenbildes. Bd. 22 der Astronomisch-geodätischen Arbeiten in der Schweiz, herausgegeben von der Schweizerischen geodätischen Kommission, 1944.